U0662004

21世纪高等学校系列教材

GONGCHENG LIXUE (JINGLIXUE+CAILIAO LIXUE)

工程力学(静力学+材料力学)

张 耀 王云侠 曹小平 编

邱棣华 主审

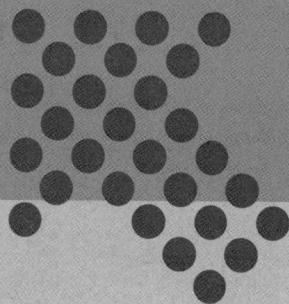

中国电力出版社

CHINA ELECTRIC POWER PRESS

内 容 提 要

本书为 21 世纪高等学校系列教材。全书共两篇 16 章，分别阐述静力学和材料力学的基础理论和方法。第一篇静力学包括静力学基本概念和物体的受力分析，平面汇交力系与平面力偶系，平面任意力系，空间任意力系，摩擦；第二篇材料力学包括材料力学绪论，轴向拉伸和压缩，扭转，剪切和连接件的实用计算，平面图形的几何性质，弯曲内力，弯曲应力，弯曲变形，应力状态和强度理论，组合变形，压杆稳定。本书以材料力学为主，注重与工程实际相结合，深入浅出地通过大量例题阐述分析问题、解决问题的思路及方法。每章均附有习题，书末附有习题参考答案。

本书可作为普通高等院校工科类各专业教材，也可作为成教的电大、函授大学、职工大学和自学考试教材，还可作为报考硕士研究生的复习参考书及教师的教学参考书。

图书在版编目（CIP）数据

工程力学：静力学＋材料力学/张耀，王云侠，曹小平编 . —北京：中国电力出版社，2010.8（2023.6 重印）
21 世纪高等学校规划教材
ISBN 978 - 7 - 5123 - 0555 - 7

Ⅰ.①工… Ⅱ.①张… ②王… ③曹… Ⅲ.①工程力学－高等学校－教材 ②静力学－高等学校－教材 ③材料力学－高等学校－教材 Ⅳ.①TB12

中国版本图书馆 CIP 数据核字（2010）第 118806 号

中国电力出版社出版、发行
（北京市东城区北京站西街 19 号 100005 http://www.cepp.sgcc.com.cn）
北京雁林吉兆印刷有限公司印刷
各地新华书店经售

*

2010 年 8 月第一版 2023 年 6 月北京第十一次印刷
787 毫米×1092 毫米 16 开本 16 印张 385 千字
定价 **48.00** 元

前　言

为贯彻落实教育部《关于进一步加强高等学校本科教学工作的若干意见》和《教育部关于以就业为导向深化高等职业教育改革的若干意见》的精神，加强教材建设，确保教材质量，中国电力教育协会组织制订了普通高等教育"十一五"教材规划。该规划强调适应不同层次、不同类型院校，满足学科发展和人才培养的需求，坚持专业基础课教材与教学急需的专业教材并重、新编与修订相结合。本书以新编教材。

工程力学是普通高等院校工科各专业普遍开设的一门重要技术基础课，在工程中有广泛的应用。工程力学知识的学习也是贯彻全面素质教育内涵的重要组成部分。

本书共分两篇 16 章，分别阐述静力学和材料力学的基础理论和方法。第一篇静力学包括静力学基本概念和物体的受力分析，平面汇交力系与平面力偶系，平面任意力系，空间任意力系，摩擦；第二篇材料力学包括材料力学绪论，轴向拉伸和压缩，扭转，剪切和连接件的实用计算，平面图形的几何性质，弯曲内力，弯曲应力，弯曲变形，应力状态和强度理论，组合变形，压杆稳定。

本书的使用对象定位于高等工科院校和要求较高的高职高专院校开设工程力学课程的学生，全书内容以材料力学为主，注重与工程实际相结合，深入浅出地通过大量例题阐述分析问题、解决问题的思路及方法。书中习题难易适中，均附有答案，既适合课堂教学又便于自学。本书可作为普通高等院校工科类各专业教材，也可作为成教的电大、函授大学、职工大学和自学考试教材，还可作为报考硕士研究生的复习参考书及教师的教学参考书。

本书由兰州交通大学张耀、王云侠、曹小平合编。具体编写分工如下：王云侠编写第 1～5 章，曹小平编写第 6～10 章及型钢表，张耀编写第 11～16 章。全书由张耀统稿。北京工业大学邱棣华审阅了全书，提出了许多宝贵意见，在此深表感谢！

本书在编写过程中，参考了大量文献资料，黄洪猛、梁嘉彬、董保群、刘汝生、张燕云、徐登云、伍亮同学参与了部分绘图工作，在此一并表示感谢！

由于编者水平有限，书中难免有欠缺和不足之处，恳请广大读者和专家批评指正。

编　者
2010 年 6 月

目　录

第 2 篇　材料力学

第1篇

静力学

引言

    静力学研究物体在力系作用下的平衡规律。**平衡**是指物体相对于惯性参考系（工程中一般把惯性系固结在地面）保持静止或作匀速直线运动。如静止的桥梁、建筑物，在直线轨道上匀速行驶的火车等都处于平衡状态。

    静力学讨论以下三方面的问题。

    1. 物体的受力分析

    分析物体共受几个力作用，以及每个力的作用位置和方向。

    2. 力系的简化

    研究如何将作用在物体上的一个复杂力系用简单力系等效替换。通过力系的简化可清楚地看出原力系对物体的作用效果。

    3. 建立力系的平衡条件

    建立物体在各种力系作用下的平衡条件和平衡方程。力系的平衡条件在工程中有着十分重要的意义，是设计结构、构件和机械零件的静力计算基础。

第1章　静力学基本概念和物体的受力分析

第1节　静力学基本概念

一、刚体的概念

静力学研究的主要是**刚体**。**所谓刚体，是指在力的作用下不变形的物体，即刚体内任意两点间的距离始终保持不变**。实际上，任何物体受力后总会产生一些变形。如果物体变形不大或变形对所研究的问题没有实质影响，则可将物体抽象为刚体。刚体是一种理想化的力学模型。由于静力学主要以刚体为研究对象，所以也称为**刚体静力学**。

但当变形在所研究的问题中成为主要因素时（例如在第2篇材料力学中），一般就不能再将物体看作刚体，而应当作**变形体**处理。

二、平衡的概念

平衡是指物体相对于惯性参考系保持静止或作匀速直线运动。显然，平衡是机械运动的特殊形式。在工程中，常把固结于地面上的参考系视为惯性参考系，平衡即指物体相对于地面保持静止或作匀速直线运动。

三、力的概念

力是物体间相互的机械作用。物体间的相互机械作用形式多种多样，总体来说，可以归纳为两类，一类是与物体直接接触的作用，如压力、摩擦力等；另一类是通过场的作用，如万有引力场、电场对物体作用的万有引力和电磁力等。尽管物体间相互作用的形式和物理本质不同，但这种机械作用的效应主要有两方面：一是使物体的机械运动状态发生改变，例如改变物体运动速度的大小或方向，这种效应称为**力的外效应**（也称为**运动效应**）；另一方面是使物体产生变形，如使梁弯曲、使弹簧伸长，这种效应称为**力的内效应**（也称为**变形效应**）。由于本篇的研究对象主要是刚体，所以重点研究力的外效应。

实践表明，力对物体的作用效应取决于力的大小、方向和作用点，这三者称为**力的三要素**。力的大小表示物体间机械作用的强弱程度；在国际单位制中，力的单位是牛顿（N）或千牛顿（kN）。力的方向表示物体间的机械作用具有方向性；方向通常包括方位和指向两个含义。例如：重力的方向是"铅垂向下"，"铅垂"是力的方位，"向下"是力的指向。力所在的这条直线称为**力的作用线**。力的作用点是物体间相互作用位置的抽象化。实际上物体之间相互作用的位置不是一个点，而是一定的面积或体积。当力的作用区域和物体尺寸相比很小时，就可将作用区域抽象为一个点，即力的作用点。作用于一点的力称为**集中力**。当作用面积或体积较大时，则形成**面分布力**（如风压力、水压力等）或**体分布力**（如重力）。单位尺寸的分布力的大小称为**载荷集度**，用 q 表示。

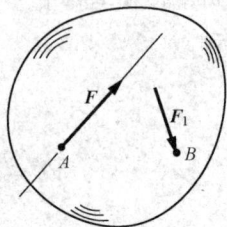

图1-1

力的三要素表明力是一个具有固定作用点的**定位矢量**。力可以用一个带箭头的有向线段来表示。线段的长短表示力的大小，线段的方位和箭头指向表示力的方向，线段的起点或终点表示力的作用点，如图1-1所示。本篇中，用黑体字母表示矢量，如图1-1中的

F；而用相应的普通字母 F 表示矢量的模。需要注意的是仅从符号 F 并不能确定力的作用点，这种只表示力的大小和方向，并可从任一点画出的矢量称为该力的**力矢**。这类矢量称为**自由矢量**。

四、力系的概念

作用在物体上的一群力称为**力系**。使物体处于平衡状态的力系称为**平衡力系**。两个不同的力系，如果对同一物体产生相同的效应，则这两个力系互为**等效力系**。用一个简单力系等效替换一个复杂力系，称为**力系的简化**。若一个力和一个力系等效，则称这个力是这个力系的**合力**，而该力系中的各个力称为这个力的**分力**。

按照力系中各力作用线在空间的分布情况，可以将力系进行分类。如果各力作用线在同一个平面内，该力系称为**平面力系**，否则，称为**空间力系**。如果各力作用线汇交于一点，则称为**汇交力系**。各力作用线相互平行的称为**平行力系**。各力作用线任意分布的称为任意力系。显然，各力作用线在同一个平面内且汇交于一点的力系称为**平面汇交力系**。依此类推还有**平面平行力系**、**平面任意力系**和空间的各类力系等。我们将根据由简单到复杂的顺序来研究各种力系的简化和平衡问题。

第 2 节　静 力 学 公 理

静力学公理是人们在长期生活和生产实践中总结出的最基本的力学规律。这些规律的正确性已被实践反复证明，是符合客观实际的。静力学公理是研究力系简化和平衡的重要依据。

公理一　力的平行四边形法则

作用在物体上同一点的两个力，可以合成为作用在该点的一个合力。合力的大小和方向，由以这两个分力为邻边所构成的平行四边形的对角线确定。即合力矢等于这两个分力矢的矢量和。如图 1-2（a）所示。其矢量表达式为

$$F_R = F_1 + F_2 \tag{1-1}$$

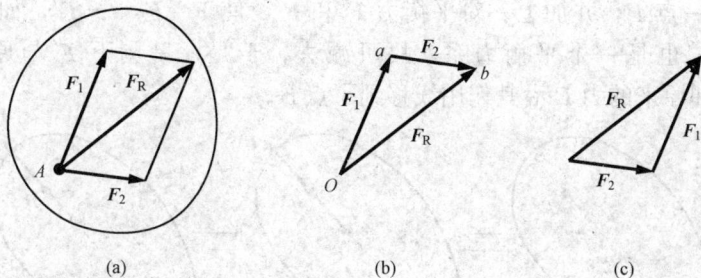

图 1-2

在求两共点力的合力时，为了作图方便，只需画出平行四边形的一半，即三角形便可。其方法是自任意点 O 先画出一力矢 F_1，然后再由 F_1 的终点 a 画另一力矢 F_2，最后由第一个力矢的起点 O 至第二个力矢的终点 b 作一矢量，它就代表了合力 F_R 的大小和方向，如图 1-2（b）所示。合力的作用点仍在 F_1、F_2 的作用点 A 点。这种作图法称为**力的三角形法则**。Oab 称为**力三角形**。显然，若改变分力矢 F_1、F_2 的顺序，合力矢不变，如图 1-2（c）所示。

利用力的平行四边形法则，也可以将作用在物体上的一个力分解为相交的两个分力，分

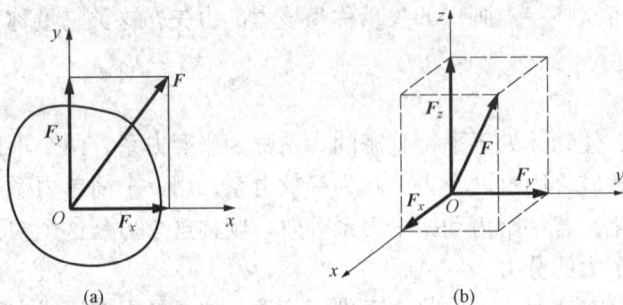

力和合力作用于同一点。工程中常把一个力分解为方向已知且相互垂直的两个（平面）或三个（空间）分力。这种分解称为**正交分解**，所得的分力称为**正交分力**。如图1-3所示。

图 1-3

公理一是复杂力系简化的基础，是力的合成法则，也是力的分解法则。

公理二　二力平衡条件

作用在刚体上的两个力，使刚体保持平衡的必要和充分条件是：这两个力大小相等，方向相反，作用在同一条直线上。

公理二表明了作用在刚体上最简单力系平衡时所应满足的条件。

对于变形体而言，这个条件是必要的，但不充分。如柔索受两个等值、反向、共线的压力作用就不能平衡。

公理三　加减平衡力系原理

在已知力系上加上或减去任意的平衡力系，与原力系对刚体的作用等效。

平衡力系不能改变刚体的运动状态，即平衡力系对刚体作用的总效应等于零。

公理三是研究力系等效的重要依据。

根据加减平衡力系原理和二力平衡条件，可得下列推论：

推论一　力的可传性原理

作用在刚体上某点的力，可沿其作用线移到刚体内任意一点，并不改变该力对刚体的作用。

证明：设力 F 作用在刚体上的 A 点，如图1-4（a）所示。根据加减平衡力系原理，在力作用线上任取一点 B，并加上一对平衡力 F' 和 F''，使 $F=F'=-F''$，如图1-4（b）所示。由于 F 和 F'' 也是一个平衡力系，故可减去。于是，只剩下 F' 与原力等效，如图1-4（c）所示。即原来的力 F 沿其作用线移到了点 B。

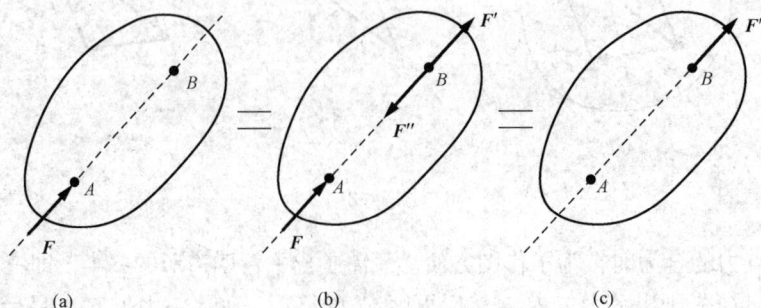

图 1-4

因此，对刚体来说，力的作用点不是决定力的作用效应的要素，而被作用线代替，即**作用在刚体上的力的三要素为大小、方向、作用线**。作用在刚体上的力可沿其作用线滑移的性

质称为**力的可传性**。这种矢量称为**滑动矢量**。

例如：图 1 - 5 所示小车，将小车视为刚体，在 A 点用力 F 推小车，和用同样的力 F 在 B 点拉小车，其作用效果完全相同。
应该指出，力的可传性只适用于刚体，对变形体不适用。即在研究力对物体的变形效应时，力是不能沿作用线滑移的。例如，对图 1 - 6 所

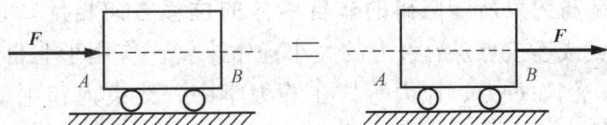

图 1 - 5

示可变形直杆 AB，若沿杆的轴线在两端施加大小相等、方向相反的一对力 F_1 和 F_2 时，杆将伸长，如图 1 - 6（a）虚线所示。若将力 F_1 沿其作用线移至 B 点，将力 F_2 沿其作用线移至 A 点，杆将缩短，如图 1 - 6（b）虚线所示。

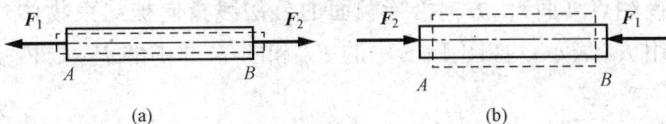

（a）　　　　　　　　　　　（b）

图 1 - 6

推论二　三力平衡汇交定理

作用在刚体上的三个相互平衡的力，若其中两个力的作用线汇交于一点，则此三力必在同一平面内，且第三个力的作用线通过汇交点。

证明：如图 1 - 7 所示，设在刚体上 A、B、C 三点处分别作用三个相互平衡且不平行的力 F_1、F_2、F_3。根据力的可传性，将力 F_1 和 F_2 沿其作用线移至汇交点 O，由力的平行四边形法则求得合力 F_{12}，则力 F_3 应与 F_{12} 平衡。根据二力平衡公理可知，F_3 必与 F_{12} 共线。这就证明了 F_1、F_2、F_3 三力必共面且汇交于一点 O，于是定理得证。

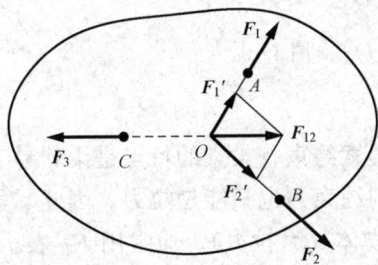

图 1 - 7

该定理常用来确定刚体在不平行的三个力作用下平衡时，其中某个未知力的作用线的方位。

公理四　作用与反作用定律

作用力和反作用力总是同时存在，两者大小相等、方向相反、沿着同一直线，并分别作用在两个相互作用的物体上。若用 F 表示作用力，用 F' 表示反作用力，则

$$F = - F'$$

应注意，不要把这一定律与二力平衡公理相混淆。作用与反作用定律中的两个力分别作用在两个物体上，而二力平衡公理中的两个力则作用在同一刚体上。

第 3 节　约 束 和 约 束 力

在空间可以自由运动，位移不受任何限制的物体称为**自由体**，例如空中飞行的飞机、炮弹等。工程中的大多数物体，其某些方向的位移往往受到限制，这样的物体称为**非自由体**。例如，轨道上行驶的火车、安装在轴承中的轴等，都是非自由体。对非自由体某

些方向的位移起限制作用的周围物体称为**约束**。如轨道是火车的约束，轴承是轴的约束等。约束对非自由体的这种限制作用其实就是一种力，我们称其为**约束力**。**约束力的方向总是与约束所能阻碍的非自由体的位移方向相反**，它的作用点在约束与被约束物体的接触点或连接点。约束力的大小通常未知。作用于非自由体上的约束力以外的力统称为**主动力**，例如重力、风力等。在静力学中，约束力和主动力组成平衡力系，因此可利用平衡条件来确定约束力的大小。

下面介绍几种工程中常见的约束类型及其约束力的特性。

一、光滑接触面约束

若两物体间的接触面是光滑的，则无论接触面的形状如何，都不能限制物体沿接触面切线方向的运动，只能限制物体沿接触面公法线并指向约束内部的运动。因此**光滑接触面给物体的约束力作用在接触点（面），方向沿接触面的公法线指向被约束物体**。这种约束力称为**法向约束力**，通常用 F_N 表示，如图 1-8 中的 F_N 和图 1-9 中的 F_{NA}、F_{NB}、F_{NC}。

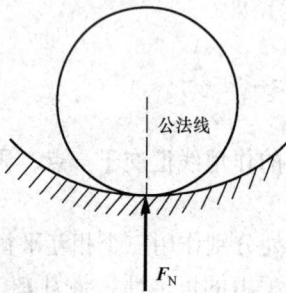
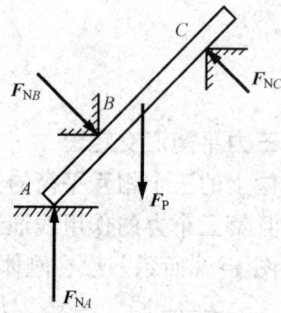

图 1-8　　　　　　　　　　　　　　　　　图 1-9

二、柔索约束

由绳索、链条、皮带、钢丝绳等所构成的约束统称为**柔索约束**。柔索的特点是柔软易变形，不能抵抗弯曲和压力，只能承受拉力。所以它给物体的约束力也只能是拉力。因此，**柔索对物体的约束力作用在接触点，方向沿柔索背离被约束物体（为拉力）**。通常用 F_T 表示，如图 1-10 中的 F_T。

链条或胶带也都只能承受拉力。当它们绕在轮子上时，对轮子的约束力用其张力来表示，沿轮缘的切线方向。如图 1-11 所示。

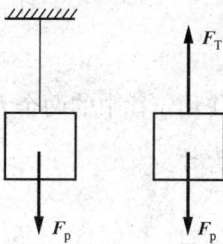
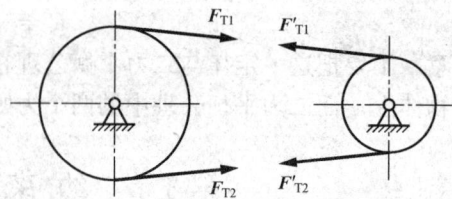

图 1-10　　　　　　　　　　　　　　　　　图 1-11

三、光滑圆柱铰链约束

工程上为了连接两个构件，常在两个构件的连接处钻上同样大小的孔，再用圆柱形销钉将这两个构件连接起来，如图 1-12（a）所示，这种约束称为**圆柱形铰链约束**。其简化画法如图 1-12（b）所示。构件可以绕销钉的轴线转动，销钉对构件的约束作用，是阻止构件在垂直于销钉轴线平面内沿任意方向的移动。由于铰链的圆柱销钉与构件的圆孔之间为光滑面接触，所以当一个物体相对于另一个物体有运动趋势时，销钉与孔壁便在某点接触，销钉给构件的约束力应通过圆孔中心和接触点，即沿接触面的公法线方向，如图 1-12（c）所示。由于接触点的位置与主动力有关，一般未知，故约束力的方向不能预先确定。因此常用**通过铰链中心的两个正交分力来表示**，如图 1-12（d）所示。

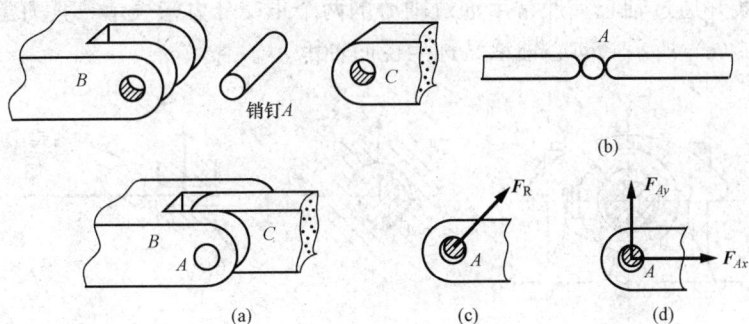

图 1-12

四、固定铰支座

将结构物或构件连接在墙、柱、机器的机身等支承物上的装置称为支座。将支座用螺栓与基础或静止的结构物固定在一起，再将构件用销钉与支座连接，就构成了固定铰支座，如图 1-13（a）所示。其简化画法如图 1-13（b）所示。与圆柱铰链类似，**固定铰支座对构件的约束力也应通过铰链中心而方向不定，因此常用两个正交分力来表示**，如图 1-13（c）所示。

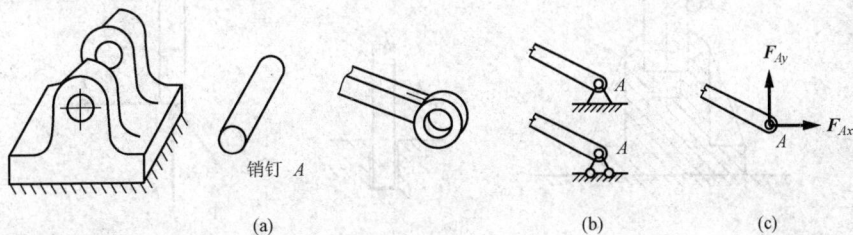

图 1-13

五、滚动支座

在固定铰支座与光滑支承面之间安装几个辊轴，就构成了滚动支座，又称为辊轴支座，如图 1-14（a）所示。其力学简图如图 1-14（b）所示。这种支座的约束特点是只能限制物体沿垂直于支承面方向（指向或背离支承

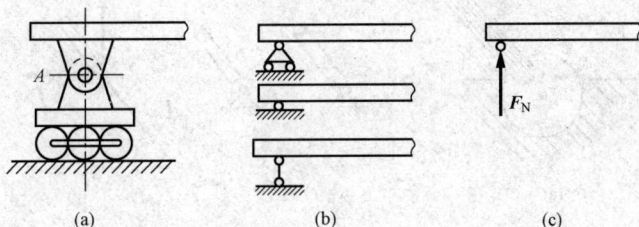

图 1-14

面）的移动，而不能限制物体绕销钉的转动和沿支承面移动。因此，**滚动支座的约束力垂直于支承面**，并通过铰链中心，常用符号 F_N 表示，如图 1-14（c）所示。在桥梁、屋架等结构中经常采用滚动支座约束，当温度变化时，约束允许结构跨度自由伸长或缩短。

六、轴承

1. 向心轴承（径向轴承）

向心轴承对轴的约束特点与固定铰支座对物体的约束特点相似，如图 1-15（a）所示。故向心轴承对轴的约束力应在与轴垂直的平面上，约束力合力的作用线不能预先确定，但约束力必垂直轴线并通过轴心。通常**用通过轴心的两个正交分力来表示**。其力学简图及受力如图 1-15（b）、（c）所示，向心轴承又称为径向轴承。

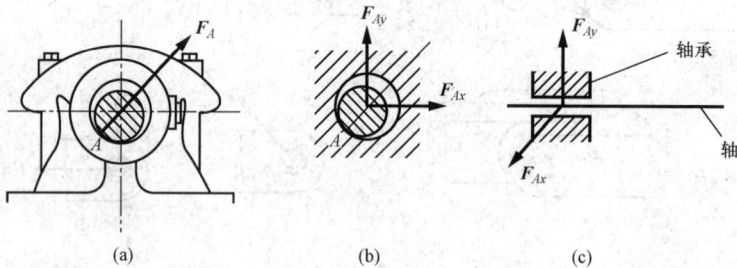

(a)   (b)   (c)

图 1-15

2. 止推轴承

止推轴承可视为由一光滑面将向心轴承圆孔的一端封闭而成，如图 1-16（a）所示。其力学简图如图 1-16（b）所示。这种约束的特点是能同时限制转轴的径向和轴向（止推方向）的移动，所以止推轴承的约束力常用**垂直于轴向和沿轴向的三个正交分力表示**，如图1-16（c）所示。

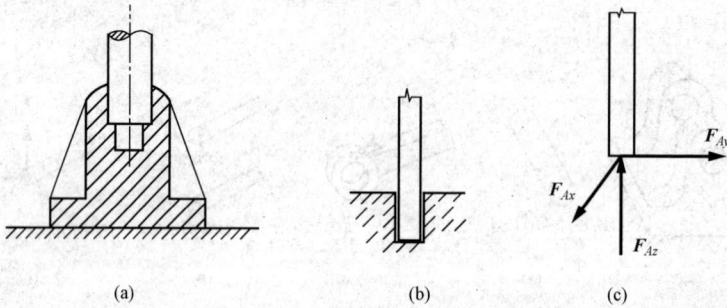

(a)   (b)   (c)

图 1-16

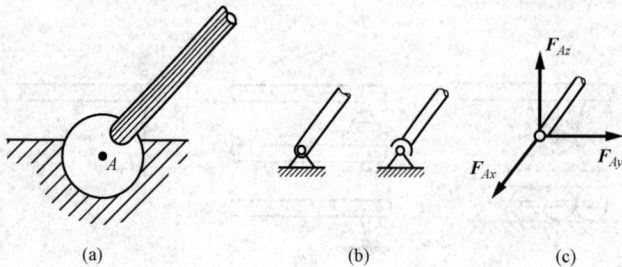

(a)   (b)   (c)

图 1-17

七、光滑球铰链

将固定于物体一端的球体置于固定球窝形支座中，就形成了球铰支座，简称球铰链，如图 1-17（a）所示，其简化画法如图 1-17（b）所示。这类约束限制构件的球心不能有任何移动，但构件可以绕球心转动。若忽略摩擦，其约束力必过球心，但方向未定；通常用**过球心的三个正交分力来表示**，如图 1-17（c）所示。

第 4 节　物体的受力分析和受力图

求解力学问题时，需要选择某个或某些物体为研究对象，分析其运动或平衡，求得所需的未知量。为此，首先要分析研究对象受了几个力的作用，每个力的作用位置和方向，哪些力是已知的，哪些是未知的，这一分析过程称为**物体的受力分析**。为明确表示物体的受力情况，需将研究对象（称为**受力体**）从与其有联系的周围物体（称为**施力体**）中分离出来，解除全部约束，单独画出简图，这一步骤称为**解除约束，取分离体**。然后画出分离体所受的全部主动力和周围物体对其的约束力，这种表示分离体受力情况的力学简图称为**受力图**。对物体进行受力分析，画出其受力图，是解决静力学问题的关键，必须反复练习，熟练掌握。

【**例 1-1**】　重量为 F_p 的梯子 AB，搁在光滑的水平地面和铅直墙上。在 D 点用水平绳索与墙相连，如图 1-18（a）所示。试画出梯子的受力图。

解　（1）将梯子 AB 从周围物体中分离出来，画出其简图。

（2）先画主动力，即梯子的重力 F_p，作用于梯子的重心 C，方向铅直向下。

（3）再画地面和墙对梯子的约束力。根据光滑接触面约束的特点，A、B 处的约束力分别与地面和墙面垂直并指向梯子；绳索的约束力应沿着绳索的方向，背离梯子为拉力。图 1-18（b）所示即为梯子的受力图。

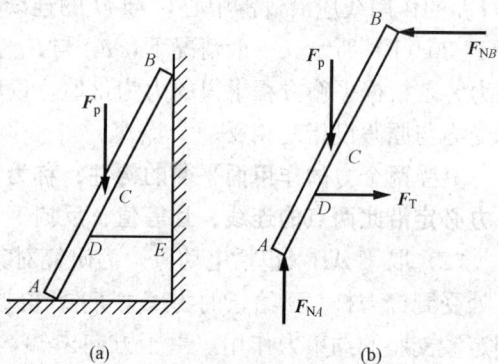

图 1-18

【**例 1-2**】　画出图 1-19（a）所示外伸梁 AB 的受力图。

解　（1）解除外伸梁 AB 的约束，画出其简图。

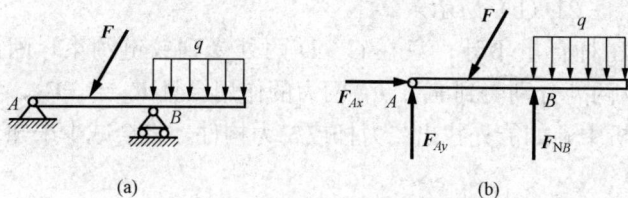

图 1-19

（2）画主动力，包括集中力 F 和均布力 q。q 称为**载荷集度**，表示单位尺寸上的力的大小。

（3）画约束力。因 A 处为固定铰支座，其约束力可用两个大小未知的正交分力 F_{Ax} 和 F_{Ay} 表示，指向为假设。B 处为滚动支座，约束力垂直于支承面，用 F_{NB} 表示。梁 AB 的受力图如图 1-19（b）所示。

【**例 1-3**】　如图 1-20（a）所示水平梁 AB 用斜杆 CD 支撑，A、C、D 三处均为铰链连接，均质梁重 F_p，其上放置一重为 W 的电动机。如不计杆 CD 的自重，试分别画出杆 CD 和梁 AB（包括电动机）的受力图。

解　（1）先分析斜杆 CD 的受力。由于斜杆的自重不计，根据光滑铰链的特性，C、D 处的约束力分别通过铰链的中心 C、D，方向暂不确定。考虑到杆 CD 只在 F_C、F_D 二力作

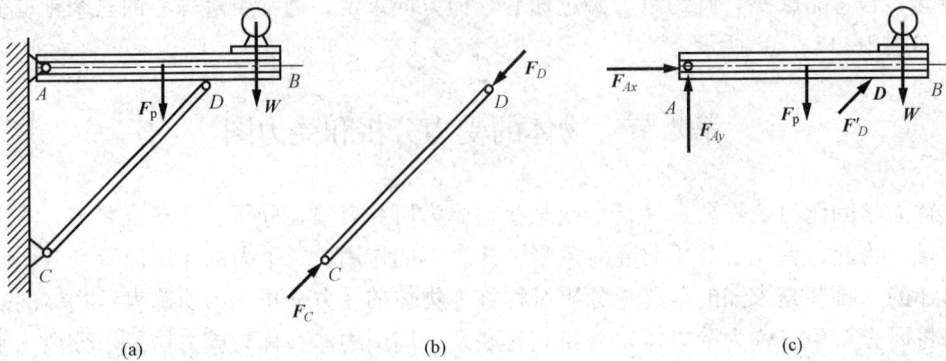

图 1-20

用下平衡，根据二力平衡公理，这两个力必定沿同一直线，且等值、反向。由此可确定 $\boldsymbol{F}_C$ 和 $\boldsymbol{F}_D$ 的作用线应沿铰链中心 C 与 D 的连线，由经验判断，此处杆 CD 受压力，其受力图如图 1-20 (b) 所示。一般情况下，$\boldsymbol{F}_C$ 与 $\boldsymbol{F}_D$ 的指向不能预先判定，可先任意假设杆受拉力或压力。若根据平衡方程求得的力为正值，说明原假设力的指向正确；若为负值，则说明实际杆受力与原假设指向相反。

只受两个力的作用而平衡的构件，称为二力构件，若为杆，则称为二力杆。它所受的两个力必定沿此两点的连线，且等值、反向。

(2) 取梁 AB（包括电动机）为研究对象，它受两个主动力 $\boldsymbol{F}_p$ 和 $\boldsymbol{W}$ 的作用。梁在铰链 D 处受到二力杆 CD 给它的约束力 $\boldsymbol{F}_D'$。根据作用和反作用定律 $\boldsymbol{F}_D' = -\boldsymbol{F}_D$。梁在 A 处受到固定铰支座的约束力作用，由于方向未知，故用两个大小未定的正交分力 $\boldsymbol{F}_{Ax}$ 和 $\boldsymbol{F}_{Ay}$ 表示。梁 AB 的受力图如图 1-20 (c) 所示。

【例 1-4】 如图 1-21 (a) 所示，结构由杆 AC、CD 与滑轮 B 铰接而成。物体重 $\boldsymbol{F}_p$，用绳子挂在滑轮上。如杆、滑轮及绳子的自重不计，并忽略各处摩擦，试分别画出滑轮 B、杆 AC、CD 及整个系统的受力图。

解 (1) 先分析滑轮的受力。B 处为光滑铰链约束，AC 杆对轮的约束力为 $\boldsymbol{F}_{Bx}$、$\boldsymbol{F}_{By}$；E、H 处有绳子拉力 $\boldsymbol{F}_{TE}$、$\boldsymbol{F}_{TH}$。如图 1-21 (b) 所示。

(2) 分析 CD 杆的受力。由于 CD 杆自重不计，只在 C、D 两处受到铰链约束，因此 CD 杆为二力杆，假设受拉，在 C、D 两处分别受到 $\boldsymbol{F}_C$、$\boldsymbol{F}_D$ 两力的作用，且 $\boldsymbol{F}_C = -\boldsymbol{F}_D$，如图 1-21 (c) 所示。注意：在受力分析中，如能先找出二力杆或二力构件，将会减少未知量的数目，有助于问题的求解。

(3) 分析 AC 杆的受力。AC 杆在铰链 B 处受到滑轮的约束力 $\boldsymbol{F}_{Bx}'$、$\boldsymbol{F}_{By}'$ 作用，根据作用和反作用力定律，$\boldsymbol{F}_{Bx}' = -\boldsymbol{F}_{Bx}$，$\boldsymbol{F}_{By}' = -\boldsymbol{F}_{By}$；在 C 处受到杆 CD 给它的约束力 $\boldsymbol{F}_C'$，且 $\boldsymbol{F}_C' = -\boldsymbol{F}_C$。$AC$ 杆在 A 处受到固定铰支座的约束力，由于合力方向不确定，故画成两个大小未知的正交分力 $\boldsymbol{F}_{Ax}$、$\boldsymbol{F}_{Ay}$。AC 杆的受力如图 1-21 (d) 所示。

(4) 最后分析整个系统。此时 AC 杆与 CD 杆在 C 处铰接，滑轮与 AC 杆在 B 处铰接，这两处的约束力互为作用力与反作用力，并成对出现在整个系统内，称为**内力**。内力对系统的作用效应相互抵消，因此除去，并不影响整个系统的平衡。故内力在受力图上不必画出。在受力图上只画出系统以外的物体给系统的作用力，这种力称为**外力**。这样，外力有：主动

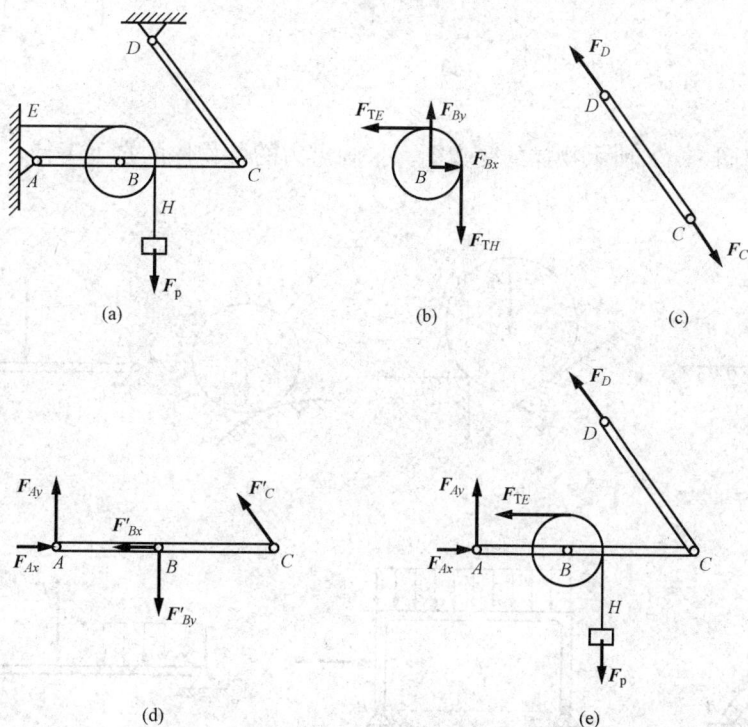

图 1 - 21

力 F_p，约束力 F_{Ax}、F_{Ay}、F_D、F_{TE}，整个系统的受力如图 1 - 21（e）所示。

在上例中，**当取某个系统为研究对象时，系统内各物体间的相互作用力称为内力。系统外物体对系统内物体的作用力称为外力。**由于内力成对出现，等值、反向、共线，为平衡力系。所以，**在画系统的受力图时，只画外力，不画内力**。需要指出的是，内力和外力的区分不是绝对的，在一定的条件下（如研究对象不同），内力和外力可以相互转化。

正确地画出受力图，是分析、解决力学问题的基础。画受力图时必须熟练掌握以下几点：

（1）根据题意选取适当的研究对象，并单独画出其分离体图。可以取单个物体为研究对象，也可以取由几个物体组成的系统为研究对象。

（2）在研究对象上画出全部主动力（一般皆为已知力）。

（3）根据约束的性质，画出全部约束力。一般情况下，在研究对象与周围物体连接、接触处均应有约束力的作用。约束力应根据每个约束本身的特性来确定其方向，不能主观臆测。

（4）当取几个物体构成的系统为研究对象时，由于内力成对出现，相互抵消，故只画外力，不画内力。

（5）作用与反作用关系一定要遵守。作用力的方向一经假定，则反作用力的方向应与之相反。

（6）注意二力构件的判断与画法。只受两个力的作用而平衡的构件称为二力构件。二力构件所受的两个力沿此两点的连线方向，且等值、反向。

（7）整体、部分及单个物体的受力图中，力的符号、方向应彼此协调。

习   题

1-1 画出图1-22所示物体的受力图。未画重力的各物体的自重不计，所有接触处均为光滑接触。

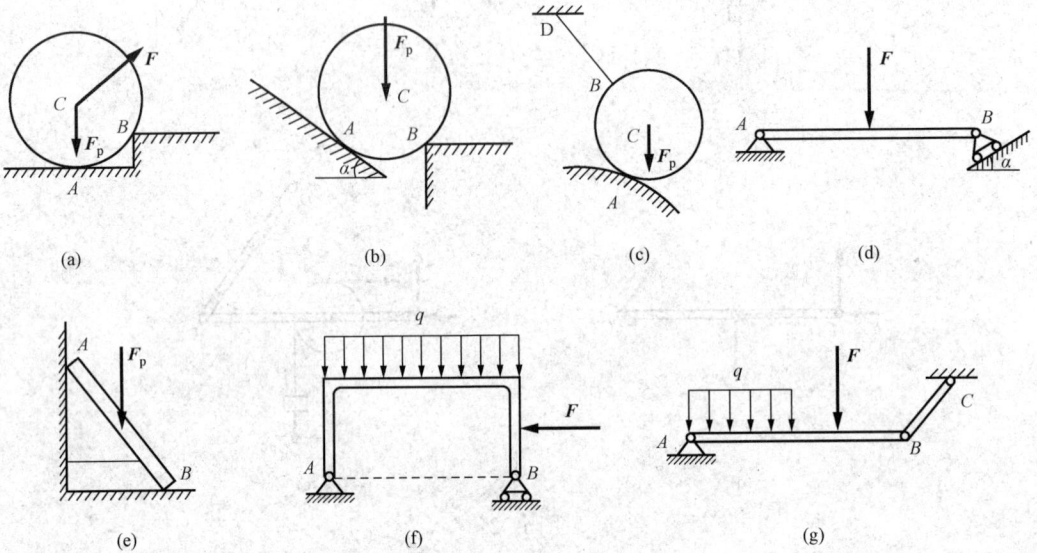

图1-22

1-2 画出图1-23中每个标注字符的物体（不包含销钉与支座）的受力图及系统整体的受力图。未画重力的各物体的自重不计，所有接触处均为光滑接触。

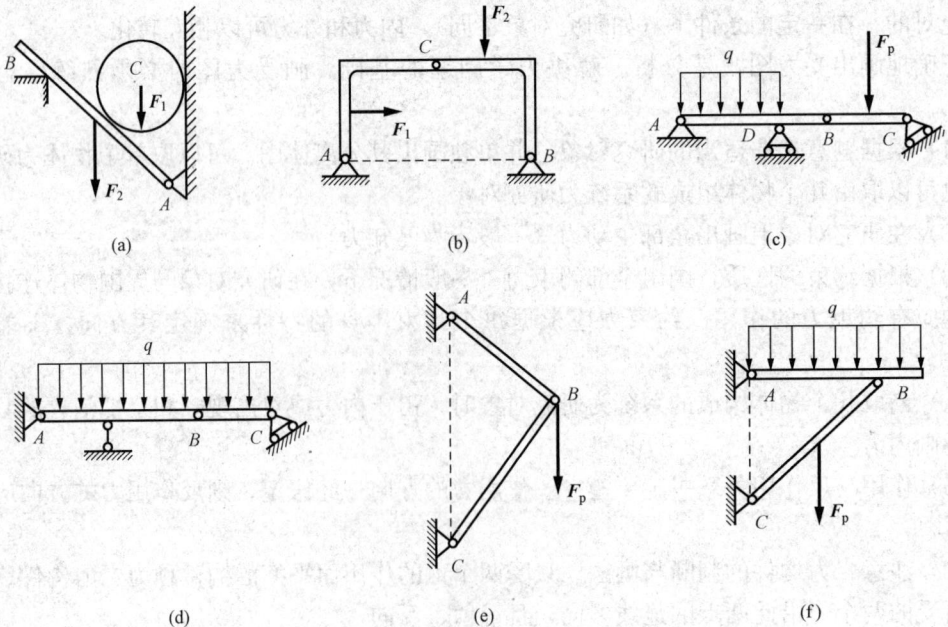

图1-23（一）

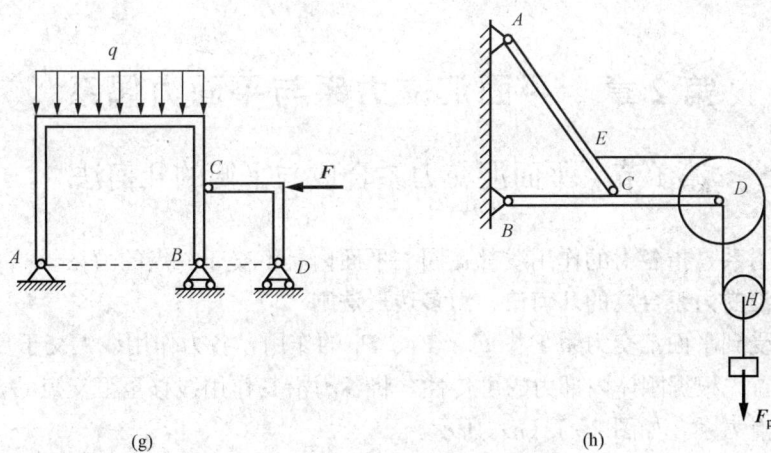

(g)

(h)

图 1 - 23（二）

第 2 章　平面汇交力系与平面力偶系

第 1 节　平面汇交力系合成与平衡的几何法

平面汇交力系是指各力的作用线都在同一平面内且汇交于一点的力系。

一、平面汇交力系合成的几何法、力多边形法则

设一刚体受到平面汇交力系 F_1、F_2、F_3、F_4 的作用，各力作用线汇交于点 O，如图 2-1（a）所示。首先根据刚体内部力的可传性，将各力沿其作用线移至汇交点 O，得一具有共同作用点的共点力系，如图 2-1（b）所示。

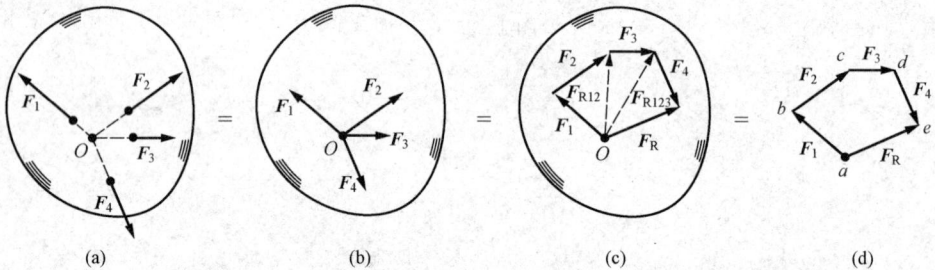

图 2-1

为合成此力系，可根据力的平行四边形法则，逐步两两合成各力，最后求得一个通过汇交点 O 的合力 F_R，但这样求汇交力系合力的方法十分麻烦。现连续应用力三角形法则，将这些力依次两两合成，最后仍可得到通过力系汇交点 O 的一个合力 F_R，如图 2-1（c）所示。由图可知，求合力矢 F_R，不必画出中间矢量 F_{R12}、F_{R123} 等，只需将各力的力矢依次首尾相连，则由第一个力矢的起点 a 指向最后一个力矢的终点 e 所得矢量即为汇交力系的合力矢 F_R，如图 2-1（d）所示。由分力矢和合力矢构成的多边形 $abcde$ 称为**力多边形**，表示合力矢的边 ae 称为**力多边形的封闭边**。上述用力多边形求平面汇交力系合力的方法称为**几何法**。几何法的作图规则称为**力多边形法则**，即从任一点出发，依次将各分力矢首尾相接（次序可变），最后由第一个分力矢的起点指向最后一个分力矢的终点的矢量——力多边形的封闭边，即为原力系的合力矢，合力矢仅表示合力的大小和方向，合力作用线仍过汇交点。

总之，**平面汇交力系可合成为一个合力 F_R，合力的大小和方向由力多边形的封闭边确定，即合力矢等于各分力矢的矢量和，合力的作用线通过汇交点。**

$$F_R = F_1 + F_2 + \cdots + F_n = \sum_{i=1}^{n} F_i \tag{2-1}$$

合力对刚体的作用与原力系对该刚体的作用等效。如果一力与某一力系等效，则此力称为该力系的**合力**。而该力系中的各力称为此合力的**分力**。

二、平面汇交力系平衡的几何条件

1. 平衡条件

由于平面汇交力系可合成为一个合力，因此如力系平衡，则合力为零。反之，如平面汇

交力系的合力为零，则力系必然平衡。故**平面汇交力系平衡的必要与充分条件是：该力系的合力为零**。即

$$\boldsymbol{F}_{\mathrm{R}} = \sum \boldsymbol{F}_i = 0 \tag{2-2}$$

2. 平衡的几何条件

根据力多边形法则，合力为零，表明力多边形封闭边的长度为零，即力多边形中第一个力矢的起点和最后一个力矢的终点重合。**故平面汇交力系平衡的必要与充分的几何条件是：该力系的力多边形自行封闭**。

第 2 节　平面汇交力系合成与平衡的解析法

一、力在坐标轴上的投影

1. 力在轴上的投影

设有力 $\boldsymbol{F}$ 和 x 轴，且 $\boldsymbol{F}$ 和 x 轴共面，如图 2-2 所示，从力 $\boldsymbol{F}$ 的起点 A 和终点 B 分别作 x 轴的垂线，垂足为 a 和 b；将线段 ab 冠以适当的正负号，表示力 $\boldsymbol{F}$ 在 x 轴上的投影，并用符号 F_x 表示。若由起点垂足 a 到终点垂足 b 的指向与 x 轴的正向一致，投影为正；反之，为负。

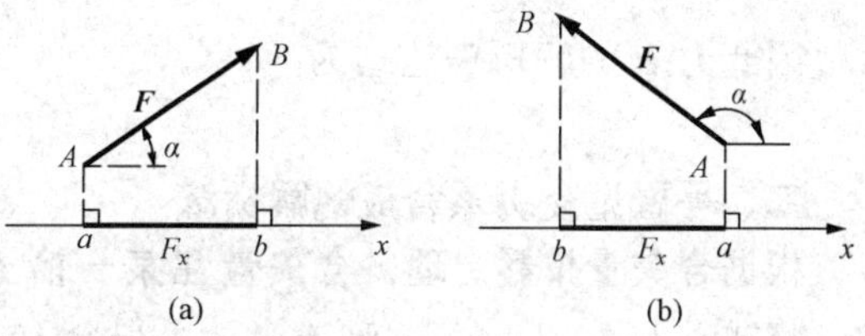

图 2-2

若力 $\boldsymbol{F}$ 与 x 轴正向间的夹角为 α，则

$$F_x = F\cos\alpha \tag{2-3}$$

即力在某轴上的投影等于力的大小乘以力与该轴正向间夹角（方向角）的余弦（方向余弦）。故力在轴上的投影为代数量。

当力与坐标轴正向间夹角为锐角时，投影为正［图 2-2（a）］；夹角为钝角时，投影为负［图 2-2（b）］。当力垂直于坐标轴时，投影为零。在实际运算时，通常取力与轴间的锐角计算投影的绝对值，通过直接观察判断投影的正负号。如图 2-3 所示，力 $\boldsymbol{F}$ 在 x、y 轴上的投影分别为

$$\left.\begin{aligned} F_x &= -F\cos\theta \\ F_y &= F\sin\theta \end{aligned}\right\}$$

2. 力在直角坐标轴上的投影

已知力 $\boldsymbol{F}$ 和直角坐标轴正向间夹角分别为 α 和 β，如图 2-4 所示，则力在直角坐标轴上的投影为

$$\left.\begin{aligned} F_x &= F\cos\alpha \\ F_y &= F\cos\beta \end{aligned}\right\} \tag{2-4}$$

3. 已知投影，求力的大小和方向

如已知力 $\boldsymbol{F}$ 在直角坐标轴上的投影 F_x、F_y，则可由式（2-5）求得力 $\boldsymbol{F}$ 的大小和方向

$$\left.\begin{aligned} & F = \sqrt{F_x^2 + F_y^2} \\ & \cos(\boldsymbol{F},\boldsymbol{i}) = F_x/F;\cos(\boldsymbol{F},\boldsymbol{j}) = F_y/F \end{aligned}\right\} \tag{2-5}$$

式中　$\boldsymbol{i}$，$\boldsymbol{j}$——x，y 轴的单位矢量。

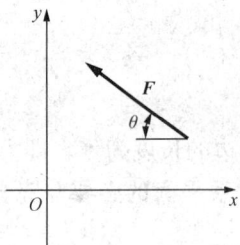 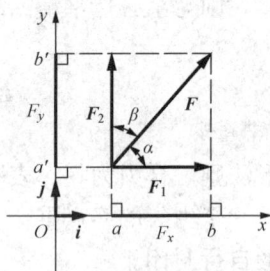

图 2 - 3   图 2 - 4

4. 力的解析表达式

力 F 可沿直角坐标轴正交分解，分力分别为 F_1、F_2，如图 2 - 4 所示，即

$$F = F_1 + F_2$$

可以看出，力 F 的这些分力与力在轴上的投影有如下关系

$$F_1 = F_x i, F_2 = F_y j$$

因此力 F 的解析表达式为

$$F = F_x i + F_y j \qquad (2 - 6)$$

二、平面汇交力系合成的解析法

根据合矢量投影定理：合矢量在某一轴上的投影等于各分矢量在同一轴上投影的代数和。将式（2 - 1）向 x、y 轴投影，可得合力 F_R 在 x、y 轴上的投影

$$\left. \begin{array}{l} F_{Rx} = F_{1x} + F_{2x} + \cdots + F_{nx} = \sum_{i=1}^{n} F_{ix} \\ F_{Ry} = F_{1y} + F_{2y} + \cdots + F_{ny} = \sum_{i=1}^{n} F_{iy} \end{array} \right\} \qquad (2 - 7)$$

式中，F_{1x} 和 F_{1y}，F_{2x} 和 F_{2y}，$\cdots$，F_{nx} 和 F_{ny} 分别为各分力在 x、y 上的投影。由式（2 - 5）可求出合力 F_R 的大小和方向余弦分别为

$$\left. \begin{array}{l} F_R = \sqrt{F_{Rx}^2 + F_{Ry}^2} = \sqrt{(\sum F_x)^2 + (\sum F_y)^2} \\ \cos(F_R, i) = \dfrac{\sum F_x}{F_R}, \cos(F_R, j) = \dfrac{\sum F_y}{F_R} \end{array} \right\} \qquad (2 - 8)$$

合力的作用线通过汇交点。

【例 2 - 1】 已知：$F_1 = 280$N，$F_2 = 300$N，$F_3 = 150$N，$F_4 = 250$N，求如图 2 - 5（a）所示平面汇交力系的合力。

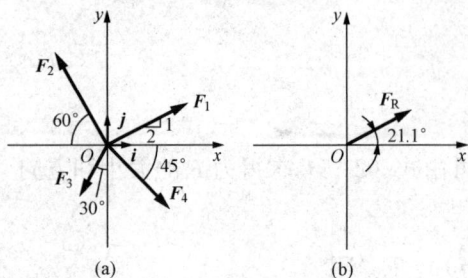

图 2 - 5

解 根据式（2 - 7）和式（2 - 8）计算

$$F_{Rx} = \sum F_x = F_1 \frac{2}{\sqrt{5}} - F_2 \cos 60° - F_3 \sin 30°$$

$$+ F_4 \cos 45°$$

$$= 280 \times \frac{2}{\sqrt{5}} - 300 \times 0.5 - 150 \times 0.5 + 250$$

$$\times \cos 45°$$

$$= 202.2\text{N}$$

$$F_{Ry} = \sum F_y = F_1 \frac{1}{\sqrt{5}} + F_2 \sin60° - F_3 \cos30° - F_4 \sin45°$$

$$= 280 \times \frac{1}{\sqrt{5}} + 300 \times \sin60° - 150 \times \cos30° - 250 \times \sin45°$$

$$= 78.35N$$

$$F_R = \sqrt{F_{Rx}^2 + F_{Ry}^2} = 216.8N$$

$$\cos(F_R, i) = \frac{F_{Rx}}{F_R} = \frac{202.2}{216.8} = 0.933$$

$$(F_R, i) = \pm 21.1°$$

因为 $F_{Rx} > 0$，$F_{Ry} > 0$

所以 F_R 在第一象限，$(F_R, i) = 21.1°$。

合力 F_R 的作用线通过汇交点 O，如图 2-5（b）所示。

三、平面汇交力系平衡的解析条件、平衡方程

由本章第 1 节可知，平面汇交力系平衡的必要与充分条件是：该力系的合力 F_R 等于零。由式（2-8）可得

$$F_R = \sqrt{(\sum F_x)^2 + (\sum F_y)^2} = 0$$

欲使上式成立，必须同时满足

$$\sum F_x = 0, \quad \sum F_y = 0 \tag{2-9}$$

于是，**平面汇交力系平衡的必要与充分的解析条件是：各力在两个任选的不平行的坐标轴上投影的代数和分别等于零**。式（2-9）称为**平面汇交力系的平衡方程**。这是两个独立的方程，可以求解两个未知量。

【例 2-2】 圆柱 O 重 $F_p = 500N$，搁在墙面与夹板间，如图 2-6（a）所示。板与墙面的夹角为 $60°$，若接触面是光滑的，试分别求出圆柱给墙面和夹板的压力。

解 选取圆柱为研究对象，画出圆柱的受力图，如图 2-6（b）所示。其中 F_p 是已知的主动力，A、B 处为光滑接触面约束，F_{NA} 和 F_{NB} 分别是墙面和板面对圆柱的法向约束力，此三力构成平面汇交力系。

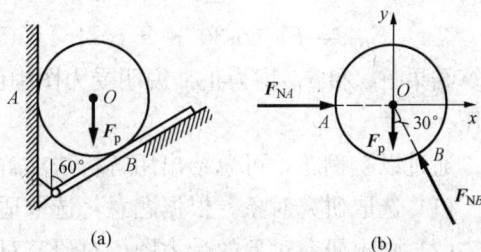

图 2-6

建立直角坐标系，列平衡方程

$$\sum F_y = 0, F_{NB}\cos30° - F_p = 0$$

$$F_{NB} = \frac{500}{\cos30°} = 577.4N$$

$$\sum F_x = 0, F_{NA} - F_{NB}\sin30° = 0$$

$$F_{NA} = 577.4 \times \sin30° = 288.7N$$

这里求出的 F_{NA} 和 F_{NB} 是指作用于圆柱上的约束力，根据作用与反作用关系，圆柱给墙面和夹板的压力应与 F_{NA} 和 F_{NB} 大小相等，方向相反。

【例 2-3】 图 2-7（a）所示为一简单起重设备。重物重 $F_p = 15kN$，用钢丝绳挂在绞车

D 及滑轮 B 上。A 和 B、C 处为光滑铰链连接。设起吊是匀速的，杆和滑轮的自重不计，并忽略摩擦和滑轮的大小，试求 AB 和 BC 两杆所受的力。

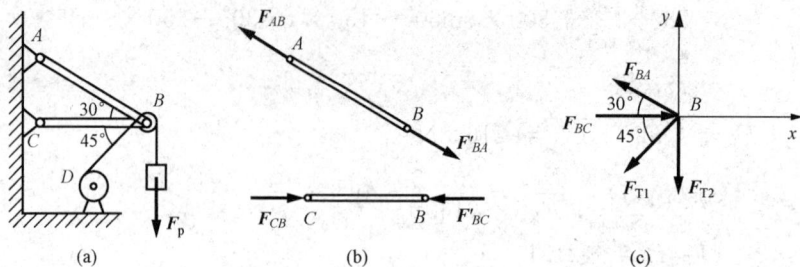

图 2-7

解 （1）取研究对象。由于 AB 和 BC 两杆都是二力杆，假设杆 AB 受拉，杆 BC 受压，如图 2-7（b）所示。为了求出这两杆所受的力，可求两杆对滑轮的约束力。因此选取滑轮 B 为研究对象。

（2）画受力图。滑轮受到钢丝绳的拉力 F_{T1} 和 F_{T2}，且 $F_{T1} = F_{T2} = F_p = 15\text{kN}$。此外杆 AB 和 BC 对滑轮的约束力为 F_{BA} 和 F_{BC}。由于滑轮的大小可忽略不计，故这些力可看作是平面汇交力系，如图 2-7（c）所示。

（3）列平衡方程。选取坐标系如图 2-7（c）所示。

$$\sum F_y = 0, \quad F_{BA}\sin30° - F_{T1}\sin45° - F_{T2} = 0$$

$$F_{BA} = \frac{1+\sin45°}{\sin30°}F_p = \frac{1+\sin45°}{\sin30°} \times 15 = 51.2\text{kN}$$

$$\sum F_x = 0, \quad F_{BC} - F_{BA}\cos30° - F_{T1}\cos45° = 0$$

$$F_{BC} = F_{BA}\cos30° + F_p\cos45° = 51.2 \times \cos30° + 15 \times \cos45° = 54.9\text{kN}$$

计算结果 F_{BA} 和 F_{BC} 均为正，说明受力图中假设的各力指向是正确的，即杆 AB 受拉，杆 BC 受压。

通过以上例题，可总结出用解析法求解平面汇交力系平衡问题的主要步骤如下：

（1）选取研究对象。根据题意，选取适当的物体或物体系为研究对象。

（2）画出研究对象的受力图。对研究对象进行受力分析，画出其所受的全部外力，包括主动力和约束力。在画受力图时，注意二力杆（构件）的判断。为确定某个未知力的方向，有时需用三力平衡汇交定理。

（3）建立坐标系，列方程求解。列方程时，尽量做到一个方程中只包含一个未知量，并及时解出，使成已知。为此投影轴应与某个未知量相垂直。

第3节　平面力对点之矩的概念及计算

一、力对点之矩（力矩）的概念

一般情况下，力对刚体的运动效应是使刚体移动和转动，力的移动效应取决于力的大小和方向；而力对刚体的转动效应则以**力对点之矩**（简称**力矩**）来度量，即力矩是度量力对刚体转动效应的物理量。

以扳手拧螺母为例，如图 2 - 8 所示，作用于扳手一端的力 F 使扳手绕 O 点的转动效应，不仅与力的大小成正比，还与 O 点到力的作用线的垂直距离 d 成正比，同时，作用效应还与力使物体绕 O 点转动的方向有关。由此，可以得到平面问题中力对点之矩的定义。

如图 2 - 9 所示，力 F 与点 O 位于同一平面内，点 O 称为**矩心**，点 O 到力 F 的作用线的垂直距离 d 称为**力臂**，在平面问题中，力对点之矩定义为：

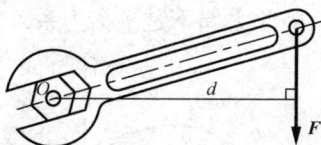

图 2 - 8

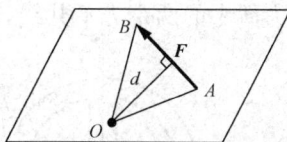

图 2 - 9

力对点之矩是一个代数量，它的绝对值等于力的大小与力臂的乘积，它的正负号可按下法确定：力使物体绕矩心逆时针转向转动时为正，反之为负。

以符号 $M_O(F)$ 表示力 F 对 O 点之矩，则

$$M_O(F) = \pm Fd = \pm 2A_{\triangle OAB} \qquad (2 - 10)$$

式中　$A_{\triangle OAB}$——三角形 OAB 的面积。

力矩的单位常用 N·m 或 kN·m。

计算力矩时应注意以下几点：

1) 当力的大小为零，或者力的作用线通过矩心时，力矩等于零。

2) 当力沿其作用线滑动时，力矩不变。

3) 同一个力对不同点的矩一般不同。因此必须指明矩心，力对点之矩才有意义。

二、合力矩定理

合力矩定理：平面汇交力系的合力对于平面内任一点之矩等于力系中各分力对于同一点之矩的代数和。即

$$M_O(F_R) = \sum_{i=1}^{n} M_O(F_i) \qquad (2 - 11)$$

按力系等效概念，上式易于理解。且式（2 - 11）适用于任何有合力存在的力系。

【例 2 - 4】 试计算图 2 - 10 中力 F 对 A 点之矩。已知 F、a、b、θ。

解　因为力 F 对 A 点的力臂不明显，所以用合力矩定理来求。

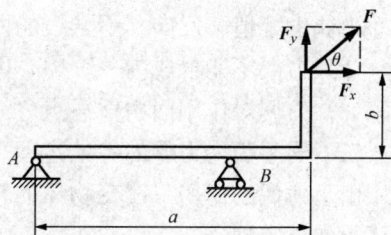

图 2 - 10

$$\begin{aligned} M_A(F) &= M_A(F_x) + M_A(F_y) = -F_x b + F_y a \\ &= -F\cos\theta \cdot b + F\sin\theta \cdot a \\ &= F(a\sin\theta - b\cos\theta) \end{aligned}$$

第 4 节　平　面　力　偶

一、力偶与力偶矩

1. 力偶

在日常生活和工程实际中，常常遇到物体受到大小相等、方向相反、相互平行而不共线

的两个力作用。如司机用双手操纵方向盘（图 2-11）、工人用丝锥攻螺纹、用两个手指拧水龙头等。

大小相等、方向相反、且不共线的两个平行力所组成的力系，称为力偶。如图 2-12 所示，由 F、F' 两个力构成的力偶记为（F、F'），力偶所在的平面称为**力偶作用面**，力偶中两力作用线间的垂直距离 d 称为**力偶臂**。

由于力偶中的两个力不共线，不满足二力平衡公理，因此力偶不是平衡力系。

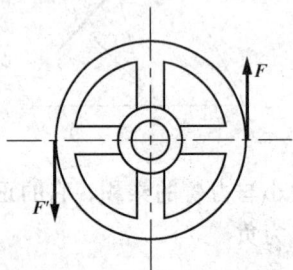 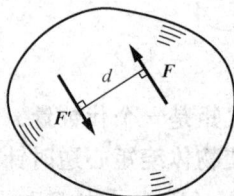

图 2-11　　　　　　　　　　　　　　　　　　　　　图 2-12

2. 力偶矩

力偶对物体的作用效应只改变物体的转动状态。平面力偶使物体转动的效应，取决于两个要素：

（1）力偶中力的大小与力偶臂的乘积；

（2）力偶使物体转动的方向。

为此，在平面中，有力偶矩的定义：**平面力偶的力偶矩是一个代数量，其绝对值等于力偶中力的大小与力偶臂的乘积，它的正负号表示力偶的转向，一般按下法规定：力偶使物体逆时针转向转动为正，反之为负**。用 M 或 $M(F，F')$ 表示力偶矩，则

$$M = \pm Fd \tag{2-12}$$

力偶矩的单位与力矩的单位相同，也是 N·m 或 kN·m。

二、力偶的性质

（1）力偶在任何轴上的投影为零。

力偶由等值、反向、不共线的两个平行力组成，其在任意轴上的投影必然为零。

（2）力偶不能合成为一个力，因此也不能用一个力来平衡，力偶只能由力偶来平衡。

（3）力偶对作用面内任意点之矩都等于力偶矩本身，不因矩心的改变而改变。

三、同平面内力偶的等效定理

由于力偶的作用只改变物体的转动状态，而力偶对物体的转动效应用力偶矩来度量，因此可得如下定理：

定理：在同平面内的两个力偶，如果力偶矩相等，则两力偶彼此等效。

该定理给出了在同一平面内力偶等效的条件。由此可得推论：

（1）**力偶可在其作用面内任意移转，而不改变它对刚体的作用**。因此，力偶对刚体的作用与力偶在其作用面内的位置无关。

（2）**只要保持力偶矩的大小和力偶的转向不变，可以同时改变力偶中力的大小和力偶臂的长短，而不改变力偶对刚体的作用**。

由此可见，力偶的臂和力的大小都不是力偶的特征量，**只有力偶矩是平面力偶作用的唯**

一量度。常用图 2-13 所示的符号表示力偶，M 为力偶矩。

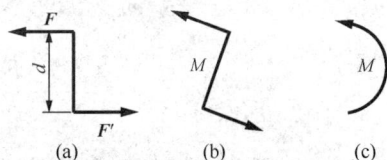

图 2-13

四、平面力偶系的合成与平衡条件

1. 平面力偶系的合成

作用在物体上同一平面内的许多力偶称为**平面力偶系**。

设同一平面内有两个力偶 $(F_1，F'_1)$、$(F_2，F'_2)$，力偶臂分别为 d_1、d_2，如图 2-14 (a) 所示，力偶矩分别为 $M_1 = F_1 d_1$ 和 $M_2 = -F_2 d_2$，求它们的合成结果。

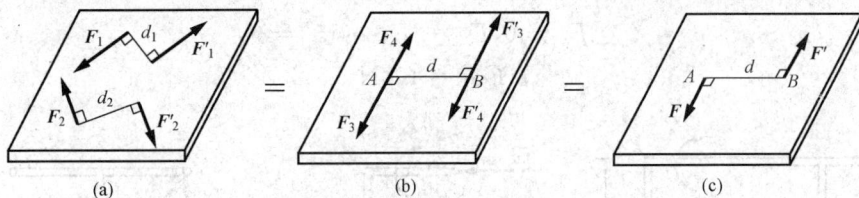

图 2-14

根据力偶的等效定理，在保持力偶矩不变的情况下，同时改变这两个力偶的力的大小和力偶臂的长短，使它们具有相同的臂长 d，并将它们在平面内移转，使力的作用线重合，如图 2-14 (b) 所示。于是得到与原力偶等效的两个新力偶 $(F_3，F'_3)$、$(F_4，F'_4)$，且

$$M_1 = F_1 d_1 = F_3 d, \quad M_2 = -F_2 d_2 = -F_4 d$$

将作用在 A、B 两点的力分别合成（设 $F_3 > F_4$），得

$$F = F_3 - F_4, \quad F' = F'_3 - F'_4$$

由于 F 与 F' 是相等的，所以构成了与原力偶系等效的合力偶 $(F，F')$，如图 2-14 (c) 所示，以 M 表示合力偶的矩，则

$$M = Fd = (F_3 - F_4)d = F_3 d - F_4 d = M_1 + M_2$$

对于多个力偶构成的平面力偶系，可以按照上述方法合成。即**在同平面内的任意个力偶可合成为一个合力偶，合力偶矩等于各分力偶矩的代数和**，可写为

$$M = \sum_{i=1}^{n} M_i \tag{2-13}$$

2. 平面力偶系的平衡条件

由合成结果可知，力偶系平衡时，其合力偶的矩等于零。因此**平面力偶系平衡的必要和充分条件是：所有各力偶矩的代数和等于零**，即

$$\sum_{i=1}^{n} M_i = 0 \tag{2-14}$$

式 (2-14) 称为**平面力偶系的平衡方程**。平面力偶系只有一个平衡方程，只能求解一个未知量。

【例 2-5】 如图 2-15 (a) 所示，各构件自重均略去不计，在直角杆上作用有矩为 $M_e = 200$ N·m 的力偶，尺寸如图 2-15 所示，$l = 2$ m。试求支座 A、B、D 的约束力。

解 (1) 先取 CEB 为研究对象。B 处为滚动支座，约束力 F_{NB} 方位已知。C 处为铰链连接，合力方向通常不定，常用两个正交分力来表示，但本题中，根据力偶必须用力偶来平衡，可得出 C 处合力 F_C 应与 F_{NB} 等值、反向。CEB 受力如图 2-15 (b) 所示，列方程

$$\sum M = 0, M_e - F_{NB}l = 0$$

$$F_{NB} = \frac{M_e}{l} = \frac{200}{2} = 100N$$

$$F_C = F_{NB} = 100N$$

（2）再研究 ACD。D 处为滚动支座，约束力 F_{ND} 方位已知；C 处受到 CEB 给它的反作用力 F'_C；根据三力平衡汇交定理判断出 A 处合力 F_A 方向。ACD 为平面汇交力系。

$$\sum F_x = 0, F_A \sin 45° - F'_C = 0$$

$$F_A = \frac{F'_C}{\sin 45°} = 100\sqrt{2}N = 141.4N$$

$$\sum F_y = 0, F_{ND} - F_A \cos 45° = 0$$

$$F_{ND} = 100N$$

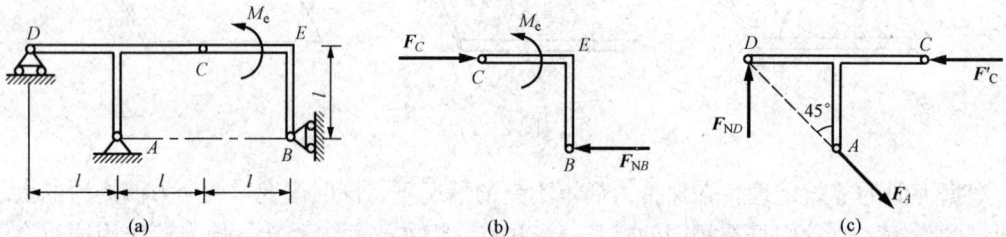

图 2 - 15

习　　题

2-1　已知四个力作用于 O 点，$F_1 = 500N$，$F_2 = 300N$，$F_3 = 600N$，$F_4 = 1000N$，方向如图 2-16 所示，试求此平面汇交力系的合力大小和方向。

2-2　图 2-17（a）所示为门式刚架，图 2-17（b）所示为三铰拱刚架，受水平力的作用，如不计刚架自重，试分别求支座 A 和 B 处的约束力。

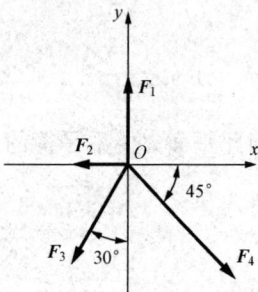

图 2 - 16

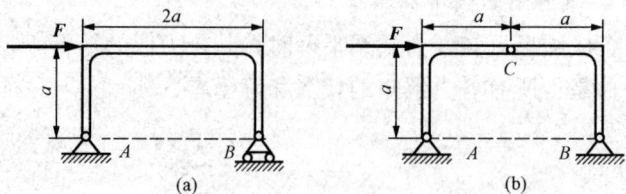

图 2 - 17

2-3　图 2-18 所示构架由 AB 和 BC 组成，A、B、C 处为光滑铰链连接。重物重为 F_p，杆重忽略不计。试求杆 AB 和 BC 所受的力。

2-4　如图 2-19 所示，重物重 $F_p = 20kN$，用钢丝绳挂在铰车 D 及滑轮 B 上。A、B、C 处为光滑铰链连接。钢丝绳、杆和滑轮的自重不计，并忽略摩擦和滑轮的大小，试求平衡

时杆 AB 和 BC 所受的力。

2-5　简易压榨机由两端铰接的杆 AB，BC 和压板 D 组成，如图 2-20 所示，各构件的重量不计。已知 $AB=BC$，B 点作用有铅垂压力 F，求水平压榨力 F_1。

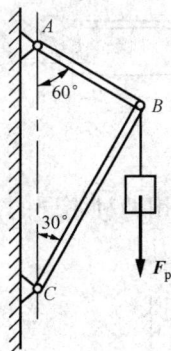
图 2-18

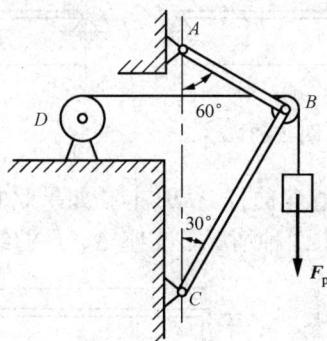
图 2-19

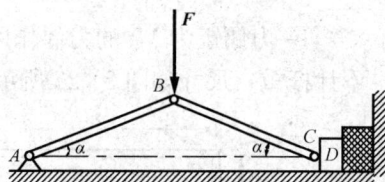
图 2-20

2-6　试求图 2-21 中力 F 对 O 点之矩。

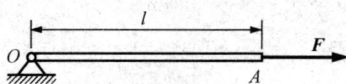
(a)

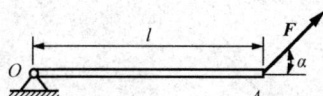
(b)

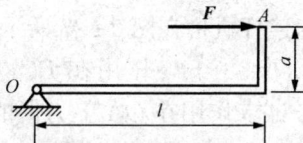
(c)

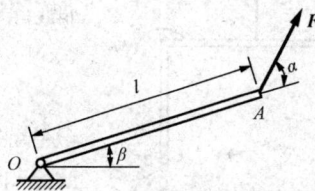
(d)

图 2-21

2-7　如图 2-22 所示，圆的半径为 R，角 α、β、γ 均为已知，力 F 与圆共面。试求力 F 对 A 点的矩 $M_A(F)$。

2-8　在刚体的 A，B，C，D 四点作用有四个大小相等的力，此四力沿四个边刚好组成封闭的力多边形，如图 2-23 所示。此刚体是否平衡？若 F_1 和 F_1' 都改变方向，此刚体是否平衡？

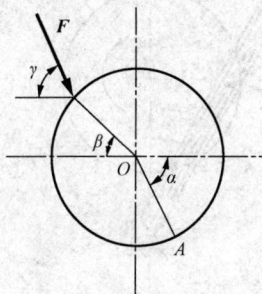
图 2-22

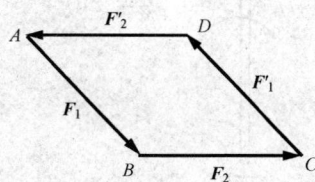
图 2-23

2-9　已知梁 AB 上作用一力偶，力偶矩为 M_e，梁长为 l。求在图 2-24（a）、（b）、（c）所示三种情况下，支座 A、B 的约束力。

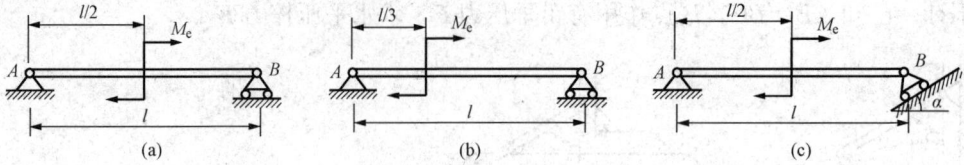

图 2-24

2-10　一力偶矩为 M_e 的力偶作用在直角曲杆 ADB 上。如果此曲杆用两种不同的方式支承，不计杆重，尺寸如图 2-25 所示。求两种情况下支座 A、B 的约束力。

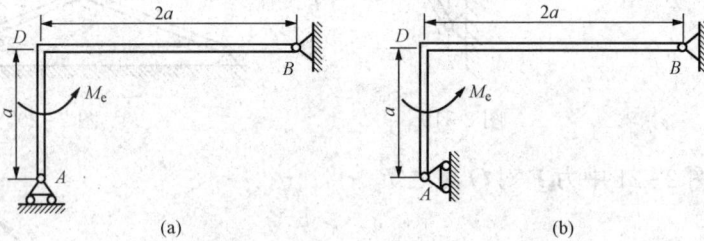

图 2-25

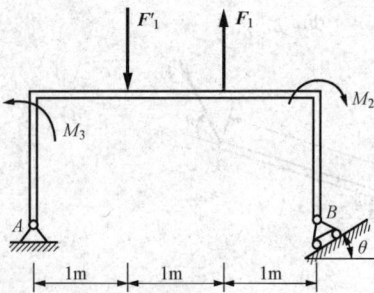

图 2-26

2-11　图 2-26 所示简支刚架，其上作用三个力偶，其中 $F_1 = F'_1 = 5\text{kN}$，$M_2 = 20\text{kN} \cdot \text{m}$，$M_3 = 9\text{kN} \cdot \text{m}$，$\theta = 30°$，试求支座 A、B 的约束力。

2-12　四连杆机构在图 2-27 所示位置平衡，已知 $OA = 60\text{cm}$，$BC = 40\text{cm}$，作用在 BC 上力偶的力偶矩 $M_2 = 1\text{N} \cdot \text{m}$，试求作用在 OA 上力偶的力偶矩大小 M_1 和 AB 所受的力 F_{AB}。各杆自重不计。

2-13　如图 2-28 所示，机构的自重不计。圆轮上的销子 A 放在摇杆 BC 上的光滑导槽内。圆轮上作用一力偶，其力偶矩为 $M_1 = 2\text{kN} \cdot \text{m}$，$OA = r = 0.5\text{m}$。图示位置时 OA 与 OB 垂直，$\theta = 30°$，且系统平衡。求作用于摇杆 BC 上力偶的矩 M_2 及铰链 O、B 处的约束力。

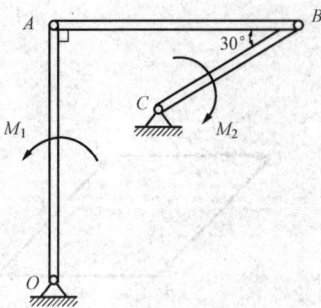

图 2-27

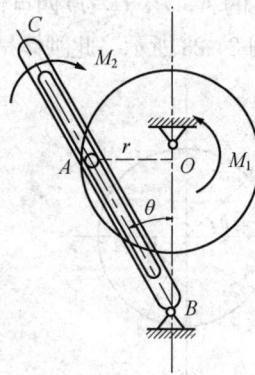

图 2-28

第3章 平面任意力系

各力作用线在同一平面内且任意分布的力系称为**平面任意力系**。

第1节 力的平移定理

设有一力 F 作用在刚体上的 A 点，如图 3-1（a）所示，为将该力平移到该刚体上任意一点 B，根据加减平衡力系原理，在 B 点加上一对平衡力 F' 和 F''，并令 $F=F'=-F''$，如图 3-1（b）所示。从另一角度看，力 F 和 F'' 等值、反向、相互平行，构成了一个力偶，此力偶称为**附加力偶**，其力偶矩 M_e 为

$$M_e = Fd = M_B(F)$$

由此可见，**作用在刚体上某点的力可以平行地移动到该刚体上任意一点，但必须同时附加一个力偶，此附加力偶的矩等于原来的力对新作用点的矩**，如图 3-1（c）所示。此定理称为**力的平移定理**。

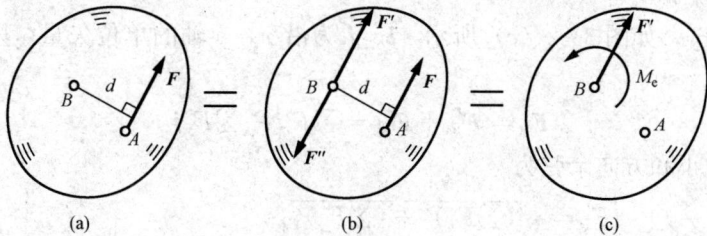

图 3-1

应该指出，作用在刚体上的一个力可以等效为一个力和一个力偶。反之，同平面内的一个力和一个力偶必定可以合成为一个合力。

第2节 平面任意力系向作用面内任意一点简化

一、平面任意力系向作用面内任意一点简化、主矢和主矩

1. 平面任意力系向作用面内任意一点简化

设在刚体上作用一平面任意力系 F_1、F_2、$\cdots$、F_n，如图 3-2（a）所示。在平面内任选一点 O，称为**简化中心**；根据力的平移定理，将各力平移到 O 点，于是得到一个作用在 O 点的平面汇交力系 F_1'、F_2'、$\cdots$、F_n' 和一个平面力偶系 M_1、M_2、$\cdots$、M_n，如图 3-2（b）所示，附加力偶的力偶矩分别为 $M_1=M_O(F_1)$、$M_2=M_O(F_2)$、$\cdots$、$M_n=M_O(F_n)$。再分别合成这两个简单力系，得到一个通过简化中心 O 的力 F_R' 和一个力偶矩为 M_O 的力偶，如图 3-2（c）所示。其中

$$F_R' = \sum F_i' = \sum F_i \tag{3-1}$$

将平面任意力系中各力的矢量和 $\boldsymbol{F}'_\mathrm{R}$ 称为力系的**主矢**，它与简化中心的选择无关。

$$M_O = \sum M_i = \sum M_O(\boldsymbol{F}_i) \qquad (3\text{-}2)$$

将平面任意力系中各力对简化中心的矩的代数和 M_O 称为力系对简化中心的**主矩**，一般情况下，它与简化中心的选择有关，故必须指明力系是对于哪一点的主矩。

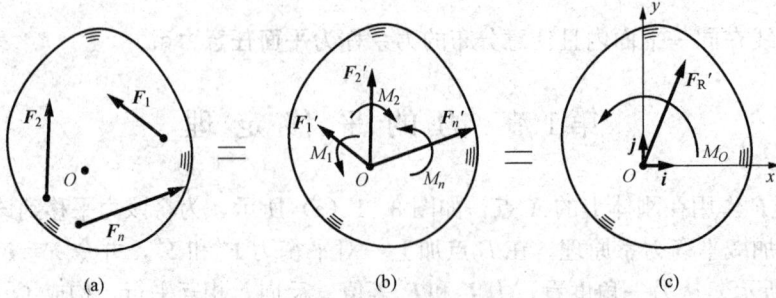

图 3-2

综上所述，平面任意力系向作用面内一点简化，可得到一个力和一个力偶。力的作用线通过简化中心，其大小和方向等于力系的主矢；力偶的力偶矩等于力系对简化中心的主矩。

2. 主矢和主矩的计算公式

取坐标系 Oxy，如图 3-2（c）所示，$\boldsymbol{i}$、$\boldsymbol{j}$ 为沿 x，y 轴的单位矢量，则力系主矢的解析表达式为

$$\boldsymbol{F}'_\mathrm{R} = \boldsymbol{F}'_{\mathrm{R}x} + \boldsymbol{F}'_{\mathrm{R}y} = \sum F_x \boldsymbol{i} + \sum F_y \boldsymbol{j} \qquad (3\text{-}3)$$

于是主矢 $\boldsymbol{F}'_\mathrm{R}$ 的大小和方向余弦为

$$\left. \begin{aligned} F'_\mathrm{R} &= \sqrt{(\sum F_x)^2 + (\sum F_y)^2} \\ \cos(\boldsymbol{F}'_\mathrm{R}, \boldsymbol{i}) &= \frac{\sum F_x}{F'_\mathrm{R}}; \quad \cos(\boldsymbol{F}'_\mathrm{R}, \boldsymbol{j}) = \frac{\sum F_y}{F'_\mathrm{R}} \end{aligned} \right\} \qquad (3\text{-}4)$$

力系对点 O 的主矩 M_O 为

$$M_O = \sum M_O(\boldsymbol{F}_i)$$

3. 固定端约束

固定端或插入端是一种常见的约束形式。如图 3-3（a）所示的夹持在卡盘上的工件，图 3-3（b）所示的固定在墙体上的雨篷都属于这类约束，其力学简图如图 3-3（c）所示。固定端约束的特点是构件在固定端处不允许发生任何移动和转动。当物体所受的主动力是平面力系时，固定端给物体的约束力是在接触面上作用了一群力，这些力与主动力位于同一平面，构成平面任意力系，如图 3-3（d）所示。应用力系的简化理论将此约束力系向支座中心 A 点简化，得到一个约束力 $\boldsymbol{F}_A$ 和一个约束力偶 M_A，如图 3-3（e）所示。由于约束力 $\boldsymbol{F}_A$ 方向不定，故用两个正交分力 $\boldsymbol{F}_{Ax}$、$\boldsymbol{F}_{Ay}$ 表示，其方向为假设，约束力偶 M_A 的方向也是假设的，如图 3-3（f）所示。即平面力系中，**固定端约束对物体的约束力为两个正交分力和一个约束力偶**。

二、简化结果分析

平面任意力系可简化为通过简化中心 O 的一个力和一个力偶，但这还不是力系简化的

最终结果。根据主矢和主矩的不同情况，力系还可作进一步的简化。

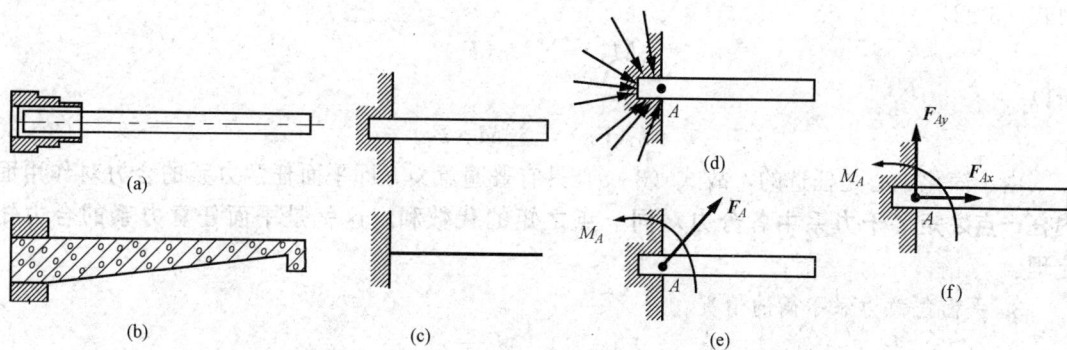

图 3 - 3

1. 平面任意力系简化为一个力偶的情况

$$F_R' = 0, \quad M_O \neq 0$$

平面任意力系简化为一个合力偶，合力偶的矩等于主矩。由于力偶对作用面内任一点之矩都相同，在这种情况下，力系的主矩与简化中心的选择无关。即无论选哪点为简化中心，简化结果都不变。

2. 平面任意力系简化为一个合力的情况

（1）$F_R' \neq 0$，$M_O = 0$，原力系简化为过简化中心 O 的一个合力。合力矢等于主矢 F_R'，合力作用线通过简化中心 O。

（2）$F_R' \neq 0$，$M_O \neq 0$，可进一步简化为一个合力。

设力系向 O 点简化得到的主矢 F_R' 和主矩 M_O 都不为零，如图 3 - 4（a）所示。现将矩为 M_O 的力偶用两个力 F_R 和 F_R'' 表示，并令 $F_R' = F_R = -F_R''$，如图 3 - 4（b）所示。再根据加减平衡力系原理，减去一对平衡力 F_R' 与 F_R''，于是就将作用于 O 点的力 F_R' 和力偶 M_O 合成为一个力 F_R，作用线通过 O' 点，如图 3 - 4（c）所示。

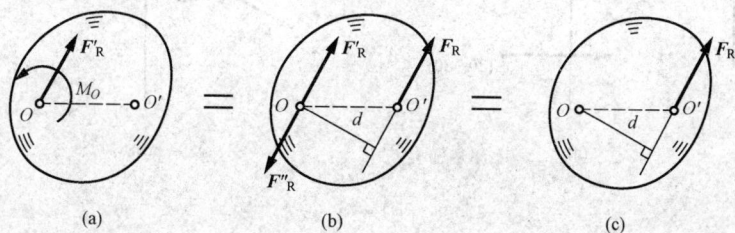

图 3 - 4

力 F_R 就是原力系的合力。合力矢等于主矢，即 $F_R = F_R'$，合力作用线到 O 点的距离 d 为

$$d = \left| \frac{M_O}{F_R'} \right|$$

合力作用线在简化中心 O 点的哪一侧需根据主矢和主矩的方向确定。

从上面的讨论，就可以得到平面任意力系的合力矩定理。由图 3 - 4（c）可见，合力 F_R 对 O 点的矩为

$$M_O(\boldsymbol{F}_R) = F_R d = M_O$$

由式（3-2）

$$M_O = \sum M_O(\boldsymbol{F}_i)$$

所以

$$M_O(\boldsymbol{F}_R) = \sum M_O(\boldsymbol{F}_i) \tag{3-5}$$

由于简化中心是任选的，故式（3-5）具有普遍意义。即**平面任意力系的合力对作用面内任一点之矩等于力系中各分力对同一点之矩的代数和**。这就是**平面任意力系的合力矩定理**。

3. 平面任意力系平衡的情况

$$\boldsymbol{F}'_R = 0, \quad M_O = 0$$

当力系向 O 点简化所得主矢和主矩都为零时，则原力系为平衡力系，刚体在此力系作用下处于平衡状态。

综上所述可知，平面任意力系最终可简化为一个力，或一个力偶，或平衡。

【例 3-1】 如图 3-5（a）所示平面任意力系中 $F_1 = 40\sqrt{2}\text{N}$，$F_2 = 80\text{N}$，$F_3 = 120\text{N}$，$F_4 = 110\text{N}$，$M_e = 2000\text{N·mm}$。各力作用位置如图所示，图中尺寸单位为 mm。求（1）力系向点 O 简化的结果；（2）力系合力的大小、方向及其与原点 O 的距离，并在图中标出合力。

解 （1）先将力系向 O 点简化，求得其主矢 $\boldsymbol{F}'_R$ 和主矩 M_O。

主矢 $\boldsymbol{F}'_R$ 在 x，y 轴上的投影为

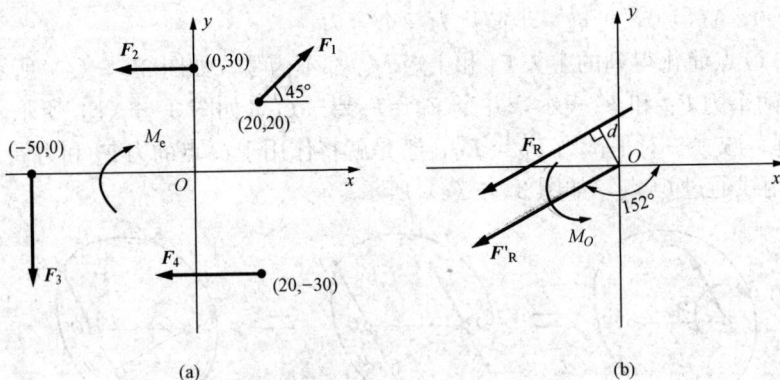

图 3-5

$$\begin{aligned}
F'_{Rx} &= \sum F_x = F_1\cos45° - F_2 - F_4 \\
&= 40\sqrt{2}\cos45° - 80 - 110 = -150\text{N}
\end{aligned}$$

$$F'_{Ry} = \sum F_y = F_1\sin45° - F_3 = 40\sqrt{2}\sin45° - 120 = -80\text{N}$$

主矢 $\boldsymbol{F}'_R$ 的大小为

$$F'_R = \sqrt{(\sum F_x)^2 + (\sum F_y)^2} = \sqrt{(-150)^2 + (-80)^2} = 170\text{N}$$

主矢 $\boldsymbol{F}'_R$ 的方向余弦为

$$\cos(\boldsymbol{F}'_R, \boldsymbol{i}) = \frac{F'_{Rx}}{F'_R} = \frac{-150}{170} = -0.882$$

则有

$$\angle(\boldsymbol{F}'_R, \boldsymbol{i}) = \pm 152°$$

因为 $F'_{Rx} < 0$，$F'_{Ry} < 0$，故主矢 $\boldsymbol{F}'_R$ 在第三象限，与 x 轴的夹角为 $-152°$。

力系对 O 点的主矩为

$$M_O = \sum M_O(\boldsymbol{F}_i) = F_2 \times 30 + F_3 \times 50 - F_4 \times 30 - M_e$$
$$= 80 \times 30 + 120 \times 50 - 110 \times 30 - 2000 = 3100 \text{N} \cdot \text{mm}$$

（2）合力 $\boldsymbol{F}_R$ 的大小和方向与主矢 $\boldsymbol{F}'_R$ 相同，合力在 O 点左侧，其作用线到 O 点的距离为

$$d = \left| \frac{M_O}{F'_R} \right| = \left| \frac{3100}{170} \right| = 18.2 \text{mm}$$

合力的位置如图 3-5（b）所示。

【例 3-2】　水平梁 AB 受三角形分布载荷的作用，如图 3-6 所示，最大载荷集度为 q，梁长为 l，试求载荷合力的大小及其作用线位置。

解　在梁上距 A 端为 x 的微段 dx 上，作用力的大小为 $q' dx$，其中 q' 为该段处的载荷集度，即

$$q' = q \frac{x}{l}$$

因此分布载荷的合力大小为

$$F = \int_0^l q' dx = \int_0^l q \frac{x}{l} dx = \frac{1}{2} ql$$

设合力 F 作用线距 A 端的距离为 d，在微段上的作用力对 A 点的矩为 $q' dx \cdot x$，全部载荷对 A 点的矩可用积分求出。根据平面任意力系的合力矩定理，有

$$F \cdot d = \int_0^l q' x dx$$

将 q' 和 F 的值代入上式，得

$$d = \frac{2}{3} l$$

计算结果说明，合力的大小等于三角形分布载荷的面积，合力作用线通过该三角形的重心。

工程上常见的均布载荷、三角形分布载荷的合力大小及合力作用线方位如图 3-7（a）、（b）所示。

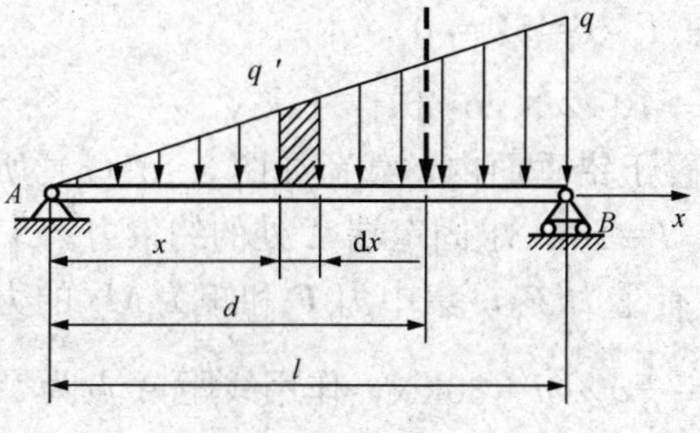

图 3-6 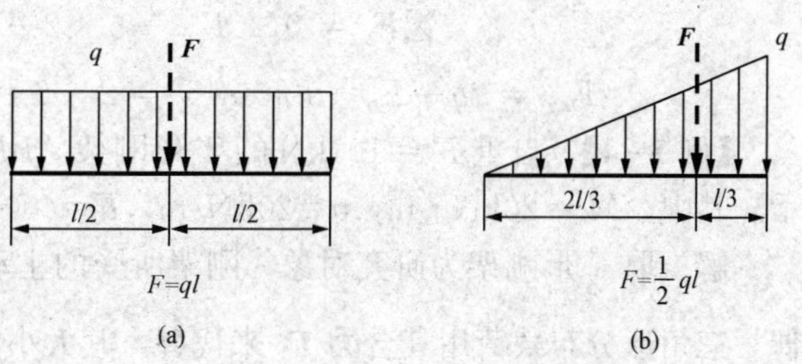　　　　　　　　　　　　　　　　图 3-7

第3节　平面任意力系的平衡条件和平衡方程

一、平面任意力系的平衡条件和平衡方程的基本形式

由上节可知，平面任意力系向作用面内一点简化，得到一个力和一个力偶，力等于力系的主矢，力偶矩等于力系的主矩。若主矢和主矩均等于零，则力系平衡；反之，若力系平衡，则主矢和主矩为零。故平面任意力系平衡的必要和充分条件是：**力系的主矢和对于任一点的主矩都等于零**，即

$$F_R' = 0, \quad M_O = 0 \tag{3-6}$$

将式（3-2）和式（3-4）代入式（3-6），可得

$$\left.\begin{array}{l} \sum F_x = 0 \\ \sum F_y = 0 \\ \sum M_O(F_i) = 0 \end{array}\right\} \tag{3-7}$$

故平面任意力系平衡的解析条件是：**各力在两个任选的不平行的坐标轴上的投影的代数和分别等于零，以及各力对任一点之矩的代数和也等于零。**式（3-7）称为平面任意力系的平衡方程的基本形式，也称为一矩式方程，它包括两个投影方程和一个力矩方程。平面任意力系有三个独立的平衡方程，可以求解三个未知量。

【例3-3】 如图3-8所示，水平梁 AB，A 端为固定铰支座，B 端为滚动支座。已知：梁长为4m，重力 $F_p = 10$kN，均布载荷 $q = 6$kN/m，$M_e = 8$kN·m。试求支座的约束力。

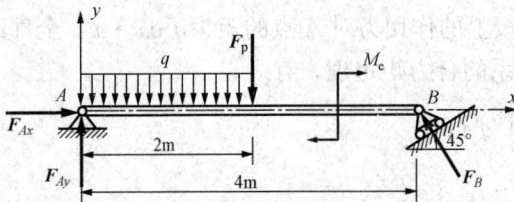

图3-8

解 取梁 AB 为研究对象。梁所受的主动力有：重力 F_p，均布载荷 q 和矩为 M_e 的力偶。它所受的约束力有：固定铰支座 A 处的两个正交分力 F_{Ax} 和 F_{Ay}，滚动支座 B 处垂直于支承面的约束力 F_B。梁受力如图3-8所示（为方便起见，当讨论结构整体的受力时，受力图可画在原图上）。建立图示坐标系，列平衡方程

$$\sum M_A = 0, \quad F_B\cos45° \times 4 - q \times 2 \times 1 - F_p \times 2 - M_e = 0$$

$$F_B = (2q + 2F_p + M_e)/2\sqrt{2} = (2\times6 + 2\times10 + 8)/2\sqrt{2} = 10\sqrt{2}\text{kN} = 14.14\text{kN}$$

$$\sum F_x = 0, \quad F_{Ax} - F_B\sin45° = 0$$

$$F_{Ax} = F_B\sin45° = 10\text{kN}$$

$$\sum F_y = 0, \quad F_{Ay} - q\times2 - F_p + F_B\cos45° = 0$$

$$F_{Ay} = 2q + F_p - F_B\cos45° = 2\times6 + 10 - 10\sqrt{2}\times\cos45° = 12\text{kN}$$

【例3-4】 自重 $F_p = 100$kN 的 T 形刚架 ABD，置于铅垂面内，载荷如图3-9（a）所示。其中，$M_e = 20$kN·m，$q = 20$kN/m，$F = 400$kN，$l = 1$m。求固定端 A 处的约束力。

解 取 T 形刚架为研究对象。刚架所受的主动力有重力 F_p，集中力 F 和矩为 M_e 的力偶，三角形分布载荷用其合力 F_1 来代替，其大小 $F_1 = \frac{1}{2}q\times3l = 30$kN，作用线距 A 点为 l；约束力为固定端 A 处的约束力 F_{Ax}、F_{Ay} 和约束力偶 M_A，刚架受力如图3-9（b）所示。

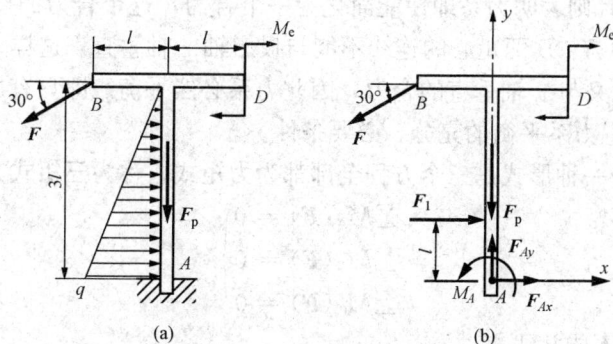

图 3 - 9

建立坐标系，列平衡方程

$$\sum F_x = 0, F_{Ax} + F_1 - F\cos 30° = 0$$
$$F_{Ax} = F\cos 30° - F_1 = 316.4 \text{kN}$$
$$\sum F_y = 0, F_{Ay} - F_p - F\sin 30° = 0$$
$$F_{Ay} = F_p + F\sin 30° = 300 \text{kN}$$
$$\sum M_A = 0, \quad M_A - M_e - F_1 l +$$
$$F\sin 30° \cdot l + F\cos 30° \cdot 3l = 0$$
$$M_A = M_e + F_1 l - F\sin 30° \cdot l -$$
$$F\cos 30° \cdot 3l = -1189 \text{kN} \cdot \text{m}$$

负号说明图中所设方向与实际方向相反，即 M_A 应为顺时针转向。

求解平面任意力系的平衡问题时，一般可按如下步骤进行：

(1) 确定研究对象，取分离体，画受力图。

(2) 建立适当的坐标系，列出平衡方程。

为使解题简便，尽量做到一个方程中只含一个未知量，并及时求解，使成已知。为此，投影轴尽量和多个未知力相垂直，力矩中心（简称为矩心）尽量选在多个未知力作用线的交点。

(3) 解平衡方程，求出未知量。

二、平面任意力系平衡方程的其他形式

平面任意力系的平衡方程除了式（3-7）的一矩式的形式外，还有其他两种形式。一种是平衡方程中，有两个力矩式，一个投影式，称为**二矩式方程**，即

$$\left. \begin{array}{l} \sum F_x = 0 \\ \sum M_A(F) = 0 \\ \sum M_B(F) = 0 \end{array} \right\} \tag{3-8}$$

其中 A、B 两矩心的连线不能与投影轴 x 轴垂直。

这是因为当力系满足 $\sum M_A(F) = 0$ 时，由平面任意力系的简化理论，取 A 点为简化中心时，主矩等于零，则力系只可能简化为过 A 点的一个合力或者力系平衡。力系又满足 $\sum M_B(F) = 0$ 时，则力系或简化为过 A、B 两点连线的一个合力（图 3-10）或者力系平衡。又

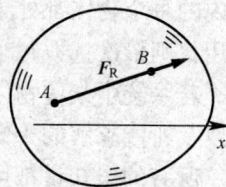

图 3 - 10

若力系满足$\sum F_x = 0$，则表明力系即使能简化为一个合力，这个合力的作用线也只能与x轴垂直。但由附加条件A、B两矩心的连线不能与投影轴x轴垂直。这样，力系不可能存在一个既通过A、B两点又与x轴垂直的合力，因此力系必然平衡。即只有加了附加条件后，式（3-8）才是平面任意力系平衡的充分、必要条件。

平衡方程的另外一种形式是三个方程全部都为力矩式，称为**三矩式方程**，即

$$\left.\begin{array}{l}\sum M_A(\boldsymbol{F}) = 0\\ \sum M_B(\boldsymbol{F}) = 0\\ \sum M_C(\boldsymbol{F}) = 0\end{array}\right\} \tag{3-9}$$

其中A、B、C三点不能共线。

当式（3-9）成立时，力系如有合力，则合力必过A、B、C三点连线，由附加条件，A、B、C三点不能共线，则力系必然平衡。

应当指出，平衡方程究竟采用哪种形式更简便，要根据具体情况来决定，但对单个刚体的平衡问题，独立方程的数目只有3个，只可以求解三个未知量。任何第4个方程都是前三个的线性组合，因而不是独立的，不能求解新的未知量，但可以利用它进行校核。

三、平面平行力系的平衡方程

各力作用线位于同一平面内且互相平行的力系，称为**平面平行力系**。平面平行力系是平面任意力系的一种特殊的情况，其平衡方程可由平面任意力系的平衡方程推出。如图3-11所示的平面平行力系，若取x轴与各力垂直，则无论力系平衡与否，各力在x轴上的投影恒为零，即$\sum F_x \equiv 0$。因此平面平行力系的平衡方程为

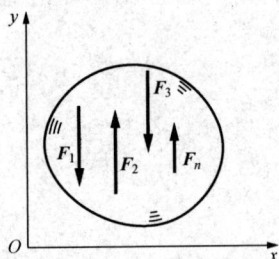

图3-11

$$\left.\begin{array}{l}\sum F_y = 0\\ \sum M_O(\boldsymbol{F}) = 0\end{array}\right\} \tag{3-10}$$

平衡方程的另一种形式（二矩式）是

$$\left.\begin{array}{l}\sum M_A(\boldsymbol{F}) = 0\\ \sum M_B(\boldsymbol{F}) = 0\end{array}\right\} \tag{3-11}$$

其中，A、B两矩心的连线不能与各力的作用线平行。

平面平行力系有两个独立的平衡方程，可以求解两个未知量。

平面汇交力系与平面力偶系都是平面任意力系的特殊的情况，其平衡方程都可由平面任意力系的平衡方程推出，读者可自行推导。

第4节　物体系的平衡

在工程中，经常需要研究由若干个物体组成的物体系统的平衡问题。当系统平衡时，系统内的每个物体都处于平衡状态。若系统由n个物体组成，每个物体都受到平面任意力系的作用，则依次选取每个物体为研究对象，共可列出$3n$个独立的平衡方程以求解$3n$个未知量。若系统中某些物体受平面汇交力系或平面平行力系等作用时，则系统的独立平衡方程数目以及所能求解的未知量的数目都相应减少。当系统中的未知量的数目等于独立平衡方程数时，所有的未知量都可由平衡方程求出，这样的问题称为**静定问题**。在工程实际中，有时为了提高结构的坚固性和安全性，常常需要增加多余约束，从而使未知量的数目多于独立平衡

方程数，未知量就不能全部由平衡方程求出，这类问题称为**超静定问题**。对于超静定问题，必须考虑物体因受力而产生的变形，加列某些补充方程后，才能求出全部未知量。这已超出了刚体静力学的研究范围，超静定问题将在第 2 篇材料力学中进行讨论。

下面举一些静定与超静定问题的例子。

如图 3-12 所示，重物分别用绳子悬挂，均受平面汇交力系作用，均有两个平衡方程。图 3-12 （a）中，有两个约束力，故是静定的；而在图 3-12 （b）中，有三个约束力，因此是超静定的。

如图 3-13 （a）所示的梁均受平面任意力系作用，有三个独立的平衡方程，未知量数目为 3，故是静定的；而图 3-13 （b）所示的梁也受平面任意力系作用，有三个独立的平衡方程，但由于增加了多余约束，未知量数目大于 3，故为超静定问题。

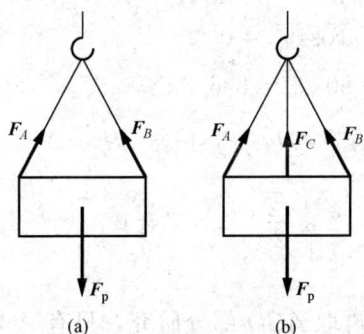

图 3-12

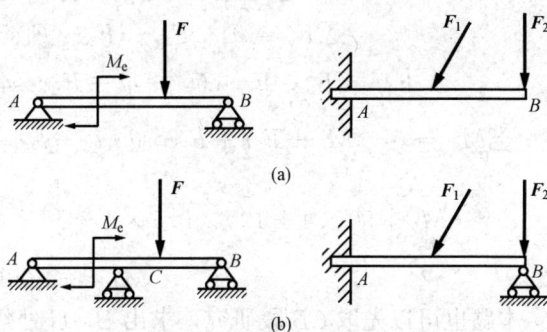

图 3-13

求解物体系统的平衡问题的步骤与求解单个物体平衡问题的步骤基本相同，即先选择适当的研究对象，取分离体，画出其受力图，再列平衡方程求解。不同之处是，单个物体平衡问题的研究对象的选择是唯一的。而物体系统平衡时，系统内的每个物体都处于平衡状态。因此，既可先选取整个系统为研究对象，求出部分未知力后，再取某些物体为研究对象，求出其余未知量；也可依次选取系统里的每一个物体为研究对象，列出相应的平衡方程，再求出所需的未知量。恰当地选取研究对象是解题繁简的关键。下面通过例题介绍物体系平衡问题的求解方法。

【例 3-5】 图 3-14 （a）所示平面结构中的各构件自重不计。已知：$F_1=100\text{kN}$，$F_2=50\text{kN}$，$\theta=60°$，$q=50\text{kN/m}$，$l=4\text{m}$。试求固定端 A 处的约束力和支座 B 处的约束力。

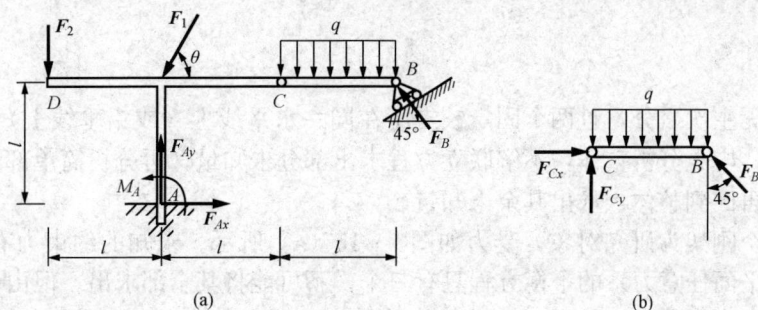

图 3-14

解　结构由 ACD 和 CB 两部分构成。ACD 能够独立承受载荷并维持平衡，称为**主要部分**；CB 必须依赖于主要部分才能承受载荷并维持平衡，称为**次要部分**。对于有主次之分的物体系统的平衡问题，应先分析次要部分，后分析主要部分或整体。

（1）研究 CB 段，受力如图 3-14（b）所示。列方程

$$\sum M_C = 0, \quad F_B\cos45° \cdot l - q \cdot l \cdot \frac{l}{2} = 0$$

$$F_B = \frac{ql}{2\cos45°} = \frac{50 \times 4}{\sqrt{2}} = 100\sqrt{2} = 141.4\text{kN}$$

（2）研究整体，受力如图 3-14（a）所示。列方程

$$\sum F_x = 0, \quad F_{Ax} - F_1\cos\theta - F_B\cos45° = 0$$

$$F_{Ax} = F_1\cos60° + F_B\cos45° = 100 \times 0.5 + 100 = 150\text{kN}$$

$$\sum F_y = 0, \quad F_{Ay} - F_2 - F_1\sin\theta - ql + F_B\cos45° = 0$$

$$F_{Ay} = F_2 + F_1\sin60° + ql - F_B\cos45° = 150 + 50\sqrt{3} = 236.6\text{kN}$$

$$\sum M_A = 0, \quad M_A + F_2l + F_1\cos\theta \cdot l - ql \cdot \frac{3}{2}l + F_B\cos45° \cdot 2l + F_B\sin45° \cdot l = 0$$

$$M_A + 50 \times 4 + 100 \times 0.5 \times 4 - 50 \times 4 \times 6 + 100\sqrt{2} \times \frac{\sqrt{2}}{2} \times 3 \times 4 = 0$$

$$M_A = -400\text{kN} \cdot \text{m}$$

本题也可以先取 CB 段研究，求出 B、C 处约束力后，再取 ACD 部分研究，只有 A 处三个未知量，三个独立方程，可解三个未知量。

【例 3-6】　三铰刚架受力如图 3-15（a）所示。A、B 处为固定铰支座，C 为中间铰。已知 $q=2\text{kN/m}$，$F=12\text{kN}$，$l=6\text{m}$，$h=4\text{m}$，求 A、B、C 处的约束力。

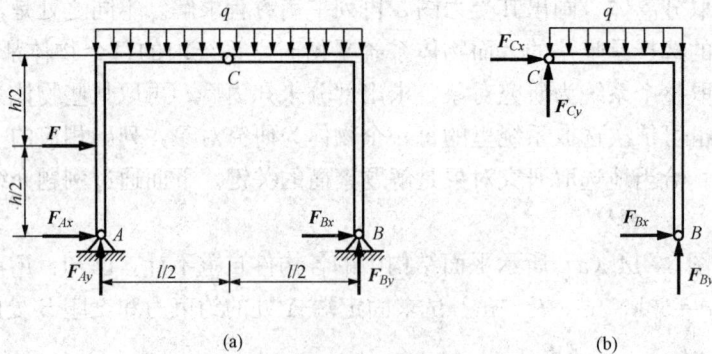

图 3-15

解　结构无主次之分，且两个固定铰支座在同一水平线上（或铅垂线上）。对这种物体系统，解题时，应先分析整体，不解联立方程求出部分未知量，再分析简单部分，求出部分未知量，最后再回到整体，求出其余未知量。

（1）取整个刚架为研究对象，受力如图 3-15（a）所示。未知的约束力有 F_{Ax}、F_{Ay} 和 F_{Bx}、F_{By}，而平面任意力系的平衡方程只有三个，不可能将其全部求出。但由于 A、B 两固定铰支座在同一水平线上，故可不解联立方程求出 F_{Ay}、F_{By}。

$$\sum M_A = 0, \quad -F \cdot \frac{h}{2} - q \cdot l \cdot \frac{l}{2} + F_{By} \cdot l = 0$$

$$F_{By} = \frac{Fh}{2l} + \frac{ql}{2} = \frac{12 \times 4}{2 \times 6} + \frac{2 \times 6}{2} = 10\text{kN}$$

$$\sum F_y = 0, \quad F_{Ay} + F_{By} - ql = 0$$

$$F_{Ay} = ql - F_{By} = 2 \times 6 - 10 = 2\text{kN}$$

（2）取右侧刚架为研究对象，受力如图 3-15（b）所示。

$$\sum M_C = 0, \quad -q \cdot \frac{l}{2} \cdot \frac{l}{4} + F_{By} \cdot \frac{l}{2} + F_{Bx} \cdot h = 0$$

$$F_{Bx} = \frac{ql^2}{8h} - \frac{F_{By}l}{2h} = \frac{2 \times 36}{8 \times 4} - \frac{10 \times 6}{2 \times 4} = -5.25\text{kN}$$

$$\sum F_x = 0, \quad F_{Cx} + F_{Bx} = 0$$

$$F_{Cx} = -F_{Bx} = 5.25\text{kN}$$

$$\sum F_y = 0, \quad F_{Cy} + F_{By} - q \cdot \frac{l}{2} = 0$$

$$F_{Cy} = \frac{ql}{2} - F_{By} = \frac{2 \times 6}{2} - 10 = -4\text{kN}$$

（3）再取整个刚架为研究对象。

$$\sum F_x = 0, \quad F_{Ax} + F_{Bx} + F = 0$$

$$F_{Ax} = -F_{Bx} - F = 5.25 - 12 = -6.75\text{kN}$$

本题的求解告诉我们，许多问题先选择整体为研究对象求出其全部（或部分）未知外力比较方便，因为这时所有未知内力不会在整体的平衡方程中出现，故应尽量取整体研究。

【例 3-7】 结构如图 3-16（a）所示，C 处为铰链，自重不计。已知：$F=100\text{kN}$，$q=20\text{kN/m}$，$M_e=50\text{kN} \cdot \text{m}$。试求 A、B 两支座的约束力。

解 本题中结构无主次之分，两个固定铰支座 A、B 也不在同一水平或铅垂线上。若先取整体或 AC，都做不到一个方程中只含一个未知量。故先取 BC，尽管有四个未知量，但对 C 点取矩，可求出 F_{By}；再取整体，此时有三个未知量，对应三个平衡方程，未知量可以全部求出。

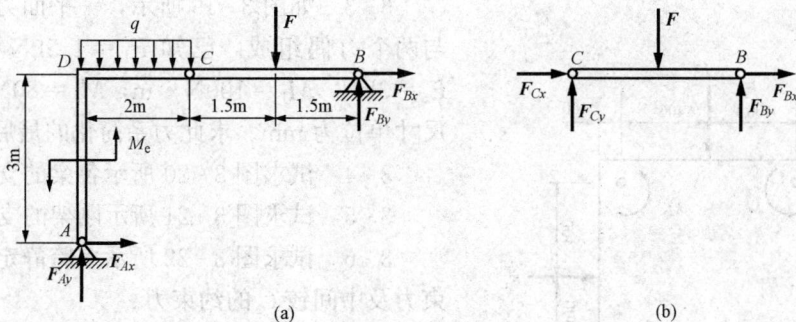

图 3-16

（1）研究 CB 段，受力如图 3-16（b）所示。

$$\sum M_C = 0, \quad F_{By} \times 3 - F \times 1.5 = 0$$

$$F_{By} = \frac{F}{2} = 50\text{kN}$$

（2）研究整体，受力如图 3-16（a）所示。

$$\sum M_A = 0, \quad F_{By} \times 5 - F_{Bx} \times 3 + M_e - q \times 2 \times 1 - F \times 3.5 = 0$$

$$50 \times 5 - F_{Bx} \times 3 + 50 - 20 \times 2 - 100 \times 3.5 = 0$$

$$F_{Bx} = -30kN$$

$$\sum F_x = 0, F_{Ax} + F_{Bx} = 0$$

$$F_{Ax} = -F_{Bx} = 30kN$$

$$\sum F_y = 0, \quad F_{Ay} + F_{By} - 2q - F = 0$$

$$F_{Ay} = 2q + F - F_{By} = 2 \times 20 + 100 - 50 = 90kN$$

习　　题

3-1　在刚体上 A、B、C 三点分别作用三个力 $\boldsymbol{F}_1$、$\boldsymbol{F}_2$、$\boldsymbol{F}_3$，各力的方向如图 3-17 所示，大小恰好与 △ABC 的边长成比例。问该力系是否平衡？为什么？

3-2　如图 3-18 所示弯管 ABC 上作用有力 $F_1 = 600N$，$F_2 = 100N$，$F_3 = 400N$。（1）试将各力向 A 点简化。（2）求简化的最后结果。

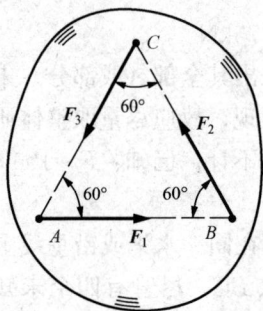

图 3-17

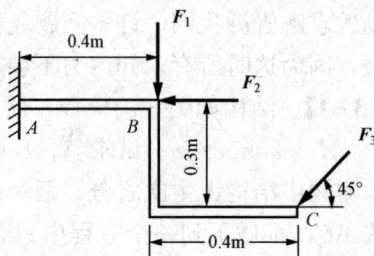

图 3-18

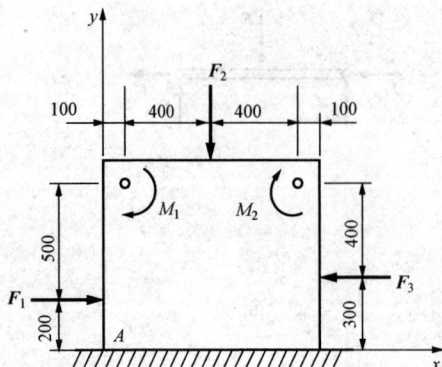

图 3-19

3-3　如图 3-19 所示，一平面力系由三个力与两个力偶组成。已知 $F_1 = 1.5kN$，$F_2 = 2kN$，$F_3 = 3kN$，$M_1 = 100N \cdot m$，$M_2 = 80N \cdot m$，图中尺寸单位为 mm。求此力系简化的最后结果。

3-4　试求图 3-20 所示各梁的支座约束力。

3-5　试求图 3-21 所示刚架的支座约束力。

3-6　试求图 3-22 所示多跨静定梁的支座约束力及中间铰 C 的约束力。

3-7　如图 3-23 所示的组合梁（不计自重）由 AC 和 CD 铰接而成。已知：$F = 20kN$，均布载荷集度 $q = 10kN/m$，$M_e = 20kN \cdot m$，$l = 1m$。试求固定端 A 及滚动支座 B 的约束力。

3-8　如图 3-24 所示，三铰拱由两半拱和三个铰链 A、B、C 构成，已知每半拱重 $F_p = 300kN$，$l = 32m$，$h = 10m$。求支座 A、B 的约束力。

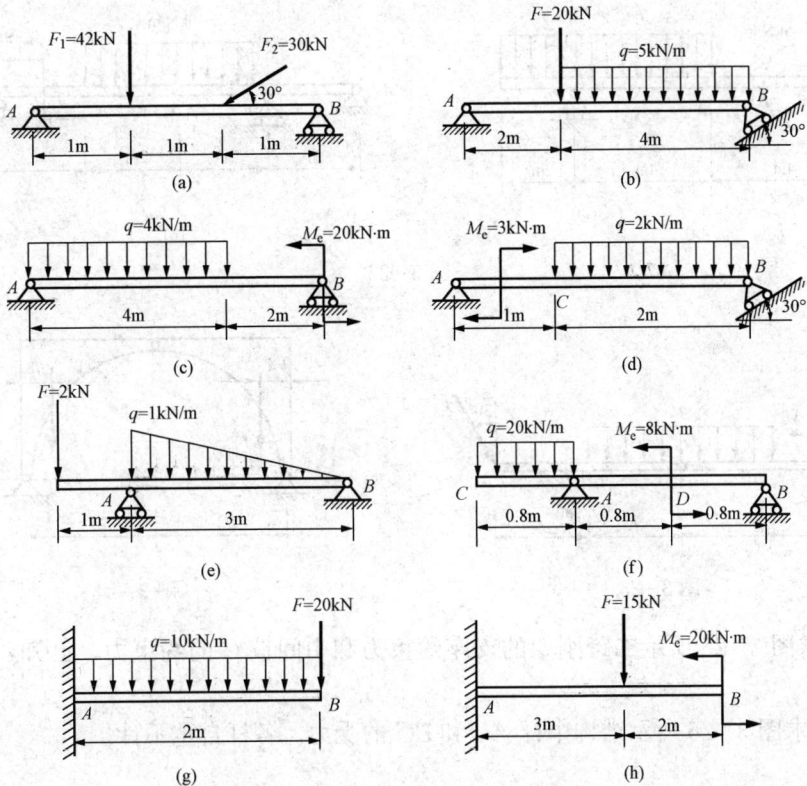

图 3 - 20

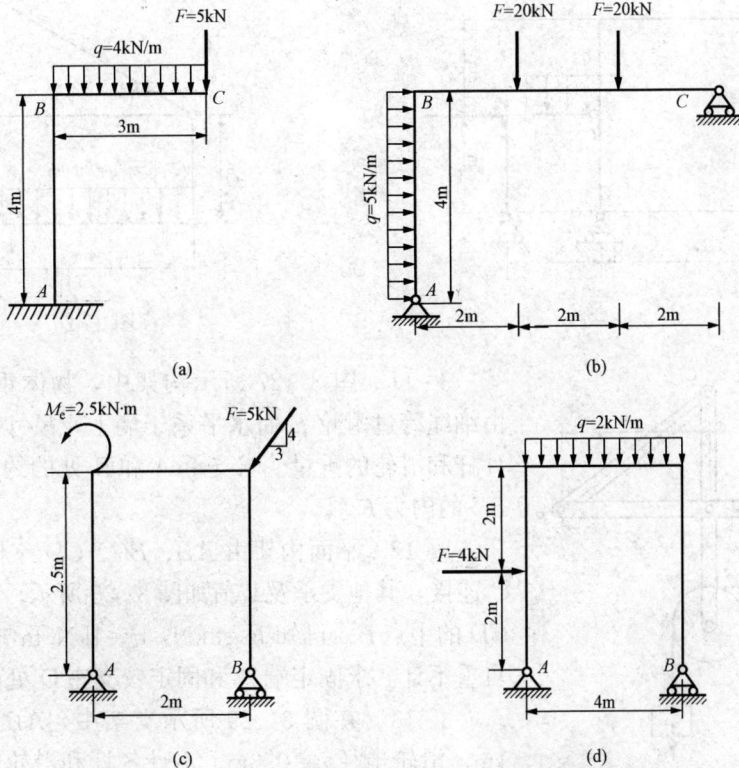

图 3 - 21

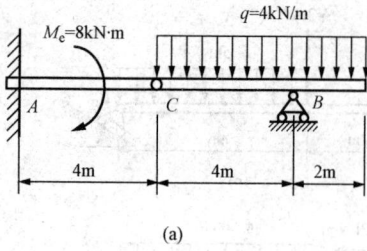

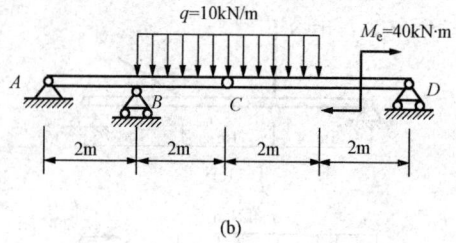

(a)   (b)

图 3-22

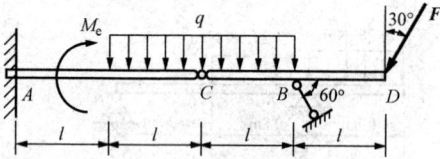

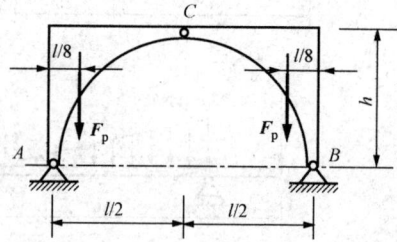

图 3-23   图 3-24

3-9 求图3-25所示二跨刚架的支座约束力和中间铰 C 的约束力。已知：$F=30$kN，$q=10$kN/m。

3-10 求图3-26所示结构中杆 AC 和 BC 的受力。各杆自重不计。

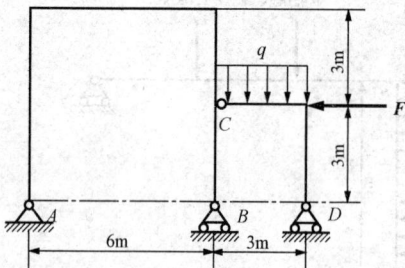

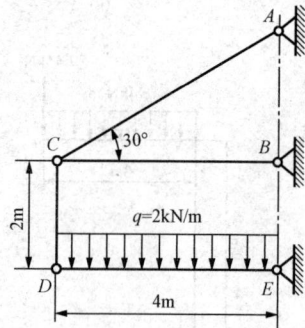

图 3-25   图 3-26

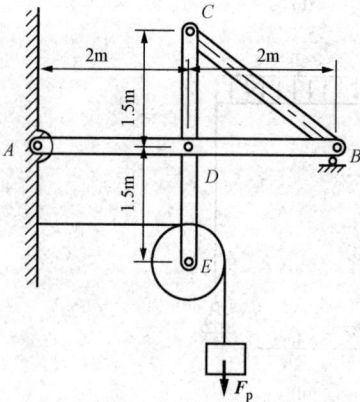

图 3-27

3-11 图3-27所示构架中，物体重 $F_p=1200$N，由细绳跨过滑轮 E 而水平系于墙上，尺寸如图所示，不计杆和滑轮的重量。求支承 A 和 B 处的约束力，以及杆 BC 的内力 F_{BC}。

3-12 平面构架由 AB、BC、CD 三杆用铰链 B 和 C 连接，其他支承及载荷如图3-28所示。力 F 作用在杆 CD 的中点 E。已知 $F=8$kN，$q=4$kN/m，$a=1$m，各杆自重不计。求固定端 A 和固定铰支座 D 处的约束力。

3-13 在图3-29所示支架中，$AB=AC=CD=1$m，滑轮半径 $r=0.3$m。不计各杆和滑轮的自重。若重物重为 $F_p=100$kN，求支架平衡时支座 A、B 的约束力。

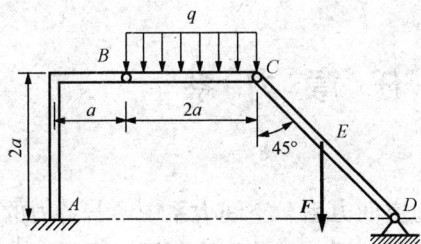

图 3 - 28

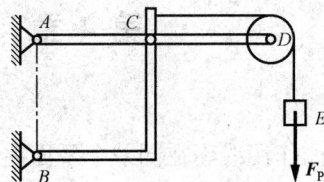

图 3 - 29

第4章 空间任意力系

各力的作用线不在同一个平面内的力系称为**空间力系**。空间力系中，若各力的作用线汇交于一点，称为**空间汇交力系**；若各力的作用线相互平行，称为**空间平行力系**；若各力的作用线既不汇交于一点，也不相互平行，而是在空间任意分布，则称为**空间任意力系**。空间任意力系是力系中最一般的情况，其他力系可看作是空间任意力系的特殊情况。

第1节 空间汇交力系

一、力在空间直角坐标轴上的投影

1. 直接投影法

为方便讨论，将空间直角坐标系的原点 O 选在已知力 $\boldsymbol{F}$ 的起点，如图 4-1 所示，已知力 $\boldsymbol{F}$ 与空间直角坐标轴 x、y、z 正向间的夹角（即方向角）分别为 α、β、γ，则力 $\boldsymbol{F}$ 在三个坐标轴上的投影分别为

$$\left.\begin{aligned} F_x &= F\cos\alpha \\ F_y &= F\cos\beta \\ F_z &= F\cos\gamma \end{aligned}\right\} \tag{4-1}$$

2. 二次投影法（间接投影法）

当力 $\boldsymbol{F}$ 与坐标轴 Ox、Oy 间的夹角不易确定时，如图 4-2 所示，可用二次投影法，即先将力投影到 Oxy 平面，得到力 $\boldsymbol{F}_{xy}$，再将 $\boldsymbol{F}_{xy}$ 投影到 x、y 轴。注意：**力在平面上的投影是矢量**，即从力的起点和终点作平面的垂线，从起点垂足指向终点垂足的矢量即为力在该平面上的投影。在图 4-2 中，已知 γ 和 φ，则 $F_{xy}=F\sin\gamma$，力 $\boldsymbol{F}$ 在三个坐标轴上的投影分别为

$$\left.\begin{aligned} F_x &= F\sin\gamma\cos\varphi \\ F_y &= F\sin\gamma\sin\varphi \\ F_z &= F\cos\gamma \end{aligned}\right\} \tag{4-2}$$

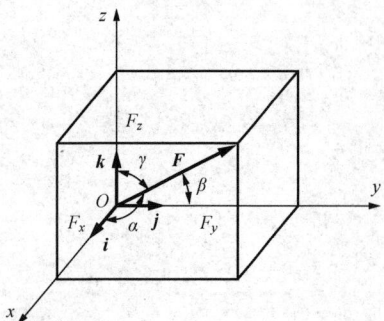

图 4-1

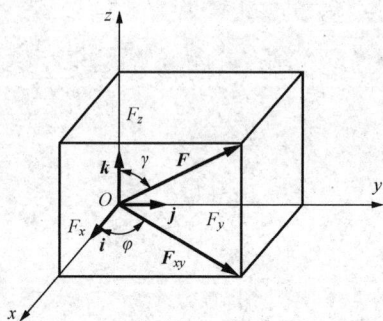

图 4-2

3. 力的解析表达式

若将力 F 沿直角坐标轴 x、y、z 分解，可得三个分力 F_x、F_y、F_z，分力与投影之间的关系为

$$F_x = F_x i, \quad F_y = F_y j, \quad F_z = F_z k$$

因此力的解析表达式为

$$F = F_x i + F_y j + F_z k \tag{4-3}$$

式中 i、j、k——x、y、z 坐标正向的单位矢量。

4. 已知投影，求力

如已知力 F 在 x、y、z 轴上的投影 F_x、F_y、F_z，则力 F 的大小和方向余弦为

$$
\left.
\begin{aligned}
F &= \sqrt{F_x^2 + F_y^2 + F_z^2} \\
\cos\alpha &= \frac{F_x}{F}, \quad \cos\beta = \frac{F_y}{F}, \quad \cos\gamma = \frac{F_z}{F}
\end{aligned}
\right\} \tag{4-4}
$$

二、空间汇交力系的合成与平衡

1. 空间汇交力系的合成

将力多边形法则应用到空间，可得：**空间汇交力系可合成为一个通过汇交点的合力，合力矢等于各分力的矢量和**。即

$$F_R = F_1 + F_2 + \cdots + F_n = \sum_{i=1}^{n} F_i \tag{4-5}$$

根据合矢量投影定理，得

$$
\left.
\begin{aligned}
F_{Rx} &= F_{1x} + F_{2x} + \cdots + F_{nx} = \sum F_x \\
F_{Ry} &= F_{1y} + F_{2y} + \cdots + F_{ny} = \sum F_y \\
F_{Rz} &= F_{1z} + F_{2z} + \cdots + F_{nz} = \sum F_z
\end{aligned}
\right\}
$$

故空间汇交力系合力的大小和方向余弦为

$$
\left.
\begin{aligned}
F_R &= \sqrt{(\sum F_x)^2 + (\sum F_y)^2 + (\sum F_z)^2} \\
\cos(F_R, i) &= \frac{\sum F_x}{F_R}; \quad \cos(F_R, j) = \frac{\sum F_y}{F_R}; \cos(F_R, k) = \frac{\sum F_z}{F_R}
\end{aligned}
\right\} \tag{4-6}
$$

2. 空间汇交力系的平衡

由于空间汇交力系可以合成为一个合力，因此**空间汇交力系平衡的必要和充分条件为该力系的合力等于零**，即

$$F_R = \sum F_i = 0 \tag{4-7}$$

由式（4-6）可知，欲使合力 F_R 等于零，必须同时满足

$$
\left.
\begin{aligned}
\sum F_x &= 0 \\
\sum F_y &= 0 \\
\sum F_z &= 0
\end{aligned}
\right\} \tag{4-8}
$$

因此，**空间汇交力系平衡的必要和充分的解析条件是：力系中各力在三个坐标轴上投影的代数和分别等于零**。式（4-8）称为**空间汇交力系的平衡方程**，共有三个独立的方程，可以求解三个未知量。

【**例 4-1**】 图 4-3（a）所示空间构架由三根无重直杆组成，在 D 端用球铰链连接。A、B 和 C 端则用球铰链固定在水平地板上。如果挂在 D 端的重物重 $F_p = 10\text{kN}$，求铰链 A、B

和 C 的约束力。

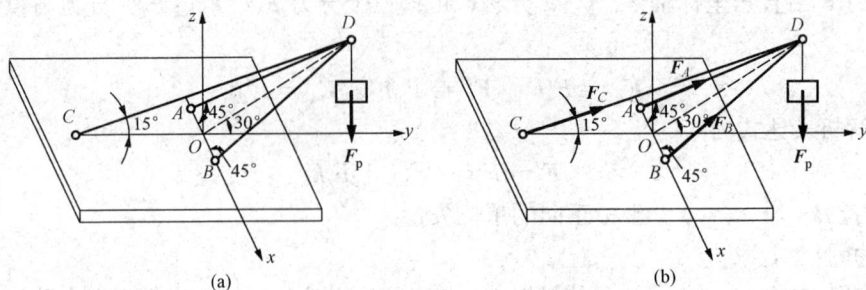

图 4 - 3

解　研究整体。其上受到的主动力为重物重力 $\boldsymbol{F}_\mathrm{p}$；由于杆重不计，各杆只在两端受力，为空间二力杆，故铰链 A、B 和 C 处的约束力均沿杆的方向，假设各杆均受压。$\boldsymbol{F}_\mathrm{p}$，$\boldsymbol{F}_A$，$\boldsymbol{F}_B$ 和 $\boldsymbol{F}_C$ 四个力汇交于 D 点，为空间汇交力系。整体的受力图如图 4 - 3（b）所示。

$$\sum F_x = 0, \quad F_A\cos45° - F_B\cos45° = 0$$
$$F_A = F_B$$
$$\sum F_y = 0, \quad F_A\sin45°\cos30° + F_B\sin45°\cos30° + F_C\cos15° = 0$$
$$\sum F_z = 0, \quad F_A\sin45°\sin30° + F_B\sin45°\sin30° + F_C\sin15° - F_\mathrm{p} = 0$$

将 $F_\mathrm{p}=10\mathrm{kN}$ 代入以上各式，联立解得

$$F_A = F_B = 26.39\mathrm{kN}, \quad F_C = -33.46\mathrm{kN}$$

F_A、F_B 为正值，说明 AD、BD 杆受压；F_C 为负值，说明 CD 杆实际受拉。

第 2 节　力对点之矩和力对轴之矩

一、力对点之矩

1. 力对点之矩矢的概念

在平面问题中，力对点之矩用代数量可以完全描述。但在空间问题中，如图 4 - 4 所示，力 $\boldsymbol{F}$ 使物体绕某点 O 转动的效应与如下三个因素有关：①力矩的大小，即的大小与力臂的乘积 Fh；②力与矩心所确定的平面（力矩作用面）的方位；③在该平面内力矩的转向。故空间问题中力对点之矩要用矢量来表示，矢量的模等于力与力臂的乘积，即力矩的大小；

矢量的方位垂直于力矩作用面，矢量的指向根据右手螺旋法则由力矩的转向确定，这个矢量称为**力对点之矩矢**（简称为**力矩矢**），用 $\boldsymbol{M}_O(\boldsymbol{F})$ 表示。由于力矩矢的大小和方向与矩心的位置有关，所以力矩矢 $\boldsymbol{M}_O(\boldsymbol{F})$ 是一个定位矢量，始端必须在矩心 O，不能任意移动，它是刚体绕某点转动效应的度量。

2. 力对点之矩矢的矢积表达式和解析表达式

由图 4 - 4 可见，自矩心 O 向力 $\boldsymbol{F}$ 的作用点 A 作矢径 $\boldsymbol{r}$，则矢积 $\boldsymbol{r}\times\boldsymbol{F}$ 的模等于三角形 OAB 面积的两倍，其方

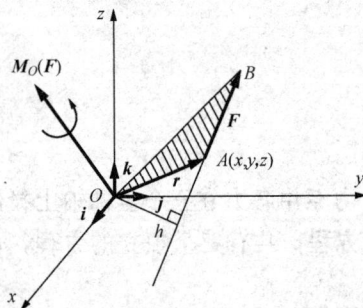

图 4 - 4

向与力矩矢一致。因此可得

$$\boldsymbol{M}_O(\boldsymbol{F}) = \boldsymbol{r} \times \boldsymbol{F} \tag{4-9}$$

式（4-9）为力对点之矩的矢积表达式，即：**力对点之矩矢等于矩心到该力作用点的矢径与该力的矢量积。**

若以矩心 O 为原点，建立空间直角坐标系 $Oxyz$，如图4-4所示。设力作用点 A 的坐标为 $A(x, y, z)$，力在三个坐标轴上的投影分别为 F_x、F_y、F_z，则矢径 $\boldsymbol{r}$ 和力 $\boldsymbol{F}$ 分别为

$$\boldsymbol{r} = x\boldsymbol{i} + y\boldsymbol{j} + z\boldsymbol{k}$$
$$\boldsymbol{F} = F_x\boldsymbol{i} + F_y\boldsymbol{j} + F_z\boldsymbol{k}$$

代入式（4-9），并采用行列式形式，得

$$\boldsymbol{M}_O(\boldsymbol{F}) = \boldsymbol{r} \times \boldsymbol{F} = \begin{vmatrix} \boldsymbol{i} & \boldsymbol{j} & \boldsymbol{k} \\ x & y & z \\ F_x & F_y & F_z \end{vmatrix}$$

$$= (yF_z - zF_y)\boldsymbol{i} + (zF_x - xF_z)\boldsymbol{j} + (xF_y - yF_x)\boldsymbol{k} \tag{4-10}$$

式（4-10）即为力对点之矩矢的解析表达式。由式（4-10）可知，力矩矢在三个坐标轴上的投影分别为单位矢量前面的三个系数，即

$$\left. \begin{array}{l} [\boldsymbol{M}_O(\boldsymbol{F})]_x = yF_z - zF_y \\ [\boldsymbol{M}_O(\boldsymbol{F})]_y = zF_x - xF_z \\ [\boldsymbol{M}_O(\boldsymbol{F})]_z = xF_y - yF_x \end{array} \right\} \tag{4-11}$$

二、力对轴之矩

1. 力对轴之矩的概念

力对轴之矩是力使物体绕该轴转动效果的度量。以使门转动为例，如图4-5（a）所示，设力 $\boldsymbol{F}$ 作用在门上的 A 点，为研究力 $\boldsymbol{F}$ 使门绕 z 轴转动的效果，将力 $\boldsymbol{F}$ 分解为与 z 轴平行的力 $\boldsymbol{F}_z$ 和与 z 轴垂直的力 $\boldsymbol{F}_{xy}$。显然，力 $\boldsymbol{F}_z$ 不能使门转动，而力 $\boldsymbol{F}_{xy}$ 使门转动的效果等于力 $\boldsymbol{F}_{xy}$ 对 O 点之矩。一般情况下，可将空间一力 $\boldsymbol{F}$，投影到垂直于 z 轴的 Oxy 平面内，得力 $\boldsymbol{F}_{xy}$，再将力 $\boldsymbol{F}_{xy}$ 对平面与轴的交点 O 取矩，即得力 $\boldsymbol{F}$ 对 z 轴之矩，如图4-5（b）所示。力 $\boldsymbol{F}$ 对 z 轴之矩用 $M_z(\boldsymbol{F})$ 表示，则

$$M_z(\boldsymbol{F}) = M_O(\boldsymbol{F}_{xy}) = \pm F_{xy}d \tag{4-12}$$

式中　d——O 点到力 $\boldsymbol{F}_{xy}$ 作用线的垂直距离。

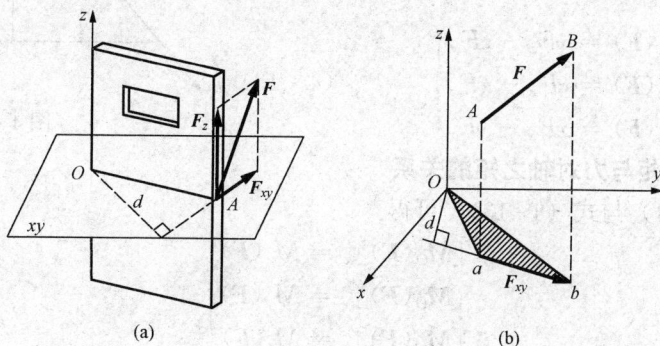

(a)　(b)

图4-5

故力对轴之矩是个代数量，其绝对值等于力在垂直于该轴的平面上的投影对该轴与此平面交点之矩。其正负号用右手螺旋法则确定：即右手四指弯曲的方向为力使物体绕轴转动的转向，若大拇指指向与轴正向一致，则为正；反之则为负。

由力对轴之矩的定义可知，当力与轴平行（$F_{xy}=0$）或相交（$d=0$），即力与轴共面时，力对轴之矩为零。

力对轴之矩的单位为 N·m。

2. 合力矩定理

在平面力系中，我们推证了合力矩定理，即力系的合力对某一点之矩等于各分力对同一点之矩的代数和。在空间力系中，合力与分力对同一轴之矩仍存在上述关系。即**合力对某轴之矩等于各分力对同一轴之矩的代数和**，这就是**空间力系的合力矩定理**。

当计算力对某轴之矩时，当力臂不明显，不便计算时，可将力分解为沿坐标轴方向的三个正交分力，然后分别计算各分力对该轴之矩，求其代数和，即得力对该轴之矩，即

$$M_x(\boldsymbol{F}) = M_x(\boldsymbol{F}_x) + M_x(\boldsymbol{F}_y) + M_x(\boldsymbol{F}_z)$$

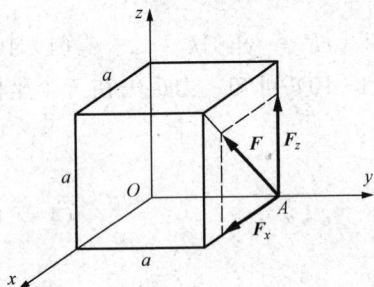

图 4-6

【例 4-2】 在边长为 a 的立方体顶角 A 处，作用一力 $\boldsymbol{F}$，如图 4-6 所示，求力 $\boldsymbol{F}$ 对 x，y，z 轴的矩。

解 由合力矩定理，将力 $\boldsymbol{F}$ 分解为 $\boldsymbol{F}_x$ 和 $\boldsymbol{F}_z$，则

$$M_x(\boldsymbol{F}) = M_x(\boldsymbol{F}_x) + M_x(\boldsymbol{F}_z) = M_x(\boldsymbol{F}_z) = \frac{\sqrt{2}}{2}Fa$$

$$M_y(\boldsymbol{F}) = 0$$

$$M_z(\boldsymbol{F}) = M_z(\boldsymbol{F}_x) + M_z(\boldsymbol{F}_z) = M_z(\boldsymbol{F}_x) = -\frac{\sqrt{2}}{2}Fa$$

3. 力对坐标轴之矩的解析表达式

设力作用点 A 的坐标为 x，y，z，力 $\boldsymbol{F}$ 在三个坐标轴上的投影分别为 F_x，F_y，F_z，如图 4-7 所示。则根据合力矩定理可得

$$M_x(\boldsymbol{F}) = M_x(\boldsymbol{F}_x) + M_x(\boldsymbol{F}_y) + M_x(\boldsymbol{F}_z) = yF_z - zF_y$$

同理可求出 $M_y(\boldsymbol{F})$ 和 $M_z(\boldsymbol{F})$。因此力对坐标轴之矩的解析表达式为

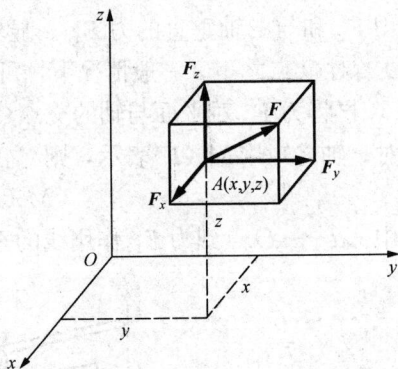

图 4-7

$$\left.\begin{array}{l} M_x(\boldsymbol{F}) = yF_z - zF_y \\ M_y(\boldsymbol{F}) = zF_x - xF_z \\ M_z(\boldsymbol{F}) = xF_y - yF_x \end{array}\right\} \qquad (4-13)$$

三、力对点之矩与力对轴之矩的关系

比较式（4-11）与式（4-13），可得

$$\left.\begin{array}{l} [\boldsymbol{M}_O(\boldsymbol{F})]_x = M_x(\boldsymbol{F}) \\ [\boldsymbol{M}_O(\boldsymbol{F})]_y = M_y(\boldsymbol{F}) \\ [\boldsymbol{M}_O(\boldsymbol{F})]_z = M_z(\boldsymbol{F}) \end{array}\right\} \qquad (4-14)$$

即：**力对点之矩矢在通过该点的某轴上的投影等于力对该轴之矩。**

第 3 节 空 间 力 偶

一、空间力偶矩矢

在空间力系中,力偶对物体的转动效果,不仅与力偶矩的大小和转向有关,而且与力偶作用面的方位有关。所以,与力对点之矩类似,力偶矩也应以矢量表示,如图 4-8 所示。**力偶矩矢 M** 的大小等于力偶中力的大小与力偶臂的乘积 Fd,方位垂直于力偶作用面,矢量的指向与力偶的转向符合右手螺旋关系。

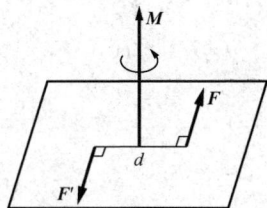

由于力偶可以在同平面内任意移转,并可搬移到平行平面内,而不改变对刚体的作用效果,即力偶矩矢可以平行移动,因此力偶矩矢是**自由矢量**。

力偶对刚体的作用效应完全取决于力偶矩矢。

二、空间力偶系的合成与平衡

由于力偶矩矢是自由矢量,因此对空间力偶系,可将各力偶矩矢移到一点,再根据矢量合成的法则,得到一个合力偶矩矢。故**任意个空间分布的力偶可合成为一个合力偶,合力偶矩矢等于各分力偶矩矢的矢量和**,即

$$M = M_1 + M_2 + \cdots + M_n = \sum M_i \tag{4-15}$$

由于空间力偶系与一个合力偶等效,因此空间力偶系平衡的必要和充分条件是:该力偶系的合力偶矩矢等于零,即力偶系中各力偶矩矢的矢量和等于零。即

$$M = \sum M_i = 0 \tag{4-16}$$

第 4 节 空间任意力系向一点的简化

设刚体上作用空间任意力系 F_1,F_2,$\cdots$,F_n [图 4-9(a)],与平面任意力系的简化类似,应用力的平移定理,将作用在刚体上的各力依次向简化中心平移,同时附加一个相应的力偶,最后得到一空间汇交力系和一空间力偶系 [图 4-9(b)]。这两个简单力系可以进一步合成为通过简化中心 O 的一个力和一个力偶 [图 4-9(c)]。此力称为原力系的主矢,其大小和方向为

$$F'_{R} = \sum F'_{i} = \sum F_{i} = \sum F_x \boldsymbol{i} + \sum F_y \boldsymbol{j} + \sum F_z \boldsymbol{k} \tag{4-17}$$

这个力偶的矩称为原力系对简化中心的主矩,其大小和方向为

$$M_O = \sum M_i = \sum M_O(F_i) \tag{4-18}$$

主矢与简化中心的位置无关,而主矩一般与简化中心的位置有关。

实际计算主矢和主矩时,常采用解析式,以简化中心 O 为原点,建立直角坐标系 $Oxyz$,则主矢的大小和方向余弦为

$$\left. \begin{aligned} F'_{R} &= \sqrt{(\sum F_x)^2 + (\sum F_y)^2 + (\sum F_z)^2} \\ \cos(F'_R, \boldsymbol{i}) &= \frac{\sum F_x}{F'_R}; \cos(F'_R, \boldsymbol{j}) = \frac{\sum F_y}{F'_R}; \cos(F'_R, \boldsymbol{k}) = \frac{\sum F_z}{F'_R} \end{aligned} \right\} \tag{4-19}$$

以 M_{Ox}、M_{Oy}、M_{Oz} 表示主矩 M_O 在三个坐标轴上的投影,再由力对点之矩与力对轴之矩之间的关系有

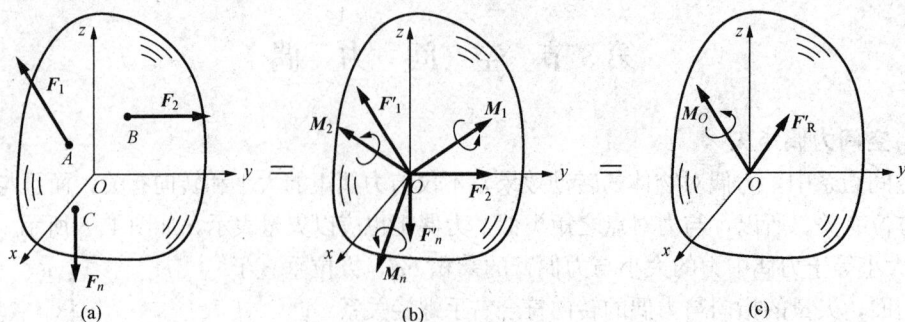

图 4 - 9

$$
\begin{aligned}
M_{Ox} &= \left[\sum \boldsymbol{M}_O(\boldsymbol{F}_i)\right]_x = \sum M_x(\boldsymbol{F}_i)\\
M_{Oy} &= \left[\sum \boldsymbol{M}_O(\boldsymbol{F}_i)\right]_y = \sum M_y(\boldsymbol{F}_i)\\
M_{Oz} &= \left[\sum \boldsymbol{M}_O(\boldsymbol{F}_i)\right]_z = \sum M_z(\boldsymbol{F}_i)
\end{aligned}
$$

则主矩的大小和方向余弦为

$$
\begin{aligned}
M_O &= \sqrt{\left[\sum M_x(\boldsymbol{F}_i)\right]^2 + \left[\sum M_y(\boldsymbol{F}_i)\right]^2 + \left[\sum M_z(\boldsymbol{F}_i)\right]^2}\\
\cos(\boldsymbol{M}_O,\boldsymbol{i}) &= \frac{\sum M_x(\boldsymbol{F}_i)}{M_O}; \cos(\boldsymbol{M}_O,\boldsymbol{j}) = \frac{\sum M_y(\boldsymbol{F}_i)}{M_O}; \quad \cos(\boldsymbol{M}_O,\boldsymbol{k}) = \frac{\sum M_z(\boldsymbol{F}_i)}{M_O}
\end{aligned} \tag{4-20}
$$

第5节　空间任意力系的平衡条件和平衡方程

一、空间任意力系的平衡方程

在空间任意力系作用下刚体平衡的必要与充分条件是：力系的主矢 $\boldsymbol{F}_R'$ 和对任一点 O 的主矩 $\boldsymbol{M}_O$ 都等于零，即

$$\boldsymbol{F}_R' = 0, \boldsymbol{M}_O = 0$$

将式（4-19）和式（4-20）代入上式，可得

$$
\left.\begin{aligned}
\sum F_x &= 0\\
\sum F_y &= 0\\
\sum F_z &= 0\\
\sum M_x(\boldsymbol{F}) &= 0\\
\sum M_y(\boldsymbol{F}) &= 0\\
\sum M_z(\boldsymbol{F}) &= 0
\end{aligned}\right\} \tag{4-21}
$$

式（4-21）称为**空间任意力系的平衡方程**，即空间任意力系平衡的必要与充分条件是：**力系中各力在三个正交坐标轴上投影的代数和分别等于零，且各力对每一轴的矩的代数和也分别等于零**。空间任意力系有六个独立的平衡方程，可解六个未知量。式（4-21）中，前 3 式称为投影式，后 3 式称为力矩式。

二、空间平行力系的平衡方程

若空间任意力系中各力的作用线相互平行，该力系称为**空间平行力系**。如图 4-10 所示的空间平行力系，如选 z 轴与各力平行，则各力对 z 轴的矩恒等于零，即 $\sum M_z(\boldsymbol{F}) \equiv 0$；又 x、y 轴与各力相垂直，所以力系在这两个轴上的投影也恒等于零，即 $\sum F_x \equiv 0$，$\sum F_y \equiv 0$。

因此，空间平行力系只有三个独立的平衡方程，即

$$\sum F_z = 0$$
$$\sum M_x(\boldsymbol{F}) = 0$$
$$\sum M_y(\boldsymbol{F}) = 0$$

$$(4-22)$$

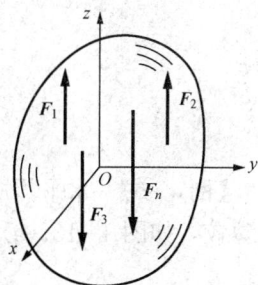

图 4 - 10

空间汇交力系、空间力偶系及空间平行力系和平面力系均为空间任意力系的特殊情况，其平衡方程均可由空间任意力系的平衡方程导出。读者可自行推导。

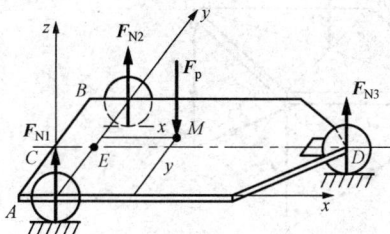

图 4 - 11

【例 4 - 3】 在三轮货车的底板上 M 处放置一重量 $F_p = 1\text{kN}$ 的货物，如图 4 - 11 所示。M 点的坐标为 $x = 0.9\text{m}$，$y = 1.2\text{m}$。略去货车自重，求每一轮子对地面的压力。设 $AC = BC = 1\text{m}$，$CE = 0.2\text{m}$，$CD = 2.2\text{m}$。

解 以三轮货车为研究对象，受力如图 4 - 11 所示。其中 F_p 为主动力，F_{N1}、F_{N2}、F_{N3} 为地面的约束力，此 4 力相互平行，组成空间平行力系。

列出三个平衡方程

$$\sum M_y(\boldsymbol{F}) = 0, \quad F_{N3} \times ED - F_p \times x = 0$$

$$F_{N3} = \frac{F_p x}{ED} = \frac{1 \times 0.9}{(2.2 - 0.2)} = 0.45\text{kN}$$

$$\sum M_x(\boldsymbol{F}) = 0, \quad F_{N2} \times BA - F_p \times y + F_{N3} \times CA = 0$$

$$F_{N2} = \frac{F_p y - F_{N3} \times CA}{BA} = \frac{1 \times 1.2 - 0.45 \times 1}{2} = 0.375\text{kN}$$

$$\sum F_z = 0, \quad F_{N1} + F_{N2} + F_{N3} - F_p = 0$$

$$F_{N1} = F_p - F_{N2} - F_{N3} = 1 - 0.375 - 0.45 = 0.175\text{kN}$$

【例 4 - 4】 如图 4 - 12 所示，均质长方形薄板重 $F_p = 200\text{N}$，用球铰链 A 和蝶铰链 B 固定在墙上，并用绳子 CE 维持在水平位置。求绳子的拉力和支座约束力。

解 以长方形板为研究对象。板所受的力有：重力 F_p，绳对板的拉力 F_T，球铰链 A 给板的约束力 F_{Ax}、F_{Ay}、F_{Az}；蝶铰链 B 不能限制板沿铰轴线方向的位移，故只有两个约束力 F_{Bx}、F_{Bz}。板受力如图 4 - 12 所示。

建立图示坐标系，列平衡方程

$$\sum M_y(\boldsymbol{F}) = 0, \quad -F_T \sin30° \times BC + F_p \times \frac{BC}{2} = 0$$

$$F_T = F_p = 200\text{N}$$

$$\sum M_z(\boldsymbol{F}) = 0, \quad F_{Bx} = 0$$

$$\sum M_{AC}(\boldsymbol{F}) = 0, \quad F_{Bz} = 0$$

$$\sum F_x = 0, \quad F_{Ax} - F_T \cos30° \sin30° = 0$$

$$F_{Ax} = 200 \times \frac{\sqrt{3}}{4} = 86.6\text{N}$$

$$\sum F_y = 0, \quad F_{Ay} - F_T \cos30° \cos30° = 0$$

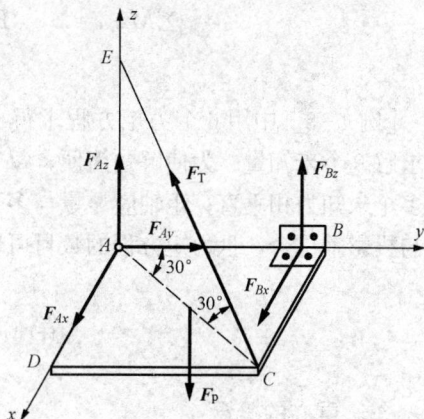

图 4 - 12

$$F_{Ay} = 200 \times \frac{3}{4} = 150\text{N}$$

$$\sum F_z = 0, \quad F_{Az} + F_T \sin 30° - F_p = 0$$

$$F_{Az} = \frac{F_p}{2} = 100\text{N}$$

【例4-5】 水平均质正方形板重 F_p，用六根无重直杆固定在水平地面上，各杆两端均为球铰，如图4-13（a）所示，试求各杆内力。

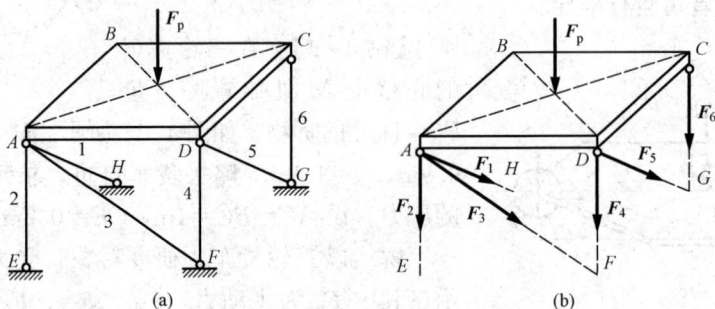

图 4-13

解 取正方形板为研究对象，各杆均为空间二力杆，设它们均受拉。板的受力如图4-13（b）所示。设板边长为 a。列平衡方程：

$$\sum M_{AE}(\boldsymbol{F}) = 0, \quad F_5 = 0$$

$$\sum M_{DF}(\boldsymbol{F}) = 0, \quad F_1 = 0$$

$$\sum M_{CG}(\boldsymbol{F}) = 0, \quad F_3 = 0$$

$$\sum M_{AD}(\boldsymbol{F}) = 0, \quad F_6 \times a + F_p \times \frac{a}{2} = 0$$

$$F_6 = -\frac{F_p}{2}（压）$$

$$\sum M_{CD}(\boldsymbol{F}) = 0, \quad F_2 \times a + F_p \times \frac{a}{2} = 0$$

$$F_2 = -\frac{F_p}{2}（压）$$

$$\sum M_{AB} = 0, \quad F_4 \times a + F_6 \times a + F_p \times \frac{a}{2} = 0$$

$$F_4 = 0$$

［例4-5］中用6个力矩方程求得6根杆的内力。空间任意力系有6个独立的平衡方程，可求解6个未知量。为使解题简便，每个方程中最好只包含一个未知量。为此，投影轴应尽量与多个未知力相垂直；矩轴应尽量与多个未知力平行或相交。投影轴不必相互垂直，矩轴也不必与投影轴重合，且力矩方程的数目可取3～6个。但应注意：独立方程的数目只有6个。

第6节　重　　心

一、重心的概念

地球表面或附近的物体，每一微小部分都受到地心引力的作用，这些力汇交于地心，为空间汇交力系。由于物体的尺寸远小于地球的半径，因此可以足够精确地认为这些力为空间平行力系。此空间平行力系的合力称为物体的**重力**，合力作用点称为物体的**重心**。若将物体看作刚体，则此物体的重心相对物体本身来说是一个固定的点，而与该物体在空间的摆放位置无关。

重心在工程实际中有着重要意义，重心的位置对物体的平衡和运动有着直接影响。如高速旋转的构件，若重心偏离轴线，会使物体产生振动；在铁路阔大货物运输中，重心高度要控制在规定的范围内，接近这个高度时，车辆的稳定性将减小，这时应改用重心低的车辆或配装其他重心较低的重质货物或道渣，以降低重车的重心。因此，计算重心的准确位置是很重要的。

二、重心的坐标计算公式

为了确定物体的重心位置，可将物体分为许多微小部分，各部分的重量分别为 F_{p1}、F_{p2}、$\cdots$、F_{pn}（图 4-14）。建立空间直角坐标系 $Oxyz$，则可用（x_1，y_1，z_1）、（x_2，y_2，z_2）、$\cdots$、（x_n，y_n，z_n）等分别表示各微小部分重心的坐标。显然，各微小部分所受重力 F_{p1}、F_{p2}、$\cdots$、F_{pn} 的合力 F_p 即为整个物体的重力，而无论怎样放置物体，重力 F_p 的作用线均必通过某点 C，该点即为物体的重心。根据合力矩定理可知，物体的重力 F_p 对 x 轴之矩等于各微小部分的重力对 x 轴之矩的代数和，即

$$F_p y_C = F_{p1} y_1 + F_{p2} y_2 + \cdots + F_{pn} y_n = \sum F_{pi} y_i$$

所以

$$y_C = \frac{\sum F_{pi} y_i}{F_p}$$

利用坐标轮换的方法，可得

$$x_C = \frac{\sum F_{pi} x_i}{F_p}$$

$$z_C = \frac{\sum F_{pi} z_i}{F_p}$$

图 4-14

归纳以上三式，有

$$x_C = \frac{\sum F_{pi} x_i}{F_p}, \quad y_C = \frac{\sum F_{pi} y_i}{F_p}, \quad z_C = \frac{\sum F_{pi} z_i}{F_p} \qquad (4-23)$$

此即重心坐标的一般计算公式，$F_p = \sum F_{pi}$ 是整个物体的重量。

若物体是均质的，单位体积的重量为 γ，第 i 个微小部分的体积为 V_i，整个物体的体积为 V，则有 $F_{pi} = \gamma V_i$，$F_p = \gamma V$，故式（4-23）变为

$$x_C = \frac{\sum V_i x_i}{V}, \quad y_C = \frac{\sum V_i y_i}{V}, \quad z_C = \frac{\sum V_i z_i}{V} \qquad (4-24)$$

如令物体上各微小部分的体积均趋于零，则有

$$x_C = \frac{\int_V x \, dV}{V}, \quad y_C = \frac{\int_V y \, dV}{V}, \quad z_C = \frac{\int_V z \, dV}{V} \qquad (4-25)$$

由此可见，均质物体的重心只决定于物体的几何形状，而与重量无关。即均质物体的重

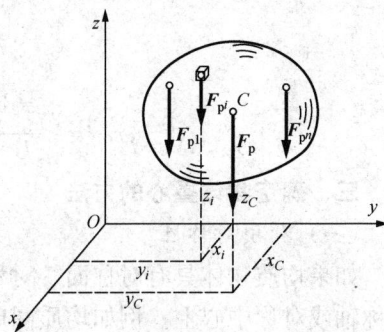

心与其几何中心（称为形心）重合。

对于均质连续的等厚度板或薄壳，其厚度比其他两个方向的尺寸小得多，可认为其重心在上下两表面之间的中间平面上。求这类物体的重心，可转化为求面积的形心来处理。其重心坐标公式为

$$x_C = \frac{\sum A_i x_i}{A}, \quad y_C = \frac{\sum A_i y_i}{A}, \quad z_C = \frac{\sum A_i z_i}{A} \tag{4-26}$$

或

$$x_C = \frac{\int_A x\,\mathrm{d}A}{A}, \quad y_C = \frac{\int_A y\,\mathrm{d}A}{A}, \quad z_C = \frac{\int_A z\,\mathrm{d}A}{A} \tag{4-27}$$

若为均质等截面细杆（或曲线），则其重心的坐标公式为

$$x_C = \frac{\sum L_i x_i}{L}, \quad y_C = \frac{\sum L_i y_i}{L}, \quad z_C = \frac{\sum L_i z_i}{L} \tag{4-28}$$

或

$$x_C = \frac{\int_L x\,\mathrm{d}L}{L}, \quad y_C = \frac{\int_L y\,\mathrm{d}L}{L}, \quad z_C = \frac{\int_L z\,\mathrm{d}L}{L} \tag{4-29}$$

三、确定物体重心的方法

（一）利用对称性

如果均质物体具有对称面、对称轴或对称中心，则物体的重心（形心）一定在对称面、对称轴或对称中心上。例如均质圆球的球心为重心，均质矩形板和工字形板的重心在对称轴的交点，T字形截面和等腰三角形的重心在对称轴上，如图4-15所示。

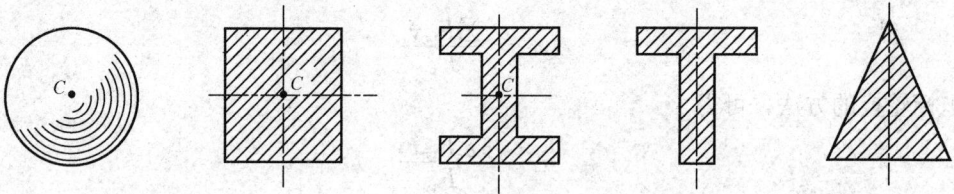

图4-15

简单形状物体的重心可从工程手册上查到，表4-1列出了常用的几种简单形状均质物体的重心。

表4-1 简 单 形 体 重 心 表

图 形	重心位置	图 形	重心位置
三角形	在中线的交点 $y_C = \frac{1}{3}h$	半圆形	$x_C = \frac{4R}{3\pi}$ $y_C = 0$

图　形	重心位置	图　形	重心位置
圆弧 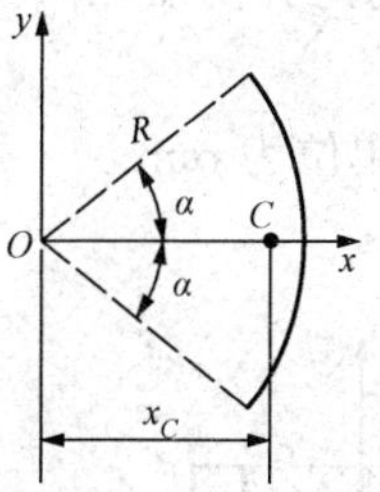 	$x_C=\dfrac{R\sin\alpha}{\alpha}$ $y_C=0$	梯形 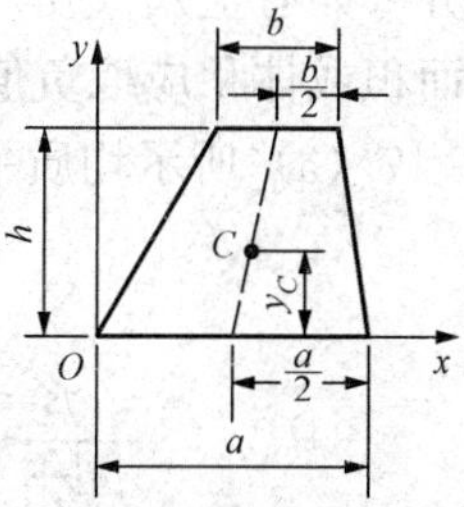 	$y_C=\dfrac{h}{3}\dfrac{(a+2b)}{(a+b)}$
扇形 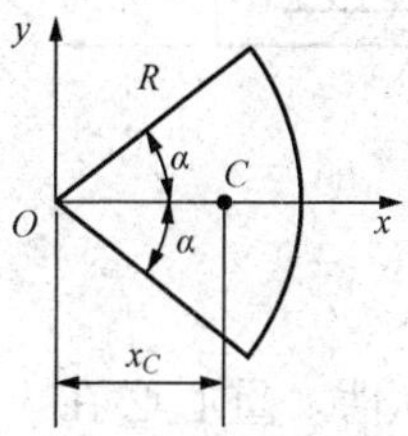 	$x_C=\dfrac{2R\sin\alpha}{3\alpha}$ $y_C=0$	二次抛物线面 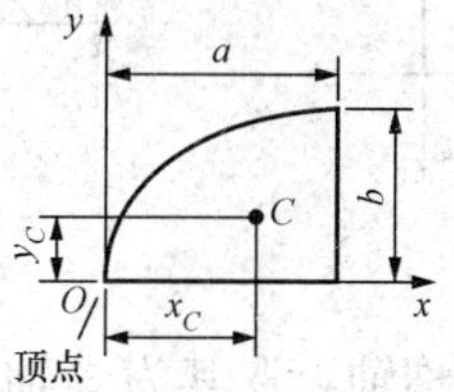 	$x_C=\dfrac{5}{8}a$ $y_C=\dfrac{2}{5}b$
圆环的一部分 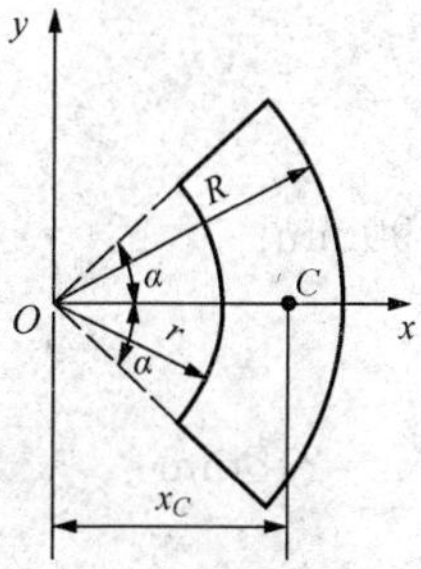 	$x_C=\dfrac{2}{3}\dfrac{(R^3-r^3)}{(R^2-r^2)}\dfrac{\sin\alpha}{\alpha}$ $y_C=0$	正圆锥 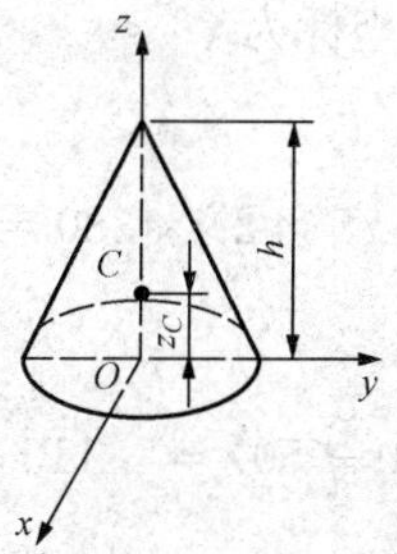 	$x_C=0$ $y_C=0$ $z_C=\dfrac{h}{4}$

（二）组合法求重心

1. 分割法

若一个物体由几个简单形状的物体组合而成，而每一个简单物体的重心均已知，则整个物体的重心可利用式（4-24）或式（4-26）、式（4-28）求出。

【例 4-6】 试求图 4-16 所示 Z 形截面重心的位置，尺寸单位为 mm。

解　取坐标系如图 4-16 所示，将 Z 形截面用虚线分割成Ⅰ、Ⅱ、Ⅲ三个矩形，C_1、C_2、C_3 分别为这些矩形的重心。每个矩形的面积和重心坐标可方便求出。由图 4-16 得：

Ⅰ　　　　　　　$A_1=300\text{mm}^2$，$x_1=-15\text{mm}$，$y_1=45\text{mm}$

Ⅱ　　　　　　　$A_2=400\text{mm}^2$，$x_2=5\text{mm}$，$y_2=30\text{mm}$

Ⅲ　　　　　　　$A_3=300\text{mm}^2$，$x_3=15\text{mm}$，$y_3=5\text{mm}$

按公式求得该截面重心的坐标 x_C、y_C 为

$$x_C=\frac{\sum x_iA_i}{\sum A_i}=\frac{x_1A_1+x_2A_2+x_3A_3}{A_1+A_2+A_3}=2\text{mm}$$

$$y_C = \frac{\sum y_i A_i}{\sum A_i} = \frac{y_1 A_1 + y_2 A_2 + y_3 A_3}{A_1 + A_2 + A_3} = 27 \text{mm}$$

2. 负面积法（负体积法）

若在物体上切去一部分（如有空穴或孔），则这类物体的重心仍可用与分割法相同的公式来求，只是切去部分的面积或体积应取负值。

【**例 4-7**】　试求图 4-17（a）所示均质平面薄板重心的位置，尺寸单位为 mm。

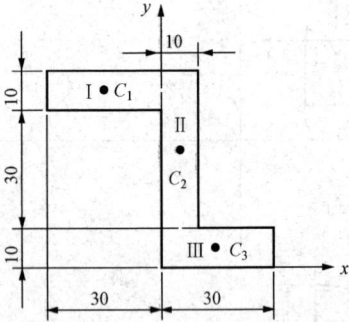

图 4-16

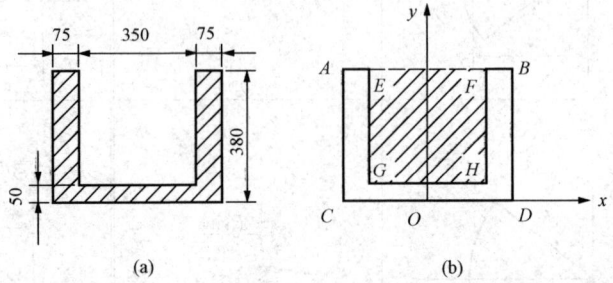

图 4-17

解　该平面薄板有对称轴，取其为 y 轴，建立坐标系 Oxy。由对称性，重心必在 y 轴上，即 $x_C = 0$，故只需求 y_C。

平面薄板可看成由一个大矩形板 $ABCD$ 挖去一个小矩形板 $EFGH$ 组成，如图 4-17（b）所示。每个矩形的面积和重心坐标为

矩形 $ABCD$

$$A_1 = (350 + 75 \times 2) \times 380 = 190\,000 \text{mm}^2, y_1 = \frac{380}{2} = 190 \text{mm}$$

矩形 $EFGH$

$$A_2 = -350 \times (380 - 50) = -115\,500 \text{mm}^2, y_2 = 50 + \frac{380 - 50}{2} = 215 \text{mm}$$

平面薄板的重心为

$$y_C = \frac{y_1 A_1 + y_2 A_2}{A_1 + A_2} = \frac{190\,000 \times 190 - 115\,500 \times 215}{190\,000 - 115\,500} = 151.2 \text{mm}$$

（三）用实验方法测重心的位置

1. 悬挂法

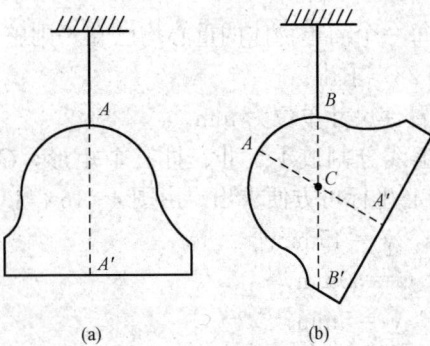

图 4-18

对于薄板或具有对称面的薄零件，可用悬挂法测定其重心。悬挂法的基本原理是二力平衡公理。先将板悬挂于 A 点，平衡时重心必在过悬挂点的铅垂线上，在板上画出直线 AA'，如图 4-18（a）所示。再将板悬挂于 B 点，重心同样在过悬挂点的铅垂线上，于是在板上画出另一直线 BB'。两直线的交点 C 即为重心，如图 4-18（b）所示。

2. 称重法

　　对于形状复杂、体积庞大的物体或由许
多零部件构成的物体系，常用称重法测定重
心的位置。现以连杆为例说明测定重心的方
法。由于连杆是前后、上下对称的，其重心
一定在对称面、对称轴上，所以只需确定重
心距孔中心的距离。首先称出连杆的重量 F_p，
测出两孔中心的距离 l。再将连杆一端 A 搁在
水平面上，另一端 B 放在台秤上，使连杆轴
线保持水平，如图 4-19 所示，读出台秤的读
数 F_B。由 $\sum M_A(\boldsymbol{F})=0$，得

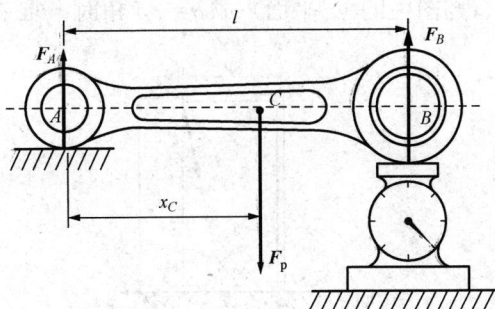

图 4-19

$$F_B l - F_p x_C = 0$$

故

$$x_C = \frac{F_B l}{F_p}$$

习　　题

　　4-1　立方体的 C 点作用一力 $\boldsymbol{F}$，已知 $F=800\mathrm{N}$ 如图 4-20 所示。试求：

　　(1) 该力 $\boldsymbol{F}$ 在坐标轴 x、y、z 上的投影；

　　(2) 力 $\boldsymbol{F}$ 沿 CA 和 CD 方向分解所得的两个分力 $\boldsymbol{F}_{CA}$、$\boldsymbol{F}_{CD}$ 的大小。

　　4-2　长方体的顶角 A 和 B 处分别有 $\boldsymbol{F}_1$ 和 $\boldsymbol{F}_2$ 作用如图 4-21 所示，$F_1=500\mathrm{N}$，$F_2=700\mathrm{N}$，求二力在 x、y、z 轴上的投影。

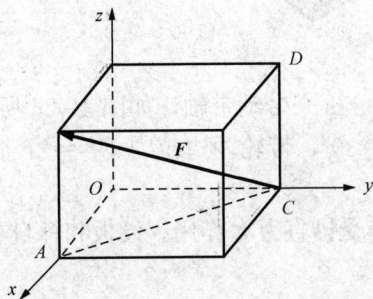

图 4-20

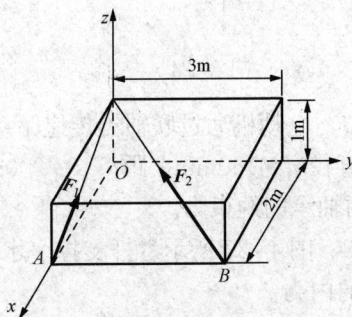

图 4-21

　　4-3　刚架上 A 点受拉力 $F=13\mathrm{kN}$ 如图 4-22 所示，试求该力对 x、y、z 轴之矩。

　　4-4　挂物架的 O 点为一球形铰链，不计杆重。OBC 为一水平面，且 $OB=OC$ 如图 4-23 所示。若在 O 点挂一重物重 $F_p=1\mathrm{kN}$，试求三根直杆的内力。

　　*　4-5　如图 4-24 所示起重机，机身重 $F_{p1}=100\mathrm{kN}$，重力通过 E 点；三个轮子 A、B、C 与地面接触点成一等边三角形；$CD=BD$，$DE=\dfrac{1}{3}AD$；起重臂 FGD 可绕铅垂轴 GD 转动。已知 $a=5\mathrm{m}$，$l=3.5\mathrm{m}$。当载重 $F_{p2}=30\mathrm{kN}$ 且过起重臂的铅垂平面与起重机的中心铅垂

面（即图中的 yz 平面）成 $\alpha=30°$ 角时，求三个轮子 A、B、C 对地面的压力。

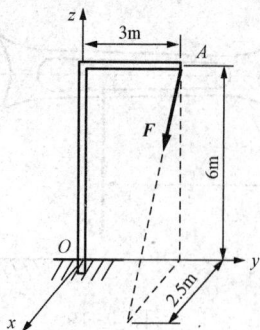

图 4 - 22

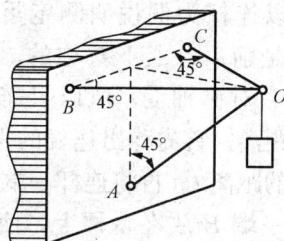

图 4 - 23

4 - 6   水平轴上装有两个半径为 $R=20$cm 的圆轮，圆轮上分别作用有已知力 $F_1=0.8$kN 和未知力 F 如图 4 - 25 所示。如轴平衡，求力 F 的大小和轴承的约束力。

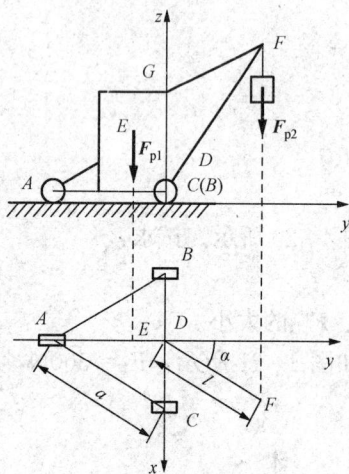

图 4 - 24

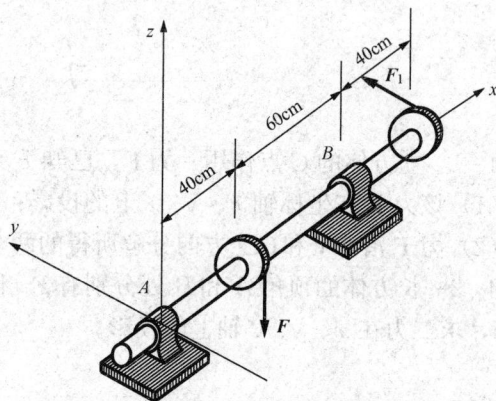

图 4 - 25

4 - 7   电动机通过联轴器传递驱动力矩 $M_e=20$N·m 来带动带轴，如图 4 - 26 所示。已知带轮直径 $d=160$mm，距离 $a=200$mm，带斜角 $\alpha=30°$，带轮两边拉力 $F_{T2}=2F_{T1}$。试求 A、B 两轴承的约束力。

4 - 8   图 4 - 27 所示六杆支撑一水平板，在板角处受铅直力 F 作用。设板和杆自重不计，求各杆的内力。

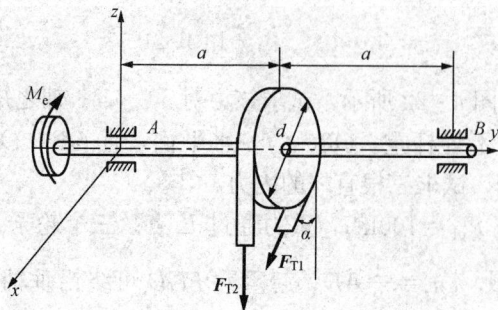

图 4 - 26

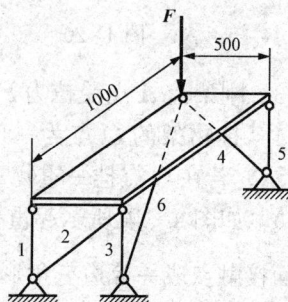

图 4 - 27

4-9 工字形截面如图4-28所示，尺寸单位为 mm，求该截面形心的坐标。

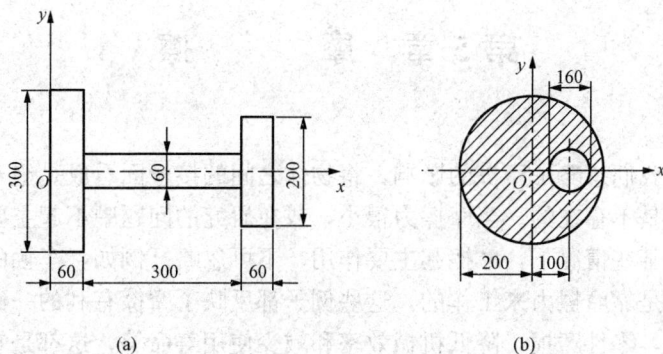

(a)   (b)

图4-28

4-10 试求图4-29所示均质厚板的重心位置，尺寸单位为 mm。

4-11 边长为 $2a$ 的均质正方形薄板如图4-30所示，截去四分之一后悬挂在 A 点，今欲使 BC 边保持水平，则 A 点距右端的距离为多少？

4-12 一偏心块为等厚度的均质形体，如图4-31所示，其上有半径为 r_2 的圆孔。已知：$R=10\mathrm{cm}$，$r_1=3\mathrm{cm}$，$r_2=1.3\mathrm{cm}$。试计算偏心块重心的位置。

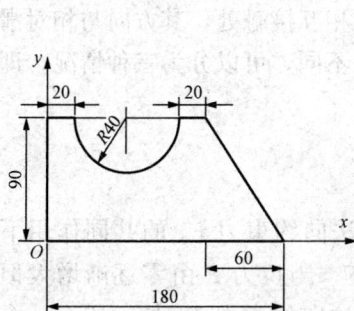

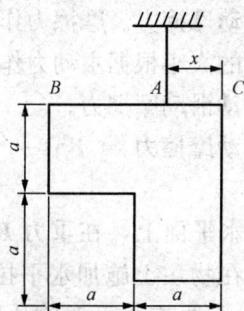

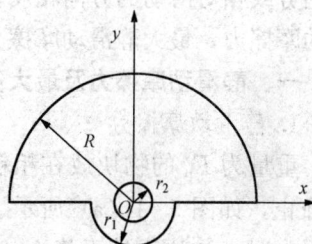

图4-29   图4-30   图4-31

第5章 摩 擦

在前几章中，我们忽略了摩擦的影响，将物体之间的接触面看成是绝对光滑的。但在实际中，绝对光滑面是不存在的。当摩擦力很小，或在研究的问题中不起主要作用时，摩擦是可以忽略的。但在某些情况下，摩擦起主要作用，不可忽略。例如，车辆的启动、制动、行驶，皮带传动，都是靠摩擦力来工作的，这些例子都反映了摩擦有利的一面；另一方面，摩擦会引起机器发热，零件磨损，降低机械效率和减少使用寿命等，这都是它不利的一面。我们研究摩擦，就是要充分利用其有利的一面，而减少其不利的一面。由于摩擦是一种极其复杂的物理—力学现象，本章只介绍工程中常用的近似理论，另外将重点研究有摩擦存在时物体的平衡问题。

第1节 滑 动 摩 擦

两个表面粗糙的物体，当其接触面之间有相对滑动趋势或相对滑动时，彼此作用有阻碍相对滑动的阻力，这种阻力称为**滑动摩擦力**。摩擦力作用在相互接触处，其方向与相对滑动的趋势或相对滑动的方向相反，它的大小根据主动力作用的不同，可以分为三种情况，即静滑动摩擦力，最大静滑动摩擦力和动滑动摩擦力。

一、静滑动摩擦力及最大静滑动摩擦力

1. 静滑动摩擦力

重量为 F_p 的物块放在粗糙的水平面上，在重力 F_p 和法向约束力 F_N 的共同作用下保持静止，如图 5-1（a）所示。现在物块上施加水平拉力 F，当拉力 F 由零逐渐增大但不是很大时，物块仍处于静止状态。可见支承面对物块除了法向约束力 F_N 外，还有一个阻碍物块沿水平面滑动的切向力，此力即为**静滑动摩擦力**，简称**静摩擦力**，用 F_S 表示，如图 5-1（b）所示。静摩擦力作用在接触面，方向与物块相对滑动趋势方向相反，它的大小由平衡条件确定。此时有

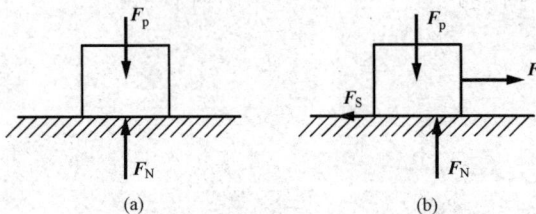

$$\sum F_x = 0, F_S = F$$

图 5-1

2. 最大静滑动摩擦力

静摩擦力随主动力的增大而增大，这是静摩擦力和一般约束力共同的性质。但静摩擦力又有不同于一般约束力的特点，它并不随主动力的增大而无限增大。当水平拉力 F 增大到某一数值时，物块处于将要滑动但尚未滑动的**临界状态**。这时，只要 F 再增大一点，物块即开始滑动。当物块处于平衡的临界状态时，静摩擦力达到最大值，称为**最大静滑动摩擦力**，简称**最大静摩擦力**，用 F_{max} 表示。

大量实验证明：最大静摩擦力的大小与两物体间的法向约束力成正比，即

$$F_{max} = f_s F_N \qquad (5-1)$$

这就是**静摩擦定律**，又称**库仑摩擦定律**。其中比例常数 f_s 称为**静摩擦因数**。它是量纲一的量，其大小与两接触物体的材料和表面状况（如粗糙度、温度、湿度）有关，而与接触面积的大小无关，一般由实验测定，其数值可在机械工程手册中查到。

静摩擦定律是近似的，并不能完全反映出静滑动摩擦的复杂现象。但由于公式简单，计算方便，并且又有足够的准确性，所以在工程实际中被广泛应用。

静摩擦定律指出了利用摩擦和减小摩擦的途径。要增大最大静摩擦力，可以通过加大法向约束力或增大摩擦因数来实现。例如，重型卡车一般都用后轮驱动，因为后轮法向约束力大于前轮，这样可以产生较大的驱动摩擦力。又例如，汽车在雪后行驶时，要在路面上撒细沙，以增大摩擦因数，避免打滑。在机器中，往往用降低接触表面的粗糙度或加入润滑剂等方法，降低摩擦因数，以减小摩擦和磨损。

综上所述，静摩擦力的大小随主动力的情况而变化，但介于零与最大值之间，即

$$0 \leqslant F_S \leqslant F_{max} \qquad (5-2)$$

二、动滑动摩擦力

当两个物体开始相对滑动时，在接触面上仍有阻碍相对滑动的力出现，这个力称为**动滑动摩擦力**，简称为**动摩擦力**，用 F_d 表示。动摩擦力作用在接触面上，方向与相对滑动的方向相反。

实验证明，动摩擦力的大小也与两物体间的法向约束力成正比。即

$$F_d = f F_N \qquad (5-3)$$

即为**动滑动摩擦定律**。f 也是量纲一的量，称为**动滑动摩擦因数**，简称为**动摩擦因数**，它除了与两接触物体的材料和表面状况等因素有关外，还与相对滑动的速度有关，并随相对速度的增大而略有减小，计算中通常不考虑速度变化对 f 的影响，而将 f 看作常量。几种常见材料的 f_s 和 f 见表 5-1。一般情况下，$f < f_s$，当精度要求不高时，可近似认为 $f = f_s$。

表 5-1 常用材料的摩擦因数

材料名称	静摩擦因数（f_s）		动摩擦因数（f）	
	无润滑	有润滑	无润滑	有润滑
钢—钢	0.15	0.10~0.12	0.15	0.05~0.10
钢—铸铁	0.30		0.18	0.05~0.15
钢—青铜	0.15	0.10~0.15	0.15	0.10~0.15
铸铁—铸铁		0.18	0.15	0.07~0.12
铸铁—青铜			0.15~0.20	0.07~0.15
青铜—青铜		0.10	0.20	0.07~0.10
木—木	0.40~0.60	0.10	0.20~0.50	0.07~0.15

第 2 节 摩擦角和自锁现象

一、摩擦角

当考虑摩擦时，平衡物体所受到的接触面的约束力包括法向约束力 F_N 和切向约束力，

即静摩擦力 F_S 这两个分量。这两个分量的矢量和称为接触面对物体的**全约束力**，用 F_R 表示，如图 5-2（a）所示，则

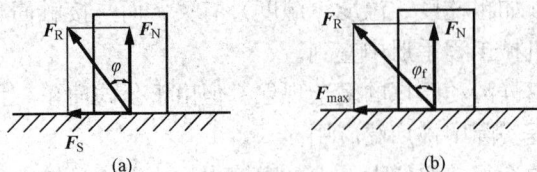

$$F_R = F_N + F_S$$

全约束力的大小为

$$F_R = \sqrt{F_N^2 + F_S^2}$$

它与接触面的法线夹角为 φ，则

$$\tan\varphi = \frac{F_S}{F_N}$$

图 5-2

当物体处于临界平衡时，静摩擦力达到最大值 F_{max}，夹角 φ 也达到最大值 φ_f，称**全约束力与法线间的夹角的最大值为摩擦角** φ_f。由图 5-2（b）可知

$$\tan\varphi_f = \frac{F_{max}}{F_N} = \frac{f_s F_N}{F_N} = f_s \tag{5-4}$$

即**摩擦角的正切等于静摩擦因数**。因此，摩擦角和静摩擦因数一样，都是表示两物体接触表面性质的物理量。

二、自锁现象

物体平衡时，静摩擦力 F_S 不一定达到最大值，而是在零与最大值 F_{max} 之间变化，所以全约束力 F_R 与法线间的夹角 φ 在零与摩擦角 φ_f 之间变化，即

$$0 \leqslant \varphi \leqslant \varphi_f \tag{5-5}$$

下面分析与摩擦角有关的力学现象，一个考虑摩擦的物体上所受的力如果按主动力和约束力来分类，则可认为其上作用有两个力：主动力系的合力 F_A 和全约束力 F_R。由于静摩擦力不能超过最大值 F_{max}，所以全约束力 F_R 的作用线也不能超出摩擦角 φ_f 之外，即全约束力的作用线必在摩擦角之内。

（1）如果作用在物体上的全部主动力的合力 F_A 的作用线在摩擦角 φ_f 之内，且指向支承面，则无论这个力多大，物体必保持静止，这种现象称为**自锁**。如图 5-3（a）所示。因为在这种情况下，主动力的合力与法线间的夹角 $\theta < \varphi_f$，全约束力 F_R 可以和主动力的合力 F_A 等值、反向、共线，故保持平衡。工程中常利用自锁条件设计一些机构或夹具，如千斤顶、压榨机、圆锥销等，使它们始终保持在平衡状态下工作。

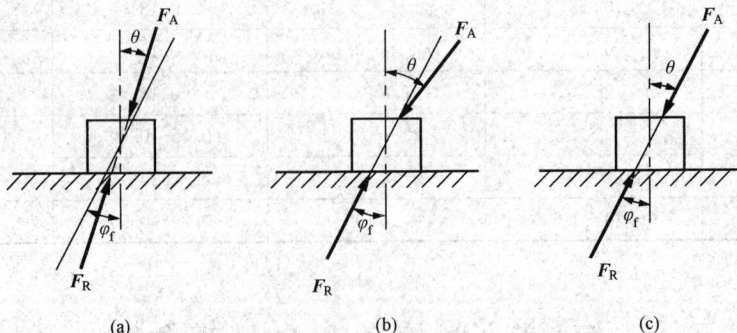

图 5-3

（2）如果全部主动力的合力 F_A 的作用线在摩擦角 φ_f 之外，则无论这个力多小，物体一

定会滑动。如图 5-3（b）所示。因为在这种情况下，$\theta > \varphi_f$，全约束力 F_R 的作用线只有在摩擦角之外才可能与主动力的作用线共线，这是不可能的。应用这个道理，可以设法避免自锁现象。

（3）若 $\theta = \varphi_f$，如图 5-3（c）所示，则物体处于临界平衡状态。

第 3 节 考虑摩擦时物体的平衡问题

对于考虑摩擦时物体的平衡问题，因为依然是平衡问题，所以仍可用静力学平衡方程求解，其解题方法、步骤与不考虑摩擦时基本相同。但要注意以下几点：①画受力图时必须画出摩擦力，判断是一般静摩擦力、最大静摩擦力、还是动摩擦力；②一般静摩擦力的大小通过平衡方程来确定，其方向可以假设；但最大静摩擦力的大小由库仑定律 $F_{max} = f_s F_N$ 来确定，其方向必须与相对滑动趋势方向相反。③由于静摩擦力有一定范围，所以使物体处于平衡状态的主动力也有一定范围。为了计算方便，可先在临界状态下计算，求得结果后再分析、讨论其解的平衡范围。

【例 5-1】 物体重为 F_p，放在倾角为 θ 的斜面上，如图 5-4（a）所示，物块与斜面间的静摩擦因数为 f_s，若 $\theta > \varphi_f$，$\varphi_f = \arctan f_s$。当物体平衡时，试求水平力 F_1 的大小。

解 由于 $\theta > \varphi_f$，根据斜面的自锁条件，如没有水平力 F_1，则物块无法维持平衡，会下滑。由经验易知，力 F_1 太大，物块将上滑；力 F_1 太小，物块将下滑。因此，F_1 必在最大值与最小值之间。

（1）求 F_1 的最大值 F_{1max}。当 F_1 达到此值时，物块处于将要向上滑动的临界状态。此时，摩擦力沿斜面向下，并达到最大值 F_{max}。物块受力如图 5-4（b）所示。列方程

$$\sum F_x = 0,\ F_{1max}\cos\theta - F_p\sin\theta - F_{max} = 0$$
$$\sum F_y = 0,\ -F_{1max}\sin\theta - F_p\cos\theta + F_N = 0$$

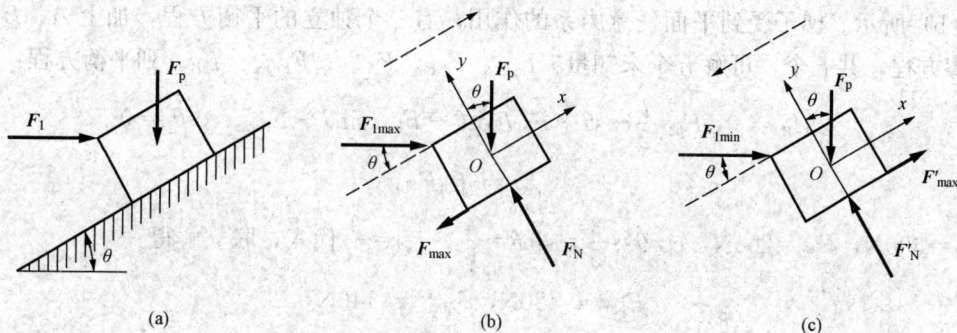

图 5-4

由库仑定律建立补充方程

$$F_{max} = f_s F_N$$

三式联立，即可解得水平力 F_1 的最大值为

$$F_{1max} = F_p \frac{\sin\theta + f_s\cos\theta}{\cos\theta - f_s\sin\theta}$$

（2）求 F_1 的最小值 F_{1min}。当 F_1 达到此值时，物块处于将要向下滑动的临界状态。此

时，摩擦力沿斜面向上，并达到最大值 F'_{max}。物块受力如图5-4（c）所示。列方程

$$\sum F_x = 0, \quad F_{1min}\cos\theta - F_p\sin\theta + F'_{max} = 0$$

$$\sum F_y = 0, \quad -F_{1min}\sin\theta - F_p\cos\theta + F'_N = 0$$

由库仑定律建立补充方程

$$F'_{max} = f_s F'_N$$

三式联立，即可解得水平力 F_1 的最小值为

$$F_{1min} = F_p \frac{\sin\theta - f_s\cos\theta}{\cos\theta + f_s\sin\theta}$$

综上可知，为使物体静止，力 F_1 必须满足如下条件

$$F_p \frac{\sin\theta - f_s\cos\theta}{\cos\theta + f_s\sin\theta} \leqslant F_1 \leqslant F_p \frac{\sin\theta + f_s\cos\theta}{\cos\theta - f_s\sin\theta}$$

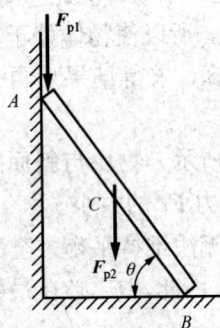 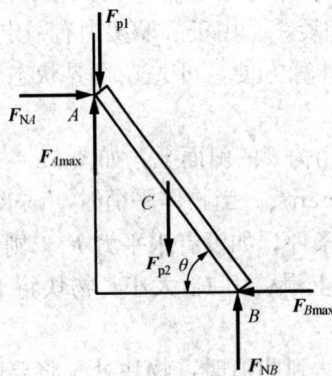

（a）　　　　　　　　（b）

图 5-5

【例 5-2】 如图5-5（a）所示均质梯，长为 l，重 $F_{P2}=200\text{N}$，今有一人重 $F_{P1}=600\text{N}$，试问此人若要爬到梯顶，而梯不致滑倒，B 处的静摩擦因数 f_{sB} 至少应该多大？已知 $\theta = \arctan\dfrac{4}{3}$，$f_{sA}=\dfrac{1}{3}$。

解 这是一个求静摩擦因数的题目。这类问题求解的要点是假设物体处于临界平衡状态，力系既要满足平衡条件，还应满足物理条件

$$F_{max} = f_s F_N$$

在临界状态下，梯子有向下滑动的趋势，故 A、B 两处摩擦力都达到最大值，指向如图5-5（b）所示。梯子受到平面任意力系的作用，有三个独立的平衡方程，加上 A、B 两处的摩擦方程，共五个，可解五个未知量：F_{NA}、F_{NB}、F_{Amax}、F_{Bmax}、f_{sB}。列平衡方程：

$$\sum M_B = 0, \quad F_{p2}\frac{l}{2}\cos\theta + F_{p1}l\cos\theta - F_{NA}l\sin\theta - F_{Amax}l\cos\theta = 0$$

$$F_{Amax} = f_{sA}F_{NA}$$

将 $F_{p1}=600\text{N}$，$F_{p2}=200\text{N}$，$\cos\theta=\dfrac{3}{5}$，$\sin\theta=\dfrac{4}{5}$，$f_{sA}=\dfrac{1}{3}$ 代入，联立解得

$$F_{NA} = 420\text{N}, \quad F_{Amax} = 140\text{N}$$

$$\sum F_x = 0, \quad F_{NA} - F_{Bmax} = 0$$

$$则 \quad F_{Bmax} = 420\text{N}$$

$$\sum F_y = 0, \quad F_{NB} + F_{Amax} - F_{p1} - F_{p2} = 0$$

$$则 \quad F_{NB} = 660\text{N}$$

$$F_{Bmax} = f_{sB}F_{NB}$$

$$f_{sB} = \frac{F_{Bmax}}{F_{NB}} = \frac{420}{660} = 0.636$$

结论：人要安全到达梯顶，梯与地面间的静摩擦因数应大于0.636。

【例 5 - 3】　图 5 - 6（a）所示的均质木箱重 $F_P = 480$N，置于水平地面上，它与地面间的静摩擦因数 $f_s = 0.3$，木箱上作用有拉力 F_T。求：

（1）当 $F_T = 120$N 时，木箱能否平衡？

（2）能保持木箱平衡的最大拉力。

解　欲使木箱保持平衡，必须满足两个条件：一是不发生滑动，即要求静摩擦力 $F_S \leqslant F_{max} = f_s F_N$；二是不绕 B 点翻倒，此时法向约束力 F_N 的作用线应在木箱内，即 $d > 0$。

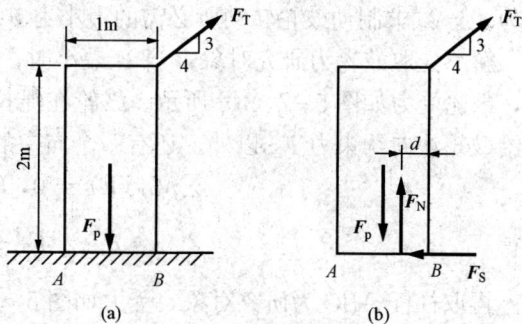

图 5 - 6

（1）取木箱为研究对象，假设木箱平衡，则受力如图 5 - 6（b）所示。列平衡方程

$$\sum F_x = 0, \; F_T \frac{4}{5} - F_S = 0 \tag{a}$$

$$F_S = \frac{4}{5} F_T = 96\text{N}$$

$$\sum F_y = 0, \; F_T \frac{3}{5} + F_N - F_P = 0 \tag{b}$$

$$F_N = F_P - F_T \frac{3}{5} = 480 - 120 \times \frac{3}{5} = 408\text{N}$$

$$F_{max} = f_s F_N = 0.3 \times 408 = 122.4\text{N}$$

$$\sum M_B = 0, \; -\frac{4}{5} F_T \times 2 - F_N \times d + F_P \times 0.5 = 0 \tag{c}$$

$$\text{即} -120 \times \frac{4}{5} \times 2 - 408 \times d + 480 \times 0.5 = 0$$

$$d = 0.1176\text{m}$$

由于 $F_S < F_{max}$，木箱不滑动；又 $d > 0$，木箱不会翻倒。因此，木箱保持平衡。

（2）为求保持平衡的最大拉力 F_T，可分别求出木箱将滑动时的临界拉力 $F_滑$ 和木箱将绕 B 点翻倒的临界拉力 $F_翻$。两者中取其较小者，即为所求。

木箱将滑动的条件为

$$F_S = F_{max} = f_s F_N \tag{d}$$

由式（a）、式（b）、式（d）联立解得

$$F_滑 = \frac{f_s F_P}{\frac{4}{5} + \frac{3}{5} f_s} = \frac{0.3 \times 480}{0.8 + 0.6 \times 0.3} = 147\text{N}$$

木箱将绕 B 点翻倒的条件是 $d = 0$，代入式（c），得

$$F_翻 = \frac{0.5 F_P}{0.8 \times 2} = 150\text{N}$$

由于 $F_滑 < F_翻$，所以保持木箱平衡的最大拉力为

$$F_T = F_滑 = 147\text{N}$$

这说明，当拉力 F_T 逐渐增大时，木箱将先滑动而失去平衡。

【例 5 - 4】　一制动器的结构和尺寸如图 5 - 7（a）所示。制动块与鼓轮表面间的摩擦因

数为 f_s，试求制动鼓轮转动所必需的最小力 F。

解 先取鼓轮为研究对象，当 F 最小时，鼓轮处于临界平衡状态，静摩擦力达到最大值，鼓轮受力如图 5-7（b）所示。鼓轮在绳拉力作用下，有逆时针转动趋势；因此，闸块除给鼓轮法向约束力 F_N 以外，还有一个向左的摩擦力 F_{max}。列方程

$$\sum M_{O_1}(\boldsymbol{F}) = 0, \quad F_T r - F_{max} R = 0$$

解得

$$F_{max} = F_T \frac{r}{R} = F_p \frac{r}{R}$$

再取杠杆 ABC 为研究对象，受力如图 5-7（c）所示。列方程

$$\sum M_A(\boldsymbol{F}) = 0, \quad Fa + F'_{max} c - F'_N b = 0$$

补充方程 $F'_{max} = f_s F'_N$，又 $F'_{max} = F_{max}$，

联立以上各式，解得

$$F = \frac{r F_p (b - f_s c)}{f_s R a}$$

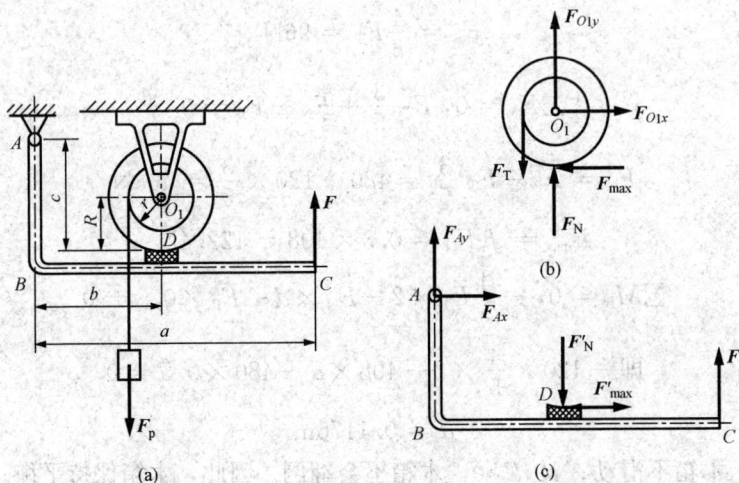

图 5-7

习 题

5-1 混凝土吊桶如图 5-8 所示，混凝土与吊桶共重 $F_P = 25\text{kN}$，吊桶与滑道间的摩擦因数 $f = 0.3$，分别求吊桶匀速上升和下降时绳子的张力。

5-2 图 5-9 所示梯子 AB 靠在墙上，其重为 $F_p = 200\text{N}$，梯长为 l，并与水平面交角 $\theta = 60°$，接触面间的摩擦因数均为 0.25。今有一重为 650N 的人沿梯上爬，问人所能达到的最高点 C 到点 A 的距离为多少？

5-3 两物块 A、B 放置如图 5-10 所示，物块 A 重 $F_{p1} = 5\text{kN}$，物块 B 重 $F_{p2} = 2\text{kN}$，A、B 之间的静摩擦因数 $f_{s1} = 0.25$，B 与固定水平面之间的静摩擦因数 $f_{s2} = 0.20$，求拉动物块 B 所需力 F 的最小值。

5-4 已知某物块的质量为 $m = 300\text{kg}$，被力 F 压在铅直墙面上如图 5-11 所示。物块与墙面间的静摩擦因数为 $f_s = 0.25$。试求保持物块静止的 F 值的范围。

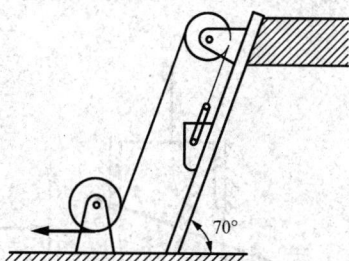

图 5-8

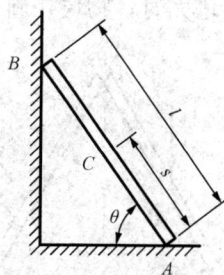

图 5-9

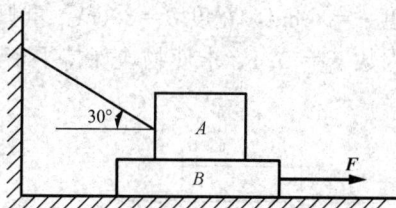

图 5-10

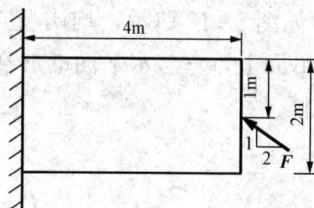

图 5-11

5-5　图 5-12 所示一铅直力 F 作用于水平杆 AB 上，以阻止质量为 $m=20\text{kg}$ 的物块下滑，已知杆与轮接触处的摩擦因数 $f_s=0.25$，忽略水平杆与轮子重量。求制动时力 F 的大小。

5-6　结构如图 5-13 所示，杆 BC 垂直于水平杆 AB，滑块 D 重 $F_P=1\text{kN}$，与铅直墙面间的摩擦角 $\varphi_f=30°$，不计杆重，求系统平衡时作用在铰 C 上的水平力 F 的大小。

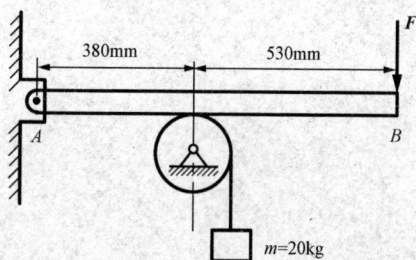

图 5-12

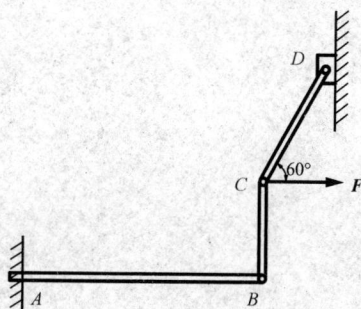

图 5-13

5-7　折梯放在铅直面内如图 5-14 所示，两脚与地面间的摩擦因数分别为 $f_{sA}=0.2$，$f_{sB}=0.6$，折梯一边 AC 的中点上有重 500N 的重物，如果不计折梯的重量，问折梯是否平衡？如果平衡，计算两脚与地面间的摩擦力。

5-8　尖劈顶重装置如图 5-15 所示。在 B 块上受力 F_p 的作用。A 与 B 块间的摩擦因数为 f_s（其他有滚珠处表示光滑）。如不计 A 与 B 块的重量，求使系统保持平衡的力 F 的值。

5-9　边长为 a 与 b 的均质物体放在斜面上如图 5-16 所示，其间的摩擦因数为 0.4。当

斜面倾角 θ 逐渐增大时，物块在斜面上翻倒与滑动同时发生，求 a 与 b 的关系。

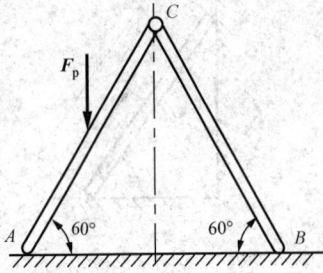

图 5-14

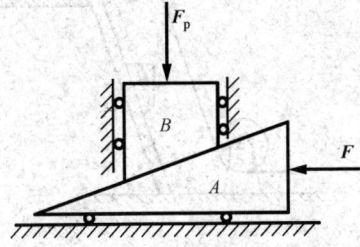

图 5-15

5-10 如图 5-17 所示，均质长方块的高度 $h=30\text{cm}$，宽度 $b=20\text{cm}$，重量 $F_p=60\text{N}$，放在粗糙水平面上，它与水平面的静滑动摩擦因数 $f_s=0.4$。求使物块保持平衡所需的水平力 F 的最大值。

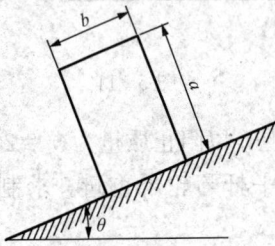

图 5-16

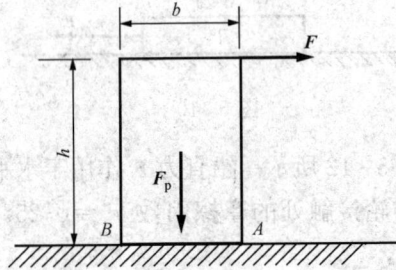

图 5-17

第 2 篇

材 料 力 学

引 言

　　第 1 篇静力学部分介绍的是力对物体作用的外效应，以刚体为对象研究了力的性质及平衡规律。本篇介绍的材料力学，以杆件为对象，研究力对物体作用的内效应，主要分析构件在外力作用下的内力、应力、应变、变形，以及强度理论和压杆稳定，为构件的工程设计提供理论依据和计算方法。

　　材料力学主要讨论了以下几方面内容：

　　(1) 轴向拉伸和压缩；

　　(2) 扭转；

　　(3) 剪切和连接件的实用计算；

　　(4) 弯曲内力、应力、变形；

　　(5) 应力状态和强度理论；

　　(6) 组合变形；

　　(7) 压杆稳定。

第6章 材料力学绪论

第1节 材料力学的任务

在各种机械和工程结构中，最基本的元件是零件或部件（统称**构件**），构件受到外力作用时，将产生形状和尺寸的改变，这种变化称之为**变形**。之前讨论的对象——刚体模型，在实际工程中的构件都是可变形的固体，简称为**变形体**。按照产生变形的程度可将其分为两类：一类是可以恢复的变形，称为**弹性变形**，一般这种变形都比较小；另一类是不可恢复的变形，称为**塑性变形**。

为保证工程结构或机械的正常工作，构件应有足够的能力负担起应承受的载荷。因此，它应满足以下的要求：

（1）**强度要求**：强度要求是指构件在规定的使用条件下不发生意外断裂或塑性变形，即构件在外力作用下应具有足够的抵抗破坏的能力。在规定的载荷作用下构件不应破坏，包括发生断裂和较大的塑性变形。例如，冲床曲轴不可折断；建筑物的梁和板不应发生较大塑性变形。

（2）**刚度要求**：刚度要求是指构件在规定的工作条件下不发生较大的变形，即构件在外力作用下应具有足够的抵抗变形的能力。在载荷作用下，构件即使有足够的强度，但若变形过大，仍不能正常工作。例如，机床主轴的变形过大，将影响加工精度；齿轮轴变形过大将造成齿轮和轴承的不均匀磨损，引起噪声。

（3）**稳定性要求**：稳定性要求是指构件在规定的使用条件下不产生丧失稳定性的破坏，即构件在外力作用下能保持原有直线平衡状态的能力。承受压力作用的细长杆，如千斤顶的螺杆、内燃机的挺杆等应始终维持原有的直线平衡状态，保证不被压弯。

强度、刚度和稳定性，是材料力学研究的主要内容。一个合理的构件设计，不但应该满足强度、刚度和稳定性的要求以保证其安全可靠，还应该符合经济原则。若构件的横截面尺寸不足或形状不合理，或材料选用不当，不能满足上述要求，将不能保证工程结构或机械的安全工作。相反也不应不恰当地加大横截面尺寸或选用高强材料，这虽满足了上述要求，却使用了更多的材料和增加了成本，造成浪费。可见安全和经济经常是矛盾的，**材料力学的任务就是在满足强度、刚度和稳定性的要求下，为设计既经济又安全的构件提供必要的理论基础和计算方法。**

研究构件的强度、刚度和稳定性时，应了解材料在外力作用下表现出的变形和破坏等方面的性能，即材料的力学性能，而力学性能要由实验来测定。此外，经过简化得出的理论是否可信，也要由实验来验证。所以实验分析和理论研究都是材料力学解决问题的方法。

第2节 材料力学的基本假设

制造各种构件所采用的材料，虽然品种繁多，性质各异，但它们都有一个共同的特性，就是外力作用下会变形。在进行构件的强度、刚度和稳定性计算时，变形是一个不可忽略的因素。因此在材料力学中，将构件看作可变形的固体。为了简化计算，经常略去材料的次要性质，并根据其主要性质做出假设，将它们抽象为一种理想模型，作为材料力学理论分析的基础。下面是材料力学对变形固体常采用的几个基本假设：

（1）**连续性假设：认为组成固体的物质不留空隙地充满了整个固体的体积**。实际上，组成固体的粒子之间存在空隙，但这种空隙极其微小，可以忽略不计。于是可认为固体在其整个体积内是连续的。基于连续性假设，固体内的一些力学量（例如点的位移）可用连续函数表示，并可采用无穷小的高等数学分析方法研究。

连续性不仅存在于变形前，同样适用于变形发生之后。即构件变形后不出现新的空隙，也不出现重叠。

（2）**均匀性假设：认为在固体内各点处具有相同的力学性能**。即从固体内任意取出一部分，无论从何处取也无论取多少其性能总是一样的。

由此假设可以认为，变形固体均由同一均质材料组成，因而体内各处的力学性质都是相同的，并认为在其整个体积内毫无空隙地充满了物质。事实上，从固体的微观结构看，各种材料都是由无数颗粒（如金属中的晶粒）组成的，颗粒之间是有一定空隙的，而且各颗粒的性质也不完全一致。但由于材料力学是从宏观的角度去研究构件的强度、刚度和稳定性问题，这些空隙远远小于构件的尺寸，而且各颗粒是错综复杂地排列于整个体积内，因此，由统计平均值观点看，各颗粒性质的差异和空隙均可忽略不计，并认为变形固体是均匀连续的。

（3）**各向同性假设：认为固体材料沿各个方向的力学性能是相同的**。具有这种属性的材料称为各向同性材料。例如钢、铜、铸铁、玻璃等，而木材、竹和轧制过的钢材等，则为各向异性材料。但是，有些各向异性材料也可近似地看作是各向同性的。

（4）**小变形假设：认为固体受力后的变形比固体的原始尺寸小得多**。工程实际中构件受力后的变形一般都很小，它相对于构件的原始尺寸小很多，因此在分析构件上的力的平衡关系时，变形的影响可忽略不计，仍按构件的原始尺寸进行计算，以使问题得到简化。如果构件受力后的变形很大，其影响不可忽略时，则必须按构件变形后的尺寸进行计算。前者称为小变形问题，后者称大变形问题。材料力学一般只研究小变形问题。

第 3 节　外力、内力和截面法

一、外力及其分类

当研究某一构件时，可以设想将这一构件从周围物体中单独取出，并用力来代替周围各物体对构件的作用。这些来自构件外部的力就是**外力**。按外力的作用方式可分为表面力和体积力。**表面力**是作用于物体表面的力，又可分为分布力和集中力。**分布力**是连续作用于物体表面的力，如作用于油缸内壁上的油压力，作用于船体上的水压力等。有些分布力是沿杆件的轴线作用的，如楼板对屋梁的作用力。若外力分布面积远小于物体的表面尺寸，或沿杆件轴线分布范围远小于轴线长度，就可看作是作用于一点的**集中力**，如火车轮对钢轨的压力，滚珠轴承对轴的反作用力等。**体积力**是连续分布于物体内部各点的力，例如物体的自重和惯性力等。

　　按载荷随时间变化的情况又可分为静载荷和动载荷。若载荷缓慢地由零增加到某一定值，以后即保持不变，或变动很不明显，即为**静载荷**。若载荷随时间而变化，则为**动载荷**。随时间作周期性变化的动载荷称为**交变载荷**，例如齿轮转动时，作用于每一齿上的力都是随时间作周期性变化的。**冲击载荷**则是物体的运动在瞬时内发生突然变化所引起的动载荷，例如，急刹车时飞轮的轮轴、锻造时气锤的锤杆等都受到冲击载荷的作用。

　　材料在静载荷下和在动载荷下的性能颇不相同，分析方法也有差异。静载荷问题比较简单，所建立的理论和分析方法又可作为解决动载荷问题的基础，因此应首先研究静载荷问题。

二、内力与截面法

　　构件即使不受外力作用，它的各质点之间本来就有相互作用的内力，以保持其一定的形状。材料力学所讨论的**内力**，是指因外力作用使构件发生变形时，构件的各质点间的相对位置改变而引起的"附加内力"，即分子结合力的改变量。这种内力随外力的改变而改变。但是，它的变化是有一定限度的，不能随外力的增加而无限地增加。当内力加大到一定限度时，构件就会破坏，因此内力与构件的强度是密切相关的。为了揭示构件的变形和破坏规律，就必须首先研究内力。

　　由静力学可知，在分析两物体之间的相互作用力时，必须将二物体分开。同理，为了显示构件在外力作用下 m—m 截面上的内力，用平面假想地把构件分成Ⅰ、Ⅱ两部分，如图 6-1（a）所示。

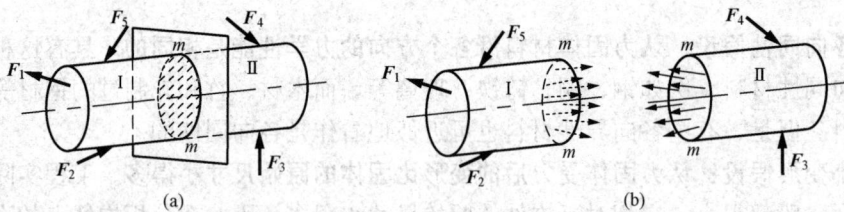

图 6-1

　　任取其中一部分，例如Ⅱ，为研究对象。在部分Ⅱ上作用的外力有 F_3 和 F_4，欲使Ⅱ保持平衡，则Ⅰ必然有力作用于Ⅱ的 m—m 截面上，以与Ⅱ所受的外力平衡，如图 6-1（b）所示。根据作用与反作用定律可知，Ⅱ必然也以大小相等、方向相反的力作用于Ⅰ上。上述Ⅰ与Ⅱ间相互作用的力就是构件在 m—m 截面上的内力。按照连续性假设，在 m—m 截面上各处都有内力作用，所以内力是分布于截面上的一个分布力系。把这个分布力系向截面形心简化，得到主矢和主矩，称为**截面上的内力**。

　　对部分Ⅱ来说，外力 F_3，F_4 和 m—m 截面上的内力保持平衡，根据平衡方程就可以确定 m—m 截面上的内力。

　　上述用截面法假想地把构件分成两部分，以显示并确定内力的方法称为**截面法**。可将其归纳为以下三个步骤：

　　（1）欲求某一截面上的内力时，就沿该截面假想地把构件分成两部分，任意地取出一部分作为研究对象，并弃去另一部分。

　　（2）用作用于截面上的内力代替弃去部分对取出部分的作用。

　　（3）建立取出部分的平衡方程，确定未知的内力。

【例6-1】 钻床如图6-2（a）所示，在载荷 F 作用下，试确定 m—m 截面上的内力。

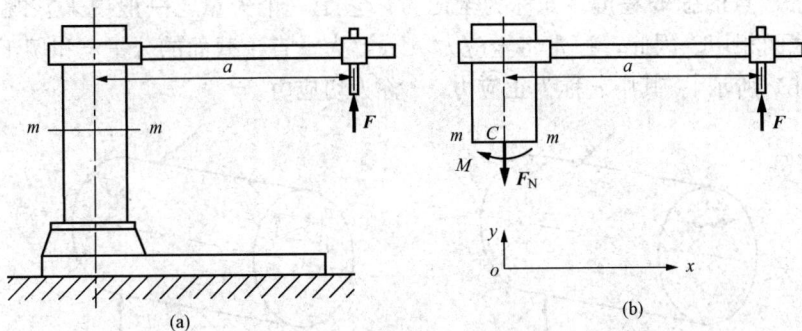

图 6-2

解 （1）沿 m—m 截面假想地将钻床分成两部分。取 m—m 截面以上部分为研究对象，并选取坐标系，如图6-2（b）所示。

（2）将作用于 m—m 截面上的分布内力系向截面的形心 C 简化，可以得到一个主矢 F_N 和主矩 M，它们的方向和转向如图6-2（b）所示。F_N 和 M 就是弃去的下部分对上部分作用的内力。

（3）由于整个钻床是平衡的，所以上部分也是平衡的，由平衡方程

$$\sum F_y = 0, \quad F - F_N = 0$$
$$\sum M_C = 0, \quad Fa - M = 0$$

求得 m—m 截面上的内力 F_N 和 M 为

$$F_N = F \qquad M = Fa$$

第4节 应力和应变的概念

一、应力的概念

用截面法确定的内力，是截面上分布内力系的合成结果，它没有表明该分布力系的分布规律，也不能说明分布内力系在截面内某一点处的强弱程度。例如，两根材料相同、横截面面积不等的直杆，若它们所受的轴向拉力相同，那么横截面上的内力是相同的。但是，由经验可知，当外力增大时，面积小的杆件一定先破坏。这是因为截面面积小，其上内力分布的密集程度大的缘故。因此讨论构件的强度问题时，还必须了解内力在截面上某一点处分布的密集程度，这种密集程度用分布在单位面积上的内力来衡量，称为该点的应力。

在截面 m—m 上，围绕某一点 C 处取一微小面积 ΔA，ΔA 上分布内力的合力为 ΔF，如图6-3（a）所示。定义 ΔA 上内力的平均集度为

$$p_m = \frac{\Delta F}{\Delta A}$$

p_m 是一个矢量，代表在 ΔA 范围内，单位面积上内力的平均集度，称为平均应力。随着 ΔA 的逐渐缩小，p_m 的大小和方向都将逐渐变化。当 ΔA 趋于零时，p_m 的大小和方向都将趋于一定极限。这样得到

$$p = \lim_{\Delta A \to 0} p_m = \lim_{\Delta A \to 0} \frac{\Delta F}{\Delta A} \qquad (6-1)$$

p 称为 C 点的应力，式（6-1）即为应力的定义。文字叙述为：**应力是一点处内力的集度，反映内力系在 C 点的强弱程度。**p 称为**全应力**，它是一个矢量，一般说来它既不与截面垂直，也不与截面相切。因此，通常将全应力 p 分解为垂直于截面的分量 σ 和切于截面的分量 τ ［图6-3（b）所示］。其中 σ 称为**正应力**，τ 称为**切应力**。

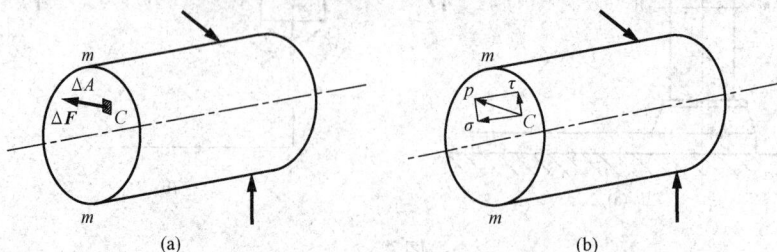

图6-3

在国际单位制中，应力单位是帕斯卡，简称帕（Pa）。由于这个单位太小，使用不便，通常使用千帕（kPa）、兆帕（MPa）及吉帕（GPa）。其中 $1kPa = 10^3 Pa$、$1MPa = 10^6 Pa$、$1GPa = 10^9 Pa$。

二、应变的概念

构件受力后会发生变形，就整个构件看，构件变形后的形状极不相同，也很复杂。但是，若将构件划分成无数个**边长为无限小的六面体**，称为**单元体**，则就每个单元体来看，其变形情况就很简单。研究一点处外力与变形的关系时，要利用单元体的变形。

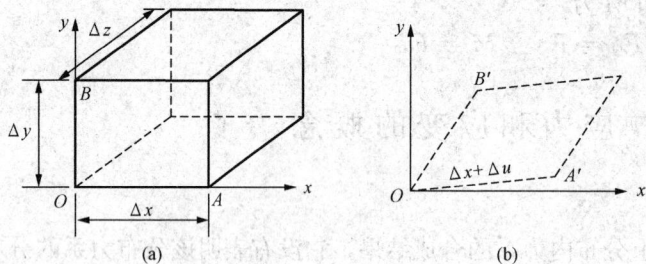

图6-4

设想在构件中某点 O 附近取棱边长度分别为 Δx、Δy、Δz 的单元体。在一个单元体中，可能发生的一种变形，就是棱边长度的改变。取单元体如图6-4（a）所示。以棱边 OA 为例，若变形后边长 Δx 改变了 Δu，则 Δu 代表棱边 OA 的长度变化（或叫线变形），它是线段 Δx 的绝对变形。由于 Δu 的大小与原长 Δx 的长短有关，所以它不能表示棱边 OA 的变形程度。为了表明 OA 线段的变形程度，应取单位长度的线变形作为衡量线变形的基本度量。

Δu 与 Δx 的比值，代表棱边 OA 每单位长度的平均线应变，称为平均应变，用 ε_m 表示

$$\varepsilon_m = \frac{\Delta u}{\Delta x} \qquad (6-2)$$

逐渐缩小 Δx 值，使 Δx 趋近于零，则 ε_m 的极限值为

$$\varepsilon = \lim_{\Delta x \to 0} \frac{\Delta u}{\Delta x} = \frac{du}{dx} \qquad (6-3)$$

式中　ε——O 点处沿 x 方向变形的程度，称为 O 点处沿该方向的**线应变或正应变**。

在单元体中可能发生的另一种变形，是互相垂直的两个棱边间的夹角发生变化。如图6-4（b）所示，变形前单元体在 xy 平面内两个棱边 OA 和 OB 互相垂直，夹角为 $\pi/2$。变

形后的棱边为 OA' 和 OB'，OA' 和 OB' 的夹角为 $\angle A'OB'$。变形前后角度的改变量为 $(\pi/2 - \angle A'OB')$。当 A 和 B 趋近于 O 点，即 Δx、Δy 趋近于 0 时，角度的改变量的极限值为

$$\gamma = \lim_{\substack{\Delta x \to 0 \\ \Delta y \to 0}} \left(\frac{\pi}{2} - \angle A'OB' \right) \tag{6-4}$$

式中 γ——O 点处在 xy 平面内的**切应变**或**角应变**。

因此，切应变 γ 是单元体中直角的改变量。

线应变和切应变具有以下性质：

（1）线应变是一点处线变形的基本度量；而切应变是一点处角变形的基本度量，它度量的是直角的改变。

（2）线应变和切应变都是无量纲的量，切应变常用弧度（rad）表示。

第 5 节 杆件变形的基本形式

在机器或结构物中，构件的形状是多种多样的。如果构件的纵向（长度方向）尺寸较横向（垂直于长度方向）尺寸大得多，这样的构件称为**杆件**，简称**杆**。杆是工程中最基本的构件。如机器中的传动轴、螺杆、房屋中的梁和柱等均属于杆件。某些构件，如齿轮的轮齿、曲轴的轴颈等，并不是典型的杆件，但在近似计算或定性分析中也简化为杆。

垂直于杆长的截面称为**横截面**，各横截面形心的连线称为**轴线**。轴线为直线，且各横截面相等的杆件称为**等截面直杆**，简称为**等直杆**。轴线为曲线的杆称为**曲杆**。材料力学主要研究等直杆。

外力在杆件上的作用方式是多种多样的，当作用方式不同时，杆件产生的变形形式也不同。归纳起来，杆件变形的基本形式有如下四种：

（1）轴向拉伸或压缩：图 6-5 所示简易吊车。在载荷 F 作用下，AB 杆受到拉伸，而 BC 杆受到压缩。这类变形形式是由大小相等、方向相反、作用线与杆件轴线重合的一对力引起的，表现为杆件的长度发生伸长或缩短。起吊重物的钢索、桁架的杆件、液压油缸的活塞杆等的变形，都属于轴向拉伸或压缩变形。

（2）剪切：图 6-6（a）所示铆钉连接，在力 F 作用下，铆钉受到剪切。这类变形形式是由大小相等、方向相反、相互平行的力所引起的，表现为受剪杆件的两部分沿外力作用方向发生相对错动如图 6-6（b）所示。机械中常用的连接件，如键、销钉、螺栓等都产生剪切变形。

（3）扭转：图 6-7 所示的传动轴 AB，在工作时发生扭转变形。这类变形形式是由大小相等、方向相反、作用面垂直于杆件轴线的两个力偶引起的，表现为杆件的任意两个横截面发生绕轴线的相对转动。汽车的传动轴、电机的主轴等，都是受扭杆件。

（4）弯曲：图 6-8 所示吊车梁的变形即为弯曲变形。这类变形形式是由垂直于杆件轴线的横向力，或由作用于包含杆轴的纵向平面内的一对大小相等、方向相反的力偶引起的。变形表现为杆件轴线由直线变为曲线。在工程中，受弯杆件是最常遇到的情况之一。桥式起重机的大梁、各种心轴以及车刀等的变形都属于弯曲变形。

还有一些杆件的变形比较复杂，可能同时发生几种基本变形。例如钻床立柱同时发生拉伸和弯曲两种基本变形；车床主轴工作时发生弯曲、扭转和压缩三种基本变形。几种基本变形的组合称为组合变形。我们将依次讨论四种基本变形的强度及刚度计算，然后再讨论组合变形。

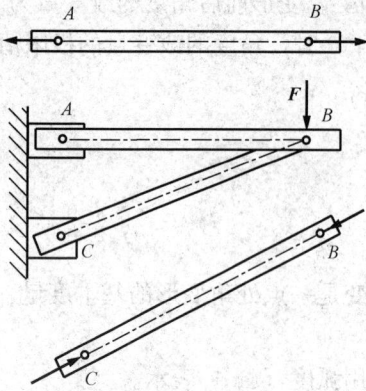

图 6-5

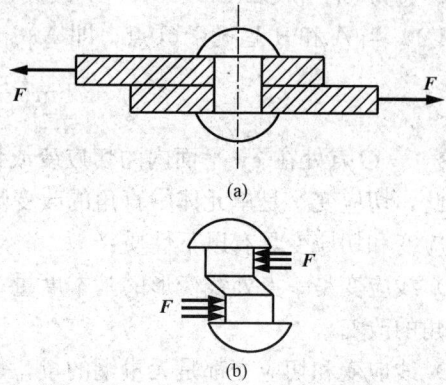

(a)

(b)

图 6-6

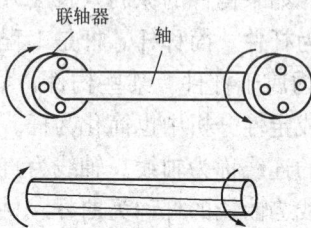

联轴器 轴

图 6-7

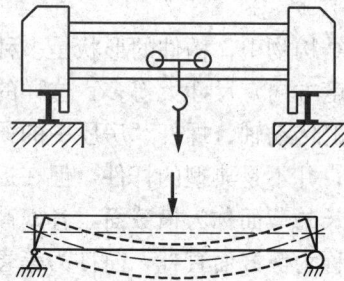

图 6-8

第7章 轴向拉伸和压缩

第1节 轴向拉伸和压缩的概念及实例

工程结构中，有许多承受轴向拉伸或压缩的杆件。例如组成起重机构架的杆件，组成屋架的杆件等，如图7-1所示。上述结构在只承受节点载荷的情况下，都可以简化为桁架，各节点都可以简化为铰，各杆均可以简化为二力杆，这些杆件不是受拉便是受压。另外如起重机的钢索在起吊重物时，拉床的拉刀在拉削工件时，都承受拉力；千斤顶的螺杆在顶起重物时则承受压缩。这些受拉或者受压杆件虽然外形不同，加载方式也不尽相同，但是他们共同的受力特点是外力合力的作用线与杆的轴线重合，其变形特点是横截面沿轴线方向伸长或缩短。这些受拉或受压杆件上的力都可以简化为作用于轴线上的**拉力**或者**压力**，如图7-2所示。

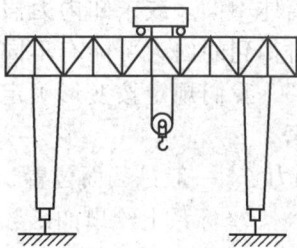

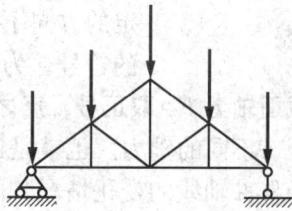

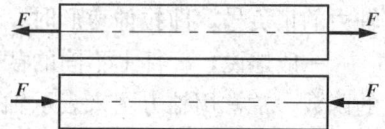

图 7 - 1   图 7 - 2

本章主要研究轴向拉伸或压缩杆件的强度和刚度计算，并逐步介绍材料力学的一些基本概念和基本方法。

第2节 轴向拉（压）杆的内力

一、轴力

为导出拉压杆件应力的计算公式，应首先分析杆件的内力。

一拉压杆件，如图7-3（a）所示，现欲求 AC 段中的 1—1 截面上的内力。其步骤如下：

（1）假想地用截面在 1—1 处将杆切为两部分；

（2）选取其中任一部分作为研究对象，也就是取分离体。图7-3（b）就是选取1—1截面的左半部分杆作为分离体。

（3）被去掉的部分对分离体的作用以内力代替，如图7-3（c）所示的内力 F_{N1}，它为作用在1—1截面上各点分布力系的合力。

（4）建立分离体上力的平衡条件，确定未知的内力。ACB 杆在三个外力作用下处于平衡状态，它的任何一部分均应处于平衡状态，故可对分离体用力的平衡方程，图7-3（c）所示为共线力系，对分离体由 $\sum F_x = 0$，得

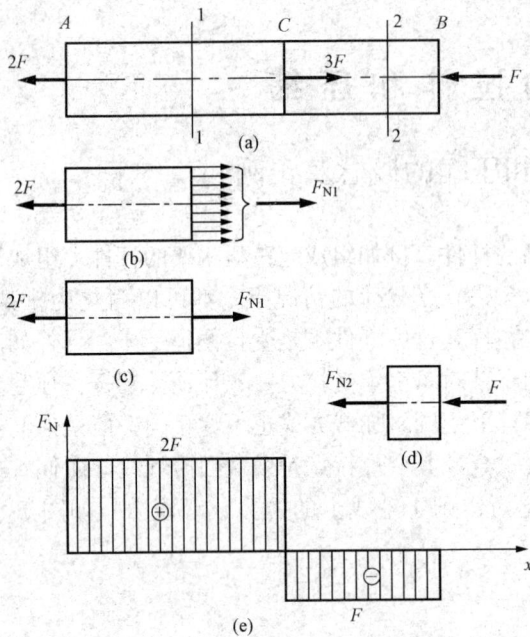

图 7-3

$$F_{N1} - 2F = 0$$
$$F_{N1} = 2F$$

这个例子还说明，虽然内力是分布力，但用截面法求出的只是这个分布力的合力，如图 7-3（b）所示。因此我们取分离体时，可以不用图 7-3（b），而直接采用图 7-3（c）。

因为外力的作用线与杆件的轴线重合，所以内力 F_N 的作用线也必然与杆件的轴线重合，因此 F_N 也称为**轴力**。

同理，可由截面法求得 CB 段中 2—2 截面上的内力 $F_{N2} = -F$，相应分离体见图 7-3（d）。

二、轴力的符号及轴力图

当选择的分离体不同，或未知内力假定的方向不同，所得到的内力可能有不同的符号。为了统一，我们规定按变形确定轴力的正负号，**即拉伸变形时，该截面轴力 F_N 取正号，反之取负号**。

一般地说，杆件上不同的截面处有不同的轴力。也就是说，轴力 F_N 一般是截面位置 x 的函数。常常用**轴力图**来表示轴力沿杆件轴线的变化情况，即在 F_N-x 坐标系上绘出的函数图线，一般将正的轴力画在 x 轴的上侧，负的轴力画在 x 轴的下侧，见图 7-3（e）。轴力图形象直观地表示了拉（压）杆不同横截面上的轴力大小。图 7-3（e）表示，该杆 AC 段为拉伸变形，轴力为 $2F$；CB 段为压缩变形，轴力为 $-F$。

【例 7-1】 图 7-4 所示为上端悬挂的钢缆，已知钢缆的容重为 γ，横截面积为 A，长为 l，求钢缆上指定截面的内力，并画轴力图。

解 作用在缆绳上的外力是绳的自重和上端的约束反力，自重是沿杆长均匀分布的外力。

用截面法求任意截面 1—1 上的内力 F_{N1}，分离体见图 7-4（b），由分离体上力平衡条件得

$$F_{N1} - \gamma A y = 0$$
$$F_{N1} = \gamma A y$$

因 γ 和 A 均为常量，故内力 F_{N1} 是 y 的线性函数。F_N 的变化可用轴力图，即图 7-4（d）来表示。

在截面法中，构件被假想截面切为两部分后，可选取其中的任一部分作为分离体。本题也可选 1—1 截面以上部分作为分离体，见图 7-4（c），与选 1—1 截面以下部分作

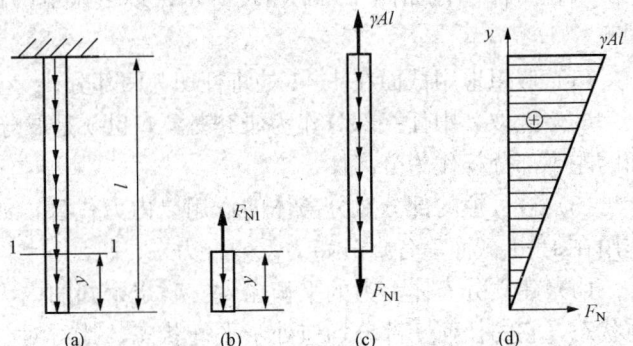

图 7-4

为分离体计算所得结果是一致的。

第3节 轴向拉（压）杆横截面上的应力

在相同材料的情况下，判断一根拉杆或压杆的危险程度，不仅要考虑其轴力的大小，还要考虑该杆的粗细，也就是说仅求出横截面上的内力，仍不能解决杆件的强度问题，还需进一步计算截面上的应力。

要确定拉（压）杆横截面上任意一点的应力，首先要弄清内力在该截面上的分布规律。而力是不容易观察的，比较容易观察的是变形，因此我们可以通过观察杆的变形规律来推测内力的分布规律。我们见到的弹簧称就是这方面的例子，用弹簧称重看到的是弹簧的变形，但表面上是将变形量换算成重量。

一、实验研究拉（压）杆的变形

加力前在杆的表面上画横向线 1—1 和 2—2，纵向线 3—3，4—4，见图 7-5（a）。加力后，横向线发生平移。由原来位置变到 1′—1′和 2′—2′；纵向线变形的程度都相同，变形后的横向线与纵向线仍然垂直。根据材料连续性和均匀性假定，可由表及里推测横截面上各点也发生了与横向线相同的位移，即变形前原为平面的横截面，变形后仍保持为平面且仍垂直于轴线，只是横截面之间发生了相对平移，这就是拉（压）变形的**平面假定**。根据平面假定，拉（压）杆两横截面之间的所有纵向线段的变形程度都相同，且与横截面垂直。

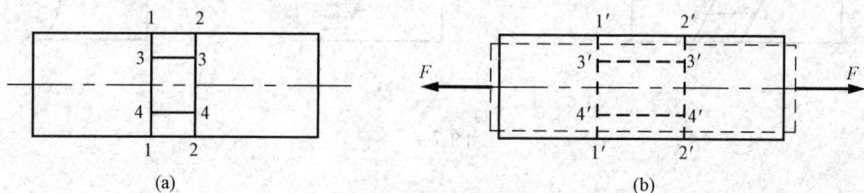

图 7-5

二、拉（压）杆横截面上的应力分布规律及应力的计算公式

假定构件是由众多的纤维构成的纤维束，由上述实验可知，构件中各纤维的变形量相等。有材料的均匀性假定可知，构件中各纤维都有相同的力学性能。由以上两点可以得出：横截面上的各点的应力都是相同的。进一步研究还表明，正应力 σ 与线段的伸长或缩短变形有关，切应力 τ 与直角的改变有关。纵向线段与横截面间的直角不变。故横截面上没有切应力 τ，而只有正应力 σ。

由截面法求出的内力 F_N 实际上是横截面上内力的合力，因此有

$$F_N = \int_A \sigma dA = \sigma \int_A dA = \sigma A$$

所以

$$\sigma = \frac{F_N}{A} \tag{7-1}$$

式中　F_N——轴力；

　　A——横截面积。

这就是拉（压）杆横截面上正应力计算公式。

【例 7 - 2】　计算 ［例 7 - 1］ 中钢缆的最大正应力。已知 $\gamma = 76.9\text{kN/m}^3$，$l = 100\text{m}$。

解　因为杆的横截面积 A 为常数，故最大正应力发生在轴力最大的横截面上，即钢缆最上端的截面。由图 7 - 4（d）可知，

$$F_{\text{Nmax}} = \gamma A l$$

故

$$\sigma_{\max} = \frac{F_{\text{Nmax}}}{A} = \gamma l = 7.69\text{MPa}$$

第 4 节　轴向拉（压）杆斜截面上的应力

为了研究轴向拉（压）杆的各种破坏现象，必须弄清不同截面上的应力。研究方法与上一节类似。见图 7 - 6（a），在杆的表面画平行斜线 1—1 和 2—2，以及一些纵向线段，由表面变形推知内部变形，再由变形推知应力分布。前面已说过，所有纵向线段的变形程度相同，因而可推知斜面上的各点的应力 p_α 相同，见图 7 - 6（b）。再由平衡条件得到

$$F_N = F = p_\alpha A_\alpha$$

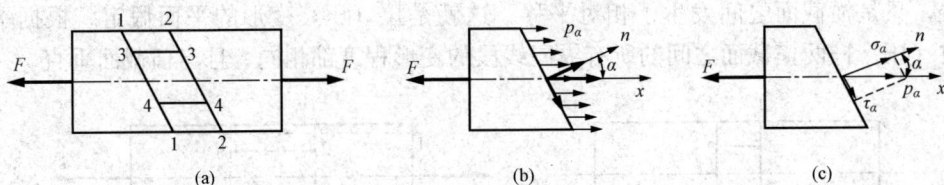

图 7 - 6

这里 A_α 为斜截面面积，$A_\alpha = A/\cos\alpha$，代入上式得到

$$p_\alpha = \frac{F_N}{A_\alpha} = \frac{F_N}{A}\cos\alpha = \sigma\cos\alpha \tag{7 - 2}$$

为便于应用，将总应力 p_α 分解为正应力 σ_α 和切应力 τ_α，由图 7 - 6（c）可知，

$$\sigma_\alpha = p_\alpha\cos\alpha = \sigma\cos^2\alpha \tag{7 - 3}$$

$$\tau_\alpha = p_\alpha\sin\alpha = \frac{1}{2}\sigma\sin2\alpha \tag{7 - 4}$$

由式（7 - 2）～式（7 - 4）可以看到，p_α、σ_α、τ_α 均为 α 的函数，也就是说，斜截面的方位不同，截面上的应力也就不同。最大应力对分析构件的应力状态很有用。

当 $\alpha = 0$ 时，　　　　　　　　　$\sigma_{\max} = \sigma$，$\tau_\alpha = 0$

即最大正应力发生在横截面上，$\sigma_{\max} = \sigma$，该截面上的切应力为零。

当 $\alpha = \pm 45°$ 时，　　　　　　　$|\tau_{\max}| = \frac{1}{2}\sigma$，$\sigma_\alpha = \frac{1}{2}\sigma$

即最大切应力发生在与轴线成 $45°$ 的斜截面上，$|\tau_{\max}| = \frac{1}{2}\sigma$，该斜面上的正应力也等于横截面上的正应力的一半。

当 $\alpha = 90°$ 时，$\sigma_\alpha = \tau_\alpha = 0$，这表示在平行于杆件轴线的纵向截面上无任何应力。

第5节 低碳钢的力学性质

在对构件进行强度分析时，除了计算应力外，还应该知道构成该构件材料的力学性能。材料的**力学性能**也称为**机械性质**，它是指材料在外力作用下所表现出的变形和破坏等方面的特性。研究材料的力学性质不仅是强度、刚度和稳定性计算的一个重要组成部分，也是指导研制新材料和制定加工工艺技术指标的必要工作。

工程中所采用的材料的品种规格很多，这里只介绍工程中广泛使用的，力学性质比较典型的几种材料。

构件在外力作用下产生多种变形，因此应当研究不同变形形式下材料的力学性质。轴向拉伸和压缩时的材料力学性质是基本的性质。影响材料力学性质的外部因素还有很多，如加载速度、温度等。研究材料力学性质的主要方法是试验，本节将着重介绍材料在常温、静载条件下的力学性质。

一、低碳钢及其试件

钢是主要由铁和碳两种元素组成的材料。通常将含碳量小于 0.3% 的钢叫做低碳钢，又称为软钢，它是一种广泛使用的且力学性质很有代表性的材料。

为了便于比较试验结果，将试验材料按国家标准做成标准试件。用于低碳钢试验的试件形状如图 7-7 所示。图 7-7（a）为拉伸试验的试件，在其中间等直部分，取出长为 l 的一段作为工作段，l 称为标距。标距 l 与横截面直径 d 有两种比例：$l=10d$ 和 $l=5d$。

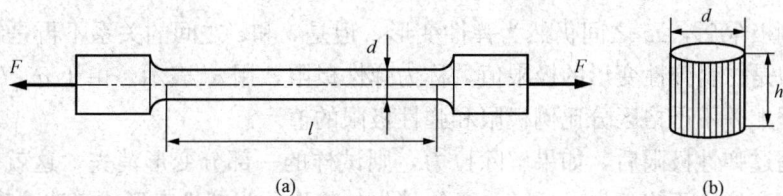

图 7-7

图 7-7（b）所示为压缩试验的试件，通常取 h/d 为 1~3。

二、低碳钢在拉伸时的力学性质

将试样装在试验机上，随着拉力 F 的缓慢增大，标距 l 的伸长量 Δl 也不断增加，记录不同时刻的 F 值和相应的值 Δl，以 Δl 为横坐标，F 为纵坐标作一曲线，称为拉伸曲线，见图 7-8，它表示了拉伸试验过程中 F 和 Δl 的关系，也称为 $F\text{-}\Delta l$ 曲线。

拉伸图与试件的尺寸有关，为消除尺寸的影响，将轴向拉力 F 除以试件横截面的原始面积 A，得到横截面上的正应力 $\sigma=\dfrac{F}{A}$；同时，将伸长量 Δl 除以标距原始长度 l，得工作段内平均应变 $\varepsilon=\dfrac{\Delta l}{l}$。以 ε 为横坐标，σ 为纵坐标，得到应力—应变的关系曲线，称为应力—应变图或者 $\sigma\text{-}\varepsilon$ 曲线，见图 7-9。从应力—应变图可以得到低碳钢有如下性质。

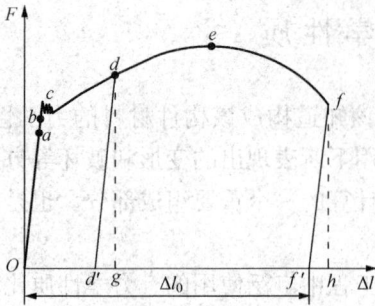

图 7-8

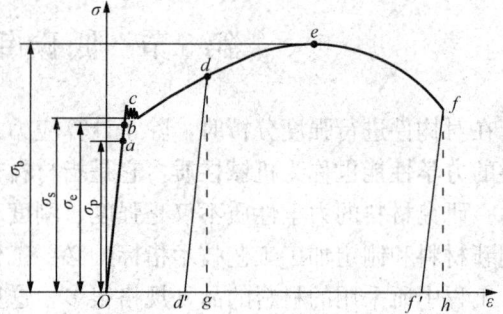

图 7-9

1. 弹性阶段

即图 7-9 中的 Oa 段，又称为比例阶段。在这个阶段内，变形是弹性的，且 σ 与 ε 成正比关系，即

$$\sigma = E\varepsilon \tag{7-5}$$

这就是拉伸（压缩）的胡克定律。比例常数 E 与材料的性质有关，称为**弹性模量**。因为 ε 的量纲为一，因此 E 的量纲与 σ 相同，通常用 GPa（$1\text{GPa}=10^9\text{Pa}$）表示。由式（7-5）可以看出，$E = \dfrac{\sigma}{\varepsilon} = \tan\alpha$ 正是直线 Oa 的斜率。直线 Oa 的最高点 a 所对应的应力称为比例极限，用 σ_p 表示。当应力低于比例极限 σ_p 时，应力应变成正比，材料服从胡克定律，这时的材料是线弹性的。

超过比例极限后，ab 之间仍然为弹性变形，但是 σ 和 ε 之间的关系不再是线性的。b 点所对应的应力是材料弹性变形的极限值，称为弹性极限，用 σ_e 表示。由于 a、b 两点非常接近，所以工程上并不严格区分比例极限和弹性极限的值。

当应力超过弹性极限后，如果解除拉力，则试样的一部分变形消失，这就是**弹性变形**。试件的一部分变形则不能消失，这部分不能消失的变形称为**塑性变形**或者**残余变形**。

2. 屈服阶段

当应力超过 b 点并增加到某一数值时，应变有显著的增加，而应力则在一个小范围内波动，在应力应变图上形成接近水平线的锯齿形线段。这种应力基本保持不变而应变显著增加的现象称为**屈服**或**流动**，这个阶段称为屈服阶段。在屈服阶段内的应力值出现波动，出现最高应力和最低应力，分别称为**上屈服极限**和**下屈服极限**。一般来说，上屈服极限和试样形状以及加载速率有关，因此不太稳定，而下屈服极限有比较稳定的值，能反映材料的力学性能，通常将它称为屈服极限，记为 σ_s。屈服表明材料发生了显著的塑性变形，将影响构件的正常工作，因此，屈服极限 σ_s 是衡量材料强度的重要指标。

深入的研究表明，屈服现象与 45° 斜面上的最大切应力有关。

3. 强化阶段

经过屈服阶段后，材料又恢复了抵抗变形的能力，要使它继续变形必须增加拉力，这种现象称为材料的强化。在应力—应变图上，对应于屈服阶段以后的那一段单调递增的曲线，称为强化阶段。强化阶段终点也就是应力应变图最高点 e，e 点所对应的应力是材料所能够承受的最大应力，称为强度极限或者抗拉强度，用 σ_b 表示，它是衡量材料强度的又一重要指标。

4. 局部变形阶段

当应力达到强度极限后，在试件的某一局部，横向尺寸急剧减小，形成了颈缩现象（图 7-10）。由于颈缩部分的横截面积迅速减小，使试件继续伸长所需的拉力也相应减小，形成了 σ-ε 图上 σ 递减的 ef 段，在 f 点，试件将被拉断。

由以上看到，低碳钢拉伸试验时其 σ-ε 图有四个阶段：弹性（比例）阶段，屈服阶段，强化阶段和局部变形阶段，其中比例阶段就是胡克定律适用的阶段。有四个极限应力，也就是表征各阶段控制点的应力：比例极限 σ_p，弹性极限 σ_e，屈服极限 σ_s 和强度极限 σ_b。其中 σ_s 和 σ_b 和材料的强度有关，称为强度指标。低碳钢极限应力的约值是

$$\sigma_p \approx 200\text{MPa}$$
$$\sigma_s = 240 \sim 260\text{MPa}$$
$$\sigma_b = 380 \sim 420\text{MPa}$$

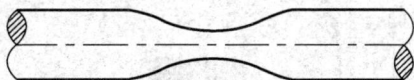

图 7-10

5. 伸长率和断面收缩率

试件拉断后，弹性变形消失，塑性变形仍然保留。试件的标距由 l 变为 l_1。用百分比表示的比值

$$\delta = \frac{l_1 - l}{l} \times 100\% \tag{7-6}$$

式中　δ——**伸长率**（或延伸率）。

设 A 为试件原始横截面积，A_1 为试样拉断后颈缩处的最小横截面积，用百分比表示比值

$$\psi = \frac{A - A_1}{A} \times 100\% \tag{7-7}$$

式中　ψ——**截面收缩率**。

δ 和 ψ 是衡量材料塑性的两个指标，其值大表示材料的塑性好，其值小表示塑性差。工程上通常按伸长率的大小将材料分为两类，将 $\delta \geqslant 5\%$ 的材料称为塑性材料，将 $\delta < 5\%$ 的材料称为脆性材料。低碳钢塑性指标的约值是 $\delta = 20\% \sim 30\%$，$\psi \approx 60\%$。可见低碳钢有很好的塑性性能。

6. 卸载定律及冷作硬化

在弹性阶段若卸载，σ-ε 图将沿着 aO 方向回到 O 点，也就是卸载时应力—应变成线性关系。

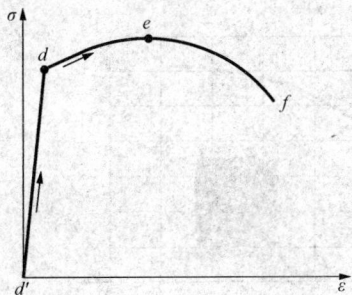

当试件发生塑性变形后再卸载，例如在图 7-9 中，加载至 d 点再卸载，应力—应变关系将按 dd' 的规律变化，斜直线 dd' 近似地平行于 Oa。这说明，卸载时应力—应变总是遵循直线变化规律，这就是**卸载定律**。拉力完全卸除后，图 7-9 中 $d'g$ 表示消失了的弹性变形，Od' 表示不消失的塑性变形。

在拉伸试验时，若加载到强化阶段卸载，在短期内再次加载，则应力—应变曲线将沿着 d'-d-e-f 的顺序变化。特别注意到再次加载时（再次加载时的 σ-ε 图另用图 7-11

图 7-11

表示），在 d 点以前材料的变形是弹性的，d 点之后才出现塑性变形，这相当于提高了材料的比例极限（弹性极限）和屈服极限，但降低了伸长率。这种将材料预加载超过塑性变形，然后卸载，使材料的强度提高而塑性降低的现象称为**冷作硬化**。冷作硬化现象可以经过退火处理来消除。

　　建筑用钢筋通过冷拉加工提高强度就是冷作硬化现象的应用。但冷作硬化使塑性降低会造成加工困难，容易产生裂纹，应安排退火工序以消除其影响。

三、低碳钢在压缩时的力学性质

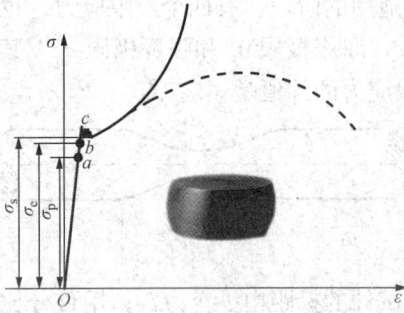

图 7 - 12

　　低碳钢压缩时的 σ-ε 图见图 7 - 12，图中虚线为拉伸时的 σ-ε 曲线。由试验得到：低碳钢压缩时的弹性模量 E，比例极限 σ_p 和屈服极限 σ_s 都与拉伸时的值相同。屈服阶段后，试件变得短而粗，抗压能力不断增大，无法测得压缩时的强度极限。比较低碳钢的拉压试验可知，由于可以从拉伸试验获得压缩时的主要性质，所以不一定要做压缩试验。

第 6 节　铸铁的力学性质

　　灰口铸铁拉伸时的 σ-ε 关系是一段微弯的曲线，没有明显的直线部分，没有屈服和颈缩现象，见图 7 - 13。断裂时的应力比较小，伸长率也很小，约为 0.4%。所以灰口铸铁是一种典型的脆性材料。

　　灰口铸铁的 σ-ε 曲线虽然没有明显的直线部分，但在应力较低时，可近似地认为服从胡克定律，并以割线的斜率作为它的弹性模量 E。

　　铸铁拉断时的最大应力就是其强度极限 σ_b，因为没有屈服现象，所以强度极限 σ_b 是衡量铸铁强度的唯一指标。

　　灰口铸铁压缩时的 σ-ε 关系见图 7 - 14。试件在变形很小时突然破坏，破坏断面与试件轴线大约成 $35°\sim45°$ 的倾角，表明试样沿斜截面相对错动而破坏。强度极限 σ_b 是其唯一的强度指标。

　　灰口铸铁拉伸时 $\sigma_b=98\sim390\text{MPa}$，压缩时 $\sigma_b=640\sim1300\text{MPa}$。铸铁的压缩强度极限比拉伸强度极限高 $4\sim5$ 倍，故宜用作受压构件。

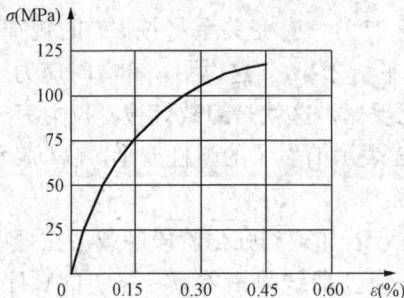

图 7 - 13

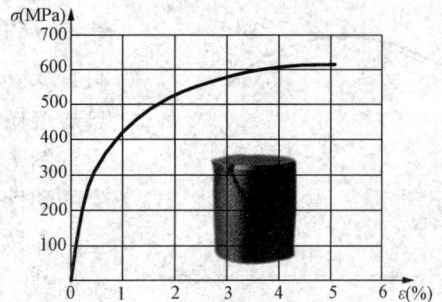

图 7 - 14

第7节　轴向拉（压）杆的强度计算

一、许用应力和安全系数

对于由塑性材料制成的构件，在被拉断之前出现塑性变形，因为不能保持原有的形状和尺寸而不能正常工作。脆性材料制成的构件，在拉力作用下出现很小的变形即被拉断。通常将塑性材料的塑性屈服和脆性材料的断裂统称为材料的失效，这些失效问题都是因为强度不足造成的。

如果将材料失效时的极限应力用 σ_u 来表示，脆性材料断裂时的应力为强度极限 σ_b，塑性材料达到屈服时的应力是屈服极限 σ_s。构件在载荷作用下实际产生的应力称为工作应力。为了保证构件在工作时有足够的强度，在载荷作用下构件的工作应力 σ 应低于极限应力。因此，对不同材料制成的构件的工作应力都规定了一个容许的值，称为材料的许用应力。许用应力是在实验的基础上确定的，常常用极限应力除以一个大于1的因数而得到。许用正应力记为 $[\sigma]$，即

$$[\sigma]=\frac{\sigma_u}{n}=\begin{cases}\dfrac{\sigma_s}{n_s} & \text{塑性材料}\\[2mm]\dfrac{\sigma_b}{n_b} & \text{脆性材料}\end{cases} \tag{7-8}$$

式中　n_s，n_b——大于1的常数，称为安全系数。

二、拉（压）强度条件

为了能使构件正常工作，即不发生破坏的条件是：构件内最大工作应力不得超过材料的许用应力。对于拉（压）杆，其强度条件是

$$\sigma_{max}=\frac{F_{Nmax}}{A}\leqslant[\sigma] \tag{7-9}$$

根据强度条件式（7-9），可以解决以下三类强度计算问题：

（1）强度校核：已知杆的尺寸、载荷以及材料的许用应力，验算杆件是否满足强度要求。

（2）设计截面：已知载荷及材料的许用应力，确定杆的最小横截面积。即

$$A\geqslant\frac{F_{Nmax}}{[\sigma]}$$

（3）确定许可载荷：已知杆的横截面积和材料的许用应力，确定许可载荷。即

$$F_{Nmax}\leqslant[\sigma]\cdot A$$

【例7-3】 有一高度 $l=24$m 的正方形截面等直石柱，横截面边长为 1.5m，其顶部受轴向载荷 $F=1000$kN，见图7-15（a）。已知材料的容重 $\gamma=23$kN/m³，许用应力 $[\sigma]=1$MPa，试校核石柱的强度。

解　（1）计算石柱的轴力，如图7-15（b）所示就是分离体，由分离体的平衡条

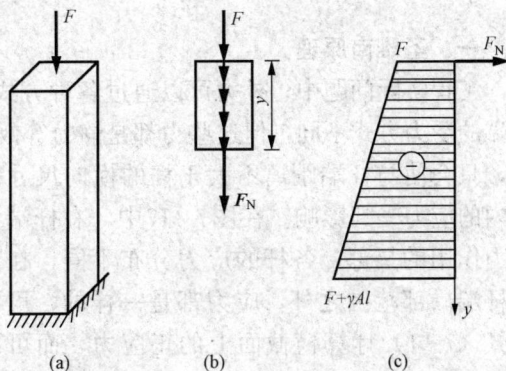

图7-15

件得

$$F_N = -(F + \gamma A y)(\text{压力})$$

这里 A 为横截面面积。图 7-15（c）所示就是该石柱的轴力图，由此看到，最大轴力 $F_{N\max}$ 发生在石柱的底面上，其值为 $F_{N\max} = F + \gamma A l$（压力）。

（2）校核强度。应用强度条件

$$\sigma_{\max} = \frac{F_{N\max}}{A} = \frac{F}{A} + \gamma l = \frac{1000 \times 10^3}{1.5^2} + 23 \times 10^3 \times 24$$

$$= 0.996 \times 10^6 \text{Pa} = 0.996 \text{MPa} < [\sigma]$$

故强度满足。

【例 7-4】 结构如图 7-16（a）所示。在节点 B 受铅垂载荷 F 作用。钢杆 AB 的横截面积 $A_1 = 600 \text{mm}^2$，许用应力 $[\sigma]_{钢} = 160 \text{MPa}$；木杆 BC 的横截面面积 $A_2 = 1000 \text{mm}^2$，许用应力 $[\sigma]_{木} = 7 \text{MPa}$。试确定该结构的许可载荷 $[F]$。

解 计算两杆的轴力。取点 B 为研究对象，受力情况如图 7-16（b）所示，列平衡方程

$$\sum F_x = 0, \quad -F_{N1}\cos 30° + F_{N2} = 0$$

$$\sum F_y = 0, \quad F_{N1}\sin 30° - F = 0$$

由此解出 AB 和 BC 两杆的轴力为

$$F_{N1} = 2F$$

$$F_{N2} = \sqrt{3}F$$

应用强度条件，对于 AB 杆，有

$$\sigma_1 = \frac{F_{N1}}{A_1} = \frac{2F}{600 \times 10^{-6}} \leqslant 160 \times 10^6 \text{Pa}$$

所以 $F \leqslant 48 \times 10^3 \text{N}$

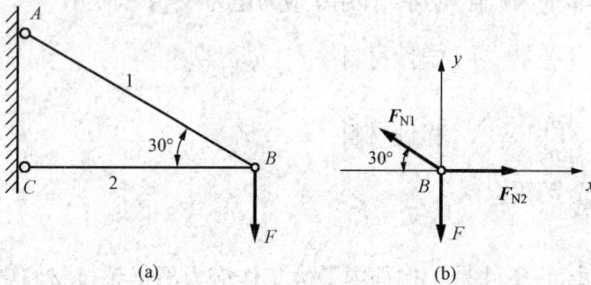

图 7-16

对于 BC 杆有

$$\sigma_2 = \frac{F_{N2}}{A_2} = \frac{\sqrt{3}F}{1000 \times 10^{-6}} \leqslant 7 \times 10^6 \text{Pa}$$

所以 $F \leqslant 4.04 \times 10^3 \text{N}$

故三角架的许可载荷为 $[F] = 4.04 \text{kN}$。

第 8 节　圣维南原理和应力集中

一、圣维南原理

工程实际问题中，外力可以通过各种方式作用于构件上。图 7-17 所示为同样的拉杆，右端的受力方式不同，但这些力都是静力等效的。圣维南原理指出：力作用于杆端方式的不同，只会使与杆端距离不大于杆的横向尺寸范围内的应力受到影响。在图 7-17 中，右杆端只在力作用的局部，各杆的应力分布不同，在离开杆端局部范围之外，应力都是一样的，可以按式（7-1）计算横截面上的正应力，而可以不考虑力的作用方式。

图 7-17

二、应力集中

根据实际需要，有时要在构件上钻钮、开槽等，这就引起构件横截面尺寸的突然改变。这样的杆在轴向拉（压）时，在截面突然变化的部位，横截面上的正应力不再均匀分布，应力局部增大，而离开该部位稍远的地方应力又趋于均匀。这种由于截面尺寸突然改变而引起应力局部增大的现象称为**应力集中**，见图 7 - 18 (a)、(b)、(c)，应力集中的程度用理论应力集中系数 α_k 表示

$$\alpha_k = \frac{\sigma_{\max}}{\sigma_m} \qquad (7 - 10)$$

式中 $\sigma_{\max}$——1—1 截面上的最大应力；

σ_m——该截面上的平均应力。

构件在拉压、扭转和弯曲时有不同的 α_k 值，可从有关手册中查到。应力集中对构件的强度是不利的，应采取措施，避免使构件的截面尺寸发生突然变化，或者使变化平缓；尽可能将必要的孔和槽布置在低应力区内。

静载和动载下应力集中的影响不同。各种材料对应力集中的敏感程度也不同。静载作用下，塑性材料的塑性变形使应力重新分布而趋于均匀，能减少应力集中的影响，见图 7 - 18 (d)，因此对塑性材料，可以不考虑应力集中的影响；对于内部组织不均匀的脆性材料，像铸铁，其内部存在大量的杂质、缺陷等，组织不均匀和缺陷使得材料本

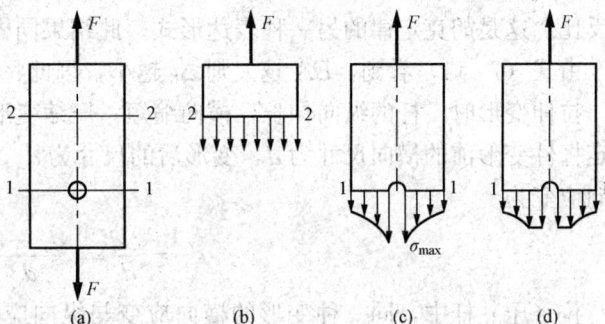

图 7 - 18

身就存在严重的应力集中，而构件外形改变所引起的应力集中反而是次要的，也可以不考虑应力集中；但对于组织均匀的脆性材料，当 $\sigma_{\max}$ 达到强度极限 σ_b 时。构件将在该处首先开裂，并迅速导致整个构件的断裂，这时必须考虑应力集中的影响。

当构件受到周期性载荷或者受冲击载荷作用时，无论塑性材料还是脆性材料，应力集中对构件的强度均有严重影响，往往是构件破坏的主要根源。具体可查阅相关教材。

第 9 节　轴向拉（压）杆的变形

由实验得到拉（压）杆的纵向变形规律：拉伸时纵向尺寸伸长，横向尺寸缩小；压缩时纵向尺寸缩小，横向尺寸增大。

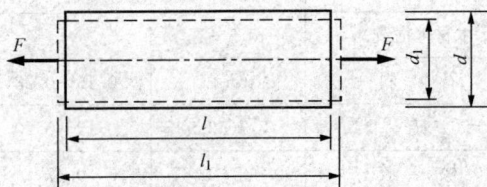

图 7 - 19

假设等直杆原长为 l，横截面面积为 A。在轴向拉力 F 作用下其长度由原来的 l 变化为 l_1（如图 7 - 19 所示），则杆件在轴向方向的伸长量为

$$\Delta l = l_1 - l \qquad (a)$$

因为杆的拉伸变形是均匀的，故任一点的

轴向线应变可用平均值表示，即

$$\varepsilon = \frac{\Delta l}{l} \tag{b}$$

构件横截面上的正应力为

$$\sigma = \frac{F_N}{A} = \frac{F}{A} \tag{c}$$

根据本章第 5 节，当应力不超过材料的比例极限时，应力和应变满足胡克定律，即

$$\sigma = E\varepsilon$$

式中　E——比例常数，称为材料的**弹性模量**，是一个材料常数。

几种常用材料的 E 值见表 7 - 1。

将式（b）、式（c）代入式（7 - 5），得

$$\Delta l = \frac{F_N l}{EA} \tag{7 - 11}$$

即当材料不超过弹性范围内时，其伸长量 Δl 与轴力 F_N 和杆长 l 成正比，与横截面积 A 成反比。这是胡克定律的另一种表达形式。此结果同样适用于轴向压缩。

由式（7 - 11）看到，EA 越大则 Δl 越小，因此将 EA 称为拉（压）杆的刚度。

拉伸变形时，杆的纵向伸长，横向缩短；压缩变形时，杆的纵向缩短，横向伸长。如果假定杆件变形前的横向尺寸为 d，变形后的尺寸为 d_1，因为横向变形也是均匀的，则杆件的横向应变为

$$\varepsilon' = \frac{\Delta d}{d} = \frac{d_1 - d}{d} \tag{d}$$

拉（压）杆中，同一种变形的横向应变与纵向应变符号相反。实验表明，在弹性范围内，同一材料的横向应变与纵向应变之比为一常数，即

$$\left| \frac{\varepsilon'}{\varepsilon} \right| = \mu \tag{7 - 12}$$

或者写成

$$\frac{\varepsilon'}{\varepsilon} = -\mu \tag{7 - 13}$$

式中　μ——**横向变形系数**，也称为**泊松比**，它是一个材料固有的弹性常数，量纲为一。

几种常用材料的 μ 值见表 7 - 1。

表 7 - 1　　　　　　　　　　弹性模量 E 和泊松比 μ 的约值

材　料　名　称	E/GPa	μ	材　料　名　称	E/GPa	μ
碳　　钢	200～220	0.24～0.30	混凝土（100～400 号）	15～36	0.16～0.2
合金钢	200～210	0.25～0.32	木材（顺纹）	9～12	—
灰口铸铁	60～162	0.23～0.27	木材（横纹）	0.5～1	—
球墨铸铁	150～180	0.24～0.27	石　　料	6～9	0.16～0.28
铝及其合金	70～72	0.26～0.36	砖	2.7～3.5	0.12～0.20
钢及其合金	100～110	0.31～0.36	橡　　胶	0.008～0.67	0.47

【例 7-5】 有一正方形截面的阶梯状柱，置于刚性地基上，如图 7-20 所示。已知材料的弹性模量 $E=3\text{GPa}$，$F=50\text{kN}$，试求该柱顶面的位移 δ。

解 该柱顶面的位移等于其缩短量。该柱两段的轴力分别为 $F_{\text{N1}}=50\text{kN}$，$F_{\text{N2}}=150\text{kN}$，则

$$\delta = \Delta l_1 + \Delta l_2 = \frac{F_{\text{N1}} l_1}{EA_1} + \frac{F_{\text{N2}} l_2}{EA_2}$$

$$= \frac{50 \times 10^3 \times 3}{3 \times 10^9 \times 0.2^2} + \frac{150 \times 10^3 \times 4}{3 \times 10^9 \times 0.3^2}$$

$$= 3.47 \times 10^{-3}\text{m} = 3.47\text{mm}$$

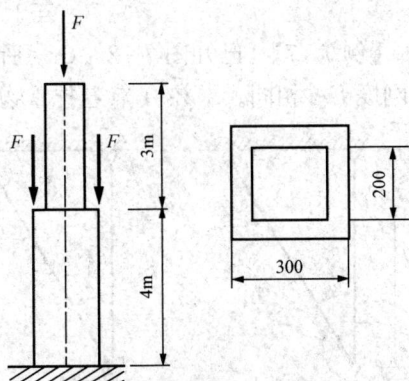

图 7-20

【例 7-6】 图 7-21（a）所示为钢杆 1 和钢杆 2 组成的铰接结构，在节点 A 处悬挂一重物 $F=100\text{kN}$，两钢杆的长度 $l=2\text{m}$，直径 $d=25\text{mm}$，$\alpha=30°$，已知钢的弹性模量 $E=210\text{GPa}$，试求节点 A 的位移 δ_A。

解 （1）计算两杆的轴力。对节点 A 列平衡方程，见图 7-21（b），

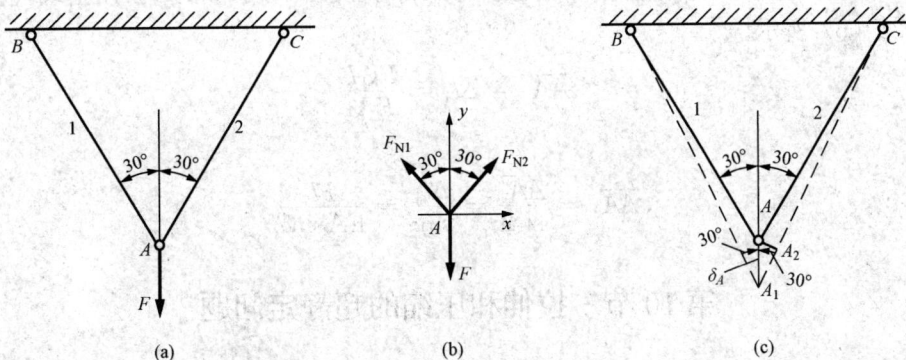

图 7-21

$$\sum F_x = 0, \quad F_{\text{N2}} \sin\alpha - F_{\text{N1}} \sin\alpha = 0$$

$$\sum F_y = 0, \quad F_{\text{N1}} \cos\alpha + F_{\text{N2}} \cos\alpha - F = 0$$

由此解出

$$F_{\text{N1}} = F_{\text{N2}} = \frac{F}{2\cos\alpha}$$

（2）计算两杆的伸长

$$\Delta l_1 = \Delta l_2 = \frac{F_{\text{N1}} l}{EA} = \frac{Fl}{2EA\cos\alpha}$$

（3）求节点 A 的位移 δ_A。由于杆的伸长，使得节点 A 产生向下的位移 δ，它的关系可用图 7-21（c）来说明。CA_1 为变形后的杆长，以 C 为圆心，以 CA 为半径作弧线交 CA_1 于 A_2 点，则 $A_1A_2=\Delta l_2$。对于小变形，可以假定变形后的角度和变形前相等；弧线 AA_2 可以用垂线代替。于是有

$$\delta_A = \overline{AA_1} = \frac{\Delta l_2}{\cos\alpha} = \frac{Fl}{2EA\cos^2\alpha}$$

$$= \frac{100 \times 10^3 \times 2}{2 \times 210 \times 10^9 \times \frac{\pi}{4} \times 25^2 \times 10^{-6} \times \cos^2 30°}$$

$$= 1.29 \times 10^{-3} \text{m} = 1.29 \text{mm}$$

【例 7 - 7】 已知图 7 - 22（a）所示铰接结构中，AB 杆为竖直杆，AC 杆为斜杆，两杆的刚度 EA 相同。求在 A 点悬挂重物 F 后，A 点的位移。

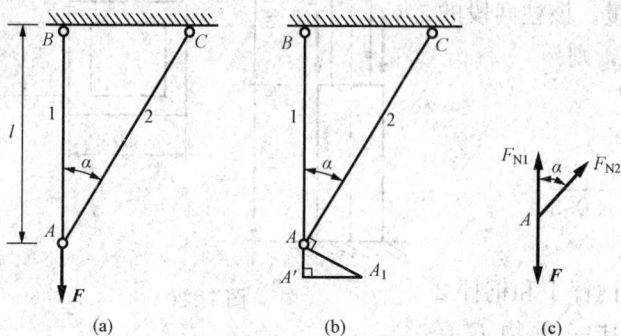

图 7 - 22

解　（1）计算两杆的轴力由节点 A 的平衡条件

$$\sum F_x = 0, \; F_{N2} \sin\alpha = 0$$
$$\sum F_y = 0, \; F_{N1} - F = 0$$

得

$$F_{N2} = 0, \; F_{N1} = F$$

（2）求 A 点的位移。由胡克定律，得

$$\Delta l_1 = \frac{F_{N1} l}{EA} = \frac{Fl}{EA}, \; \Delta l_2 = 0$$

以 B 为圆心，以 $(l+\Delta l_1)$ 为半径画弧。以 C 为圆心，以 AC 为半径画弧，该两圆弧的交点 A_1 就是变形后节点的位置，AA_1 就是节点 A 的位移。对于小变形，用垂线代替弧线，如图 7 - 22（b）所示。

$$\overline{AA'} = \Delta l_1 = \frac{F_{N1} l}{EA}$$

则

$$\overline{AA_1} = \frac{\overline{AA'}}{\sin\alpha} = \frac{\Delta l_1}{\sin\alpha} = \frac{Fl}{EA \sin\alpha}$$

第 10 节　拉伸和压缩的超静定问题

一、超静定的概念

若杆或杆系的内力或支座反力可以由静力平衡方程完全确定，则称为**静定问题**，否则称为**超静定问题**。例如图 7 - 23（a）所示拉（压）杆，其上端悬挂，下端自由。该杆的支座反力只有一个 F_A，见图 7 - 23（b），可以由平衡方程求出 $F_A = F$，进一步可求出轴力。所以图 7 - 23（a）所示的问题是一个静定问题。如果将该杆的下端也固定，如图 7 - 23（c）所示，则支座反力有两个：F_A 和 F_B，见图 7 - 23（d）。但平衡方程只有一个，不能完全解出两个支座反力，故知图 7 - 23（c）所示的问题为超静定问题。未知力的数目比平衡方程的数目多 1，故称为一次超静定问题。依次类推，还有二次、三次等等超静定问题。

二、超静定问题的解法

超静定问题解法的具体步骤如下：

（1）**解除多余约束**。超静定与静定问题的区别在于未知的约束反力（支座反力或内力）比平衡方程数多。将"多余"的约束去掉，可将超静定问题变成静定问题，对于图 7 - 23（c）的超静定杆，若去掉下面支座，则结果见图 7 - 23（e）。

（2）**分析变形协调条件**。B 截面在力 F 和 F_B 的共同作用下，其竖向位移应该为零，即 $\Delta_B = 0$，这就是变形协调条件。

（3）**写出补充方程**。B 截面的位移是在力 F 和 F_B 的共同作用下的位移的叠加。再根据

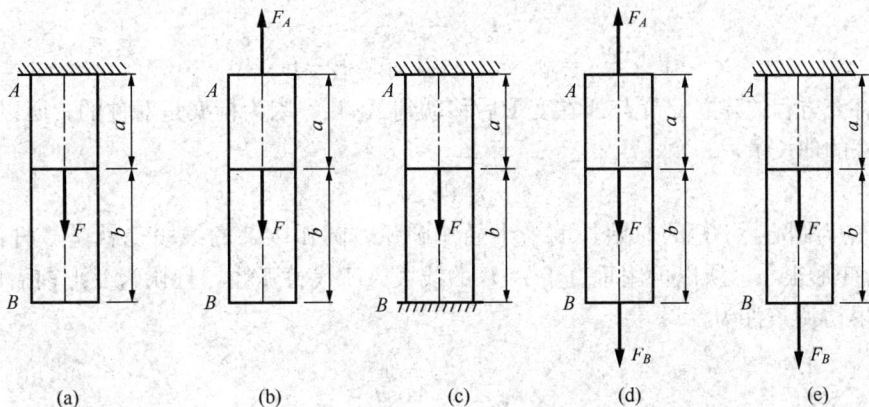

图 7 - 23

变形协调条件，得

$$\Delta_B = \frac{F_B b}{EA} + \frac{(F_B + F)a}{EA} = 0$$

这样，得到了一个关于"多余"未知力的方程，这就是补充方程，它实际上是用力表示的变形协调条件。

（4）**联立补充方程和平衡方程求解**。由补充方程得

$$F_B = \frac{-Fa}{a+b}$$

再由平衡方程可得上端约束反力为

$$F_A = \frac{Fb}{a+b}$$

【例 7 - 8】 三杆铰接结构如图 7 - 24（a）所示。已知 1、2 两杆的抗拉刚度为 $E_1 A_1$，3 杆的抗拉刚度为 $E_3 A_3$。试求各杆的内力。

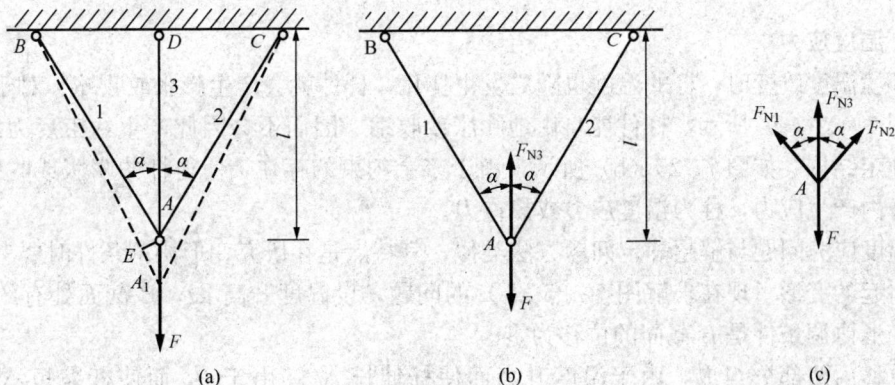

图 7 - 24

解 取节点 A 进行研究。平面汇交力系只有两个平衡方程，但未知内力有三个，所以是一次超静定问题。

（1）节点 A 的静力平衡方程

$$\sum F_x = 0, \quad F_{N1} \sin\alpha - F_{N2} \sin\alpha = 0$$

$$F_{N1} = F_{N2}$$

$$\sum F_y = 0, \quad F_{N3} + 2F_{N2}\cos\alpha - F = 0$$

（2）补充方程的建立。节点 A 在变形后移动到 A_1 点，因为桁架是对称的，所以位移 $\overline{AA_1}$ 也就是 3 杆的伸长量，

$$\delta_A = \Delta l_3$$

以 B 点为圆心，1 杆的原始长度为半径作圆弧，圆弧以外的线段也就是 1 杆的伸长量 Δl_1，因为变形很小，所以可用垂直于 A_1B 的线段 AE 代替弧线，且认为变形前后的角度不变，则变形协调条件为

$$\Delta l_3 = \frac{\Delta l_1}{\cos\alpha}$$

由胡克定律，有

$$\Delta l_3 = \frac{F_{N3}l}{E_3 A_3}, \quad \Delta l_1 = \frac{F_{N1}l}{E_1 A_1 \cos\alpha}$$

再根据变形协调条件，有

$$\frac{F_{N3}l}{E_3 A_3} = \frac{\Delta l_1}{\cos\alpha} = \frac{F_{N1}l}{E_1 A_1 \cos^2\alpha}$$

（3）联立静力平衡方程和补充方程求解，得

$$F_{N3} = \frac{F}{1 + 2\dfrac{E_1 A_1}{E_3 A_3}\cos^3\alpha} = \frac{FE_3 A_3}{2E_1 A_1 \cos^3\alpha + E_3 A_3}$$

$$F_{N1} = F_{N2} = \frac{F}{2\cos\alpha + \dfrac{E_3 A_3}{E_1 A_1 \cos^2\alpha}} = \frac{FE_1 A_1 \cos^2\alpha}{2E_1 A_1 \cos^3\alpha + E_3 A_3}$$

*第 11 节　温度应力和装配应力

一、温度应力

当环境温度改变时，杆的温度也随之发生变化，杆件就会产生膨胀或收缩。对于静定结构，如图 7-25（a）所示，杆件能自由地膨胀或收缩，因而不会因此产生约束反力或内力。对于超静定结构，如图 7-25（b）所示，由于多余约束的存在，使得杆的膨胀或收缩受阻，因而在杆内产生应力，称为**温度应力**或热应力。

解温度应力问题与解超静定问题方法类似，其特点是在研究变形协调条件时要考虑温度改变而引起的变形。现在求解图 7-25（b）的问题，设温度升高 Δt，B 截面处有约束力的存在。变形协调条件是 B 截面的位移为零。

该位移由两部分组成，由于温度升高而使杆伸长 Δl_t；由于 F_B 而使杆缩短 Δl，见图 7-25（d）、（e），于是有

$$\Delta_B = \Delta l_t - \Delta l = 0$$

由胡克定律和物理公式，

$$\Delta l = \frac{F_B l}{EA}$$

$$\Delta l_t = \alpha l \cdot \Delta t$$

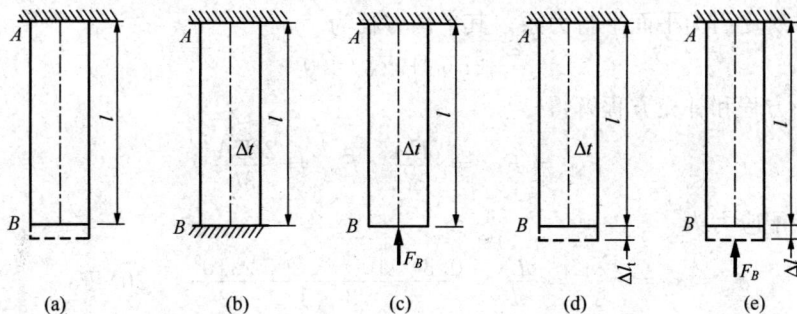

图 7 - 25

由此得到补充方程

$$\alpha l \Delta t - \frac{F_B l}{EA} = 0$$

式中 α——线膨胀系数。

解补充方程得

$$F_B = \alpha EA \Delta t$$

杆中应力是

$$\sigma_t = \alpha E \Delta t$$

若此杆为钢杆，$\alpha = 12.5 \times 10^{-6} \, ℃^{-1}$，$E = 200\text{GPa}$，设 $\Delta t = 30℃$，则温度应力

$$\sigma_t = 12.5 \times 10^{-6} \times 200 \times 10^9 \times 30 = 75 \times 10^6 \text{Pa} = 75\text{MPa}$$

温度应力是工程中不能忽视的问题，必须采取措施防止或减小其影响，铁路钢轨接头的间隙，管道中增加伸缩节就是例子。

二、装配应力

加工构件时，尺寸的微小误差难以避免。对静定结构，这种加工误差只会造成结构几何形状的微小变化，不会引起内力。但在超静定结构中，由于多余约束的存在，构件尺寸的误差造成装配困难，在装配过程中使得结构的某些构件产生变形，因而产生应力，这种应力称为**装配应力**。

装配应力问题的解法与超静定问题的解法类似，其特点是在研究变形协调条件时要考虑尺寸的偏差。

【例 7 - 9】 如图 7 - 26 所示，一刚性构件 B 装在三根平行且间距相等的钢杆上，钢杆长 $l = 1\text{m}$。制作时中间一根杆比设计长度短 $\delta = 0.3\text{mm}$。设各杆的横截面积相等，$A = 100\text{mm}^2$，弹性模量相同 $E = 200\text{GPa}$，试求安装后各杆的装配应力。

解 由题意知，安装后刚性构件受三个平行力作用，但平衡方程只有两个，故为一次超静定。因结构对称，安装后 1，2 两杆缩短 Δl_1，3 杆伸长 Δl_3，显然，Δl_1 和 Δl_3 的绝对值之和为 δ，则变形协调条件为

$$\Delta l_1 + \Delta l_3 = \delta$$

由胡克定律得

$$\Delta l_1 = \frac{F_{N1} l}{EA}, \ \Delta l_3 = \frac{F_{N3} l}{EA}$$

得到补充方程

$$F_{N1} + F_{N3} = \frac{\delta EA}{l}$$

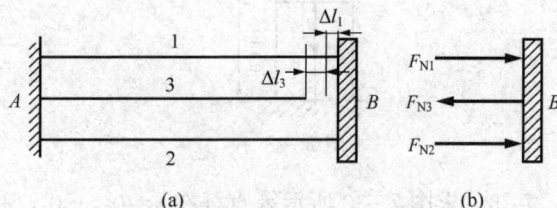

图 7 - 26

刚性构件所受力为平面平行力系，其平衡方程为

$$-2F_{N1} + F_{N3} = 0$$

联立平衡方程和补充方程解得

$$F_{N1} = F_{N2} = \frac{\delta EA}{3l} \quad F_{N3} = \frac{2\delta EA}{3l}$$

各杆的装配应力为

$$\sigma_1 = \sigma_2 = \frac{F_{N1}}{A} = \frac{\delta E}{3l} = \frac{0.3 \times 10^{-3} \times 200 \times 10^9}{3 \times 1} = 20\text{MPa}$$

$$\sigma_3 = \frac{F_{N3}}{A} = \frac{2\delta E}{3l} = 40\text{MPa}$$

<h1 style="text-align:center">习　　题</h1>

7-1　试作图 7-27 所示各杆的轴力图。

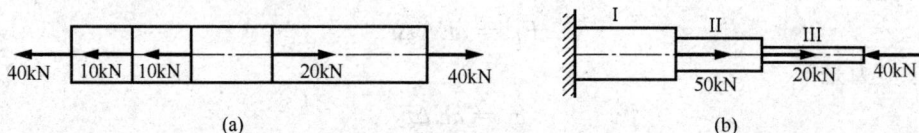

图 7-27

7-2　求图 7-27（b）中所示阶梯状直杆内的最大拉应力和最大压应力，已知截面面积为 $A_I = 400\text{mm}^2$，$A_{II} = 200\text{mm}^2$，$A_{III} = 100\text{mm}^2$。

7-3　横截面面积为 $A = 1000\text{mm}^2$ 的钢柱如图 7-28 所示，已知 $F = 20\text{kN}$，$E = 200\text{GPa}$。试作轴力图并求该柱最下端截面上的正应力。

7-4　一矩形截面直杆，横截面尺寸为 20cm×20cm，$F = 200\text{kN}$，中间部分开槽，尺寸如图 7-29 所示。试求横截面 1—1 和 2—2 上的正应力（单位：cm）。

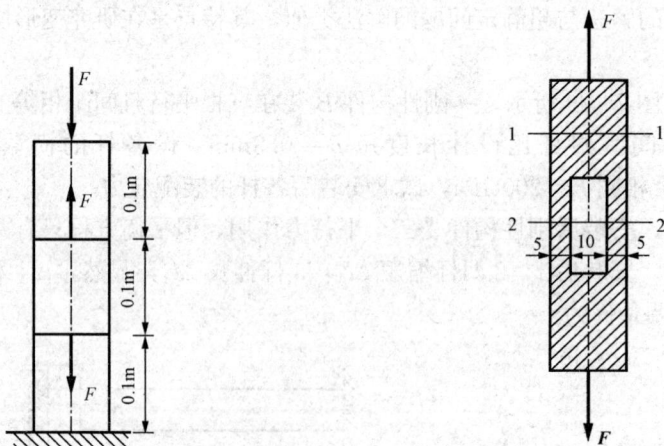

图 7-28

图 7-29

7-5　求图 7-30 所示等直杆在 $\alpha = 0°$，30°，45°，90° 各斜截面上的正应力和切应力。已知杆的横截面面积 $A = 100\text{mm}^2$，$F = 10\text{kN}$。

7-6 一悬臂吊车如图 7-31 所示，已知最大起吊重量 $W=160\text{kN}$，AB 为圆截面钢杆，CD 为刚性杆。$[\sigma]=120\text{MPa}$。试确定 AB 杆的直径 d。

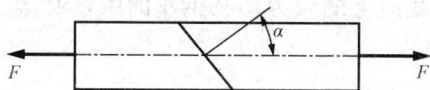

图 7-30

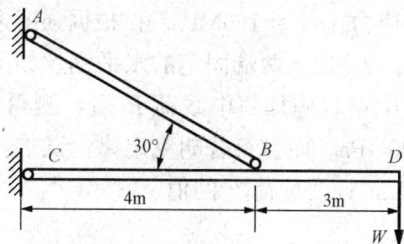

图 7-31

7-7 在图 7-32 所示结构中，BC 为由两个等边角钢焊成的杆件，角钢的许用应力为 $[\sigma]=160\text{MPa}$，试确定等边角钢的号数。

7-8 用钢丝绳起吊重物如图 7-33 所示，若重物的重量为 $W=10\text{kN}$，钢丝绳的直径为 $d=10\text{mm}$，许用应力为 $[\sigma]=160\text{MPa}$，试校核钢丝绳的强度。

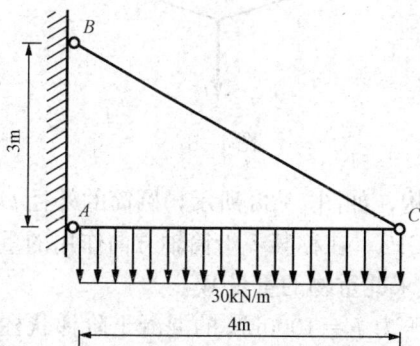

图 7-32

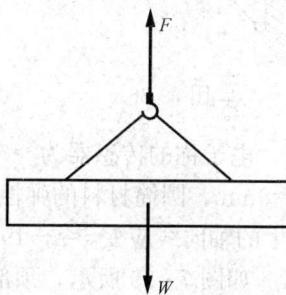

图 7-33

7-9 滑轮结构如图 7-34 所示，AB 为钢材，截面为圆形，直径 $d=60\text{mm}$，许用应力为 $[\sigma]_钢=160\text{MPa}$；BC 杆为木材，截面为正方形，边长 $a=60\text{mm}$，许用应力 $[\sigma]_木=12\text{MPa}$。试确定该结构的许可载荷 $[F]$。

7-10 一起重机如图 7-35 所示，绳索 AB 的横截面积为 500mm^2，材料的许用应力为 $[\sigma]=40\text{MPa}$。试根据绳索 AB 的强度条件，求起重机的许可起吊重量 $[F]$。

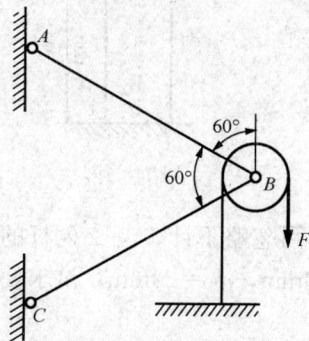

图 7-34

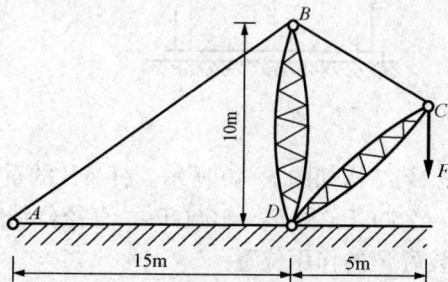

图 7-35

7-11 图 7-36 所示结构，在节点 A 处受到力 F 的作用。设杆 AB 为钢制空心圆管，其外径 $D=60\text{mm}$，内径 $d=48\text{mm}$；杆 AC 也是空心圆管，其内、外径的比值为 $A=0.8$；材料的许

用应力 $[\sigma]$ =160MPa。试根据强度条件求许可载荷 $[F]$，并确定 AC 杆的截面尺寸。

7-12　两端固定的水平钢丝如图 7-37 中虚线所示。已知钢丝的直径 $d=1mm$，当在钢丝中点 C 施加集中载荷 F 后，测得钢丝产生的线应变为 0.15%，钢丝的弹性模量为 $E=200GPa$，而且符合胡克定律，试求：①钢丝横截面上的应力；②钢丝的中点 C 点下降的距离 ΔC；③载荷 F 的值。

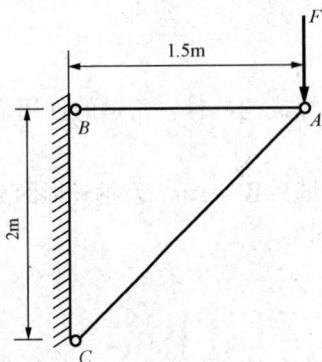

图 7-36

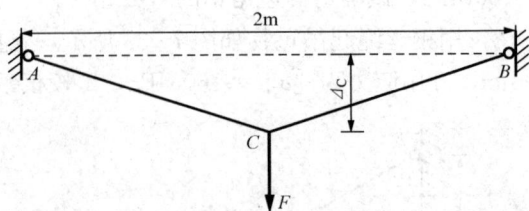

图 7-37

7-13　电子称的传感器为一空心圆筒形结构，如图 7-38 所示，圆筒的外径 $D=80mm$，筒壁厚 $\delta=9mm$，圆筒材料的弹性模量 $E=200GPa$。在称某一沿筒轴方向作用的重物时，测得筒壁产生的轴向线应变 $\varepsilon=-49.8\times10^{-6}$，试求此重物的重量 W。

7-14　如图 7-39 所示，顶部作用有轴向压力 $F=1000kN$ 的混凝土阶梯状柱。已知混凝土的容重 $\gamma=22kN/m^3$，许用压应力 $[\sigma]=2MPa$，弹性模量 $E=20GPa$。试计算该柱上、下两段所应有的截面面积 A_{I}、A_{II} 和立柱顶面的位移。

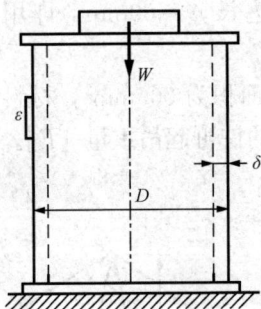

图 7-38

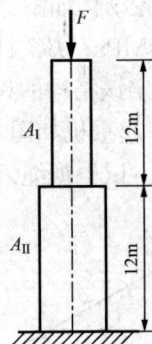

图 7-39

7-15　某结构如图 7-40 所示。杆 AB 的重量及变形可忽略不计。1、2 两杆的弹性模量分别为 $E_1=200GPa$ 和 $E_2=100GPa$，直径分别为 $d_1=10mm$，$d_2=20mm$。试求使杆 AB 保持水平时载荷 F 的作用位置。

7-16　一阶梯状杆如图 7-41 所示，上端固定，下端与刚性底面之间有空隙 $\delta=0.05mm$。上段为铜材，$A_1=50cm^2$，$E_1=100GPa$；下段为钢材，$A_2=30cm^2$，$E_2=200GPa$。试求：①F 值等于多少时，下端空隙刚好消失？②当 $F=80kN$ 时，各段的正应力是多少？

7-17 三根材料 (E, α)、长度 (l)、横截面积 (A) 均相同的杆，组成图 7-42 所示结构。试求当温度降低 40℃时三杆的应力。已知 $l = 500$mm，$A = 100$mm^2，$E = 200$GPa，$\alpha = 12 \times 10^{-6}$℃$^{-1}$。

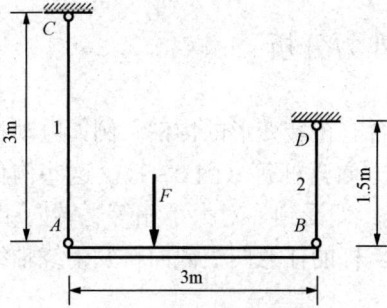

图 7-40

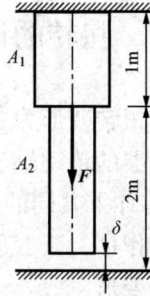

图 7-41

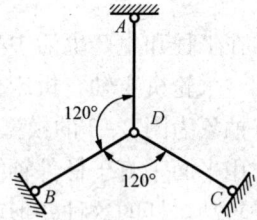

图 7-42

第8章 扭 转

第1节 扭转的概念及外力分析

在工程和生产生活中有许多以扭转变形为主或者包含有扭转变形的构件。例如电动机的主轴、水轮机主轴、机床主轴、机器的传动轴、汽车的方向盘杆等（图8-1）。这些构件均可以抽象为图8-2的模型，它们有如下共同的受力特点：即受到一对大小相等、转向相反，且作用平面垂直于杆件轴线的力偶作用。其变形特点是：杆的任意两横截面将发生绕轴线的相对转动，杆的这种变形就是**扭转变形**。

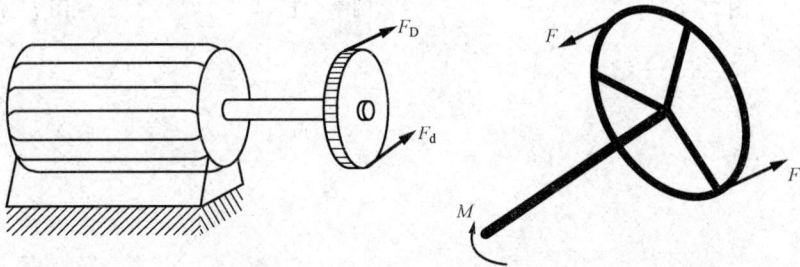

图 8-1

本章主要研究圆截面等直杆的扭转变形问题，这是工程中最为常见的情况，也是扭转变形中最简单的问题。

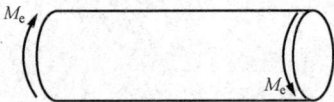

图 8-2

作用在图8-2所示受扭杆上的外力 M_e，在不同的实际问题中，可用不同的方法得到。例如对图8-1中的汽车方向盘杆来说，$M_e = F \cdot d$。但对于许多传动轴，往往只知道轴的转速和其传递的功率，这就需要将这些已知量换算为作用在轴上的外力偶矩 M_e。设以 P 代表功率，单位为千瓦（kW），因为 1kW＝1000N·m/s，所以输入功率 P，就相当于在每秒钟内输入 $1000 \times P$ 的功；若以外力偶矩 M_e 作用于转轴上，以 n 代表转速，单位是转/分（r/min），则外力偶矩 M_e 在每秒钟内所做的功应该为 $2\pi \times \dfrac{n}{60} \times M_e$，即

$$1000P = M_e \cdot \frac{2\pi n}{60} \text{N} \cdot \text{m/s}$$

由此计算得到外力偶矩

$$M_e = 9549 \frac{P}{n} \text{N} \cdot \text{m} \tag{8-1}$$

若功率 P 是以马力（Ps）给出，因为 1 马力＝0.7355 千瓦，由此可换算得到

$$M_e = 7024 \frac{P}{n} \text{N} \cdot \text{m} \tag{8-2}$$

第 2 节　受扭杆件的内力

作用于轴上的所有外力偶矩都求出来以后，就可以用截面法求任意横截面上的内力。如果作用于轴上的外力偶多于两个，也可以和轴向拉伸（压缩）问题中画轴力图一样，可以用图线来表示各横截面上的扭矩沿轴线变化的情况。下面用一个例子来说明扭矩的计算和扭矩图的绘制。

【例 8 - 1】　试求图 8 - 3（a）所示机器传动轴的扭矩，并作扭矩图。已知轴的转速为 $n=960\text{r/min}$，主动轮 A 的功率 $P_A=27.5\text{kW}$，从动轮 B 和 C 的功率分别为 $P_B=20\text{kW}$ 和 $P_C=7.5\text{kW}$。

解　（1）首先计算作用在轴上的外力偶矩，由式（8 - 1）得

$$M_{eA}=9549\times\frac{27.5}{960}=273.5\text{N}\cdot\text{m}$$

$$M_{eB}=9549\times\frac{20}{960}=198.9\text{N}\cdot\text{m}$$

$$M_{eC}=9549\times\frac{7.5}{960}=74.6\text{N}\cdot\text{m}$$

以传动轴为研究对象，见图 8 - 3（b）。

（2）计算传动轴横截面上的内力，用截面法，在 BA 段内，求任意截面 1—1 上的内力。假想地在 1—1 截面处将轴切开，取轴的左半部分研究，由于整个轴是平衡的，所以左段也处于平衡状态，即要求 1—1 截面上的内力系必须构成一个内力偶矩 T_1 和外力偶矩 M_{eB} 相平衡，见图 8 - 3（c）。由平衡条件 $\sum M_x=0$，得

$$T_1=M_{eB}=198.9\text{N}\cdot\text{m}$$

T_1 为 1—1 截面上的扭矩，它是圆杆左右两部分在 1—1 截面上相互作用的分布内力系的合力偶矩。如果取右段作为研究对象，仍然可以求出 $T_1=M_{eA}-M_{eC}=198.9\text{N}\cdot\text{m}$，其方向则与用左段求出的扭矩相反。

为了使无论用左段还是右段所求出的同一截面上的扭矩不但数值相等，而且符号也相同，现将扭矩的符号作如下规定：**如果按右手螺旋法则将扭矩表示为矢量，当矢量的方向与截面的外法线方向一致时，扭矩为正；反之，则为负。**

根据这一规定，上述 1—1 截面上的扭矩无论左段还是右段，其计算结果都为正值。在实际计算中，一般将待求的截面扭矩按照上述规定假定为正方向，再列平衡方程进行计算，则根据计算结果的正负，可以直接判断扭矩的正负。

用同样的方法可求得 AC 段上任意截面

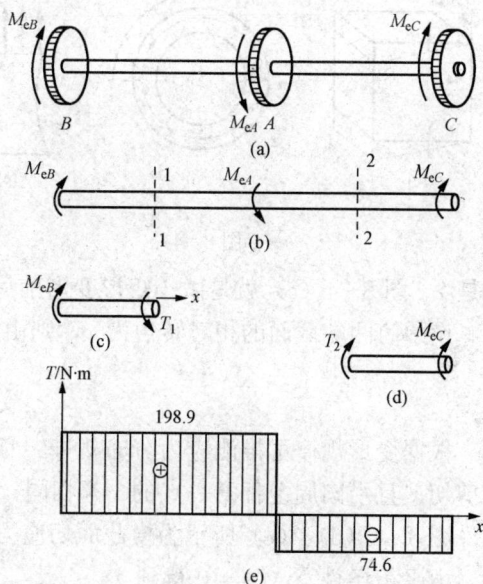

图 8 - 3

2—2 上的扭矩 $T_2 = -M_{eC} = -74.6\mathrm{N \cdot m}$。

（3）扭矩图的绘制。以截面位置 x 为横坐标，以截面的扭矩 T 为纵坐标，将正的扭矩画在坐标轴的上侧，将负的扭矩画在坐标轴的下侧，画曲线如图 8-3（e）所示。扭矩图直观地反映了整个轴的受力情况。

对于同一根圆轴，如果将主动轮 A 安放在轴的一端，例如放在右端，这时，圆轴上的最大扭矩 $T_{max} = 273.5\mathrm{N \cdot m}$，可见，在传动轴上的主动轮和从动轮的安放位置不同，圆轴所承受的最大扭矩也不相同。相比之下，如图 8-3（a）所示的布局更加合理。

第 3 节　薄壁圆筒的扭转，切应力互等定理，剪切胡克定律

薄壁圆筒的扭转是一个最简单的扭转问题。通过本节的学习将进一步了解扭转变形的特点、切应力、切应变以及它们之间的关系。

一、薄壁圆筒的扭转

所谓薄壁圆筒，指的是壁厚 δ 远小于其平均半径 r 的圆筒。图 8-4（a）就是一个长为 l 的薄壁圆筒的扭转问题，由截面法知，该圆筒任一横截面的扭矩 T 均等于 M_e。

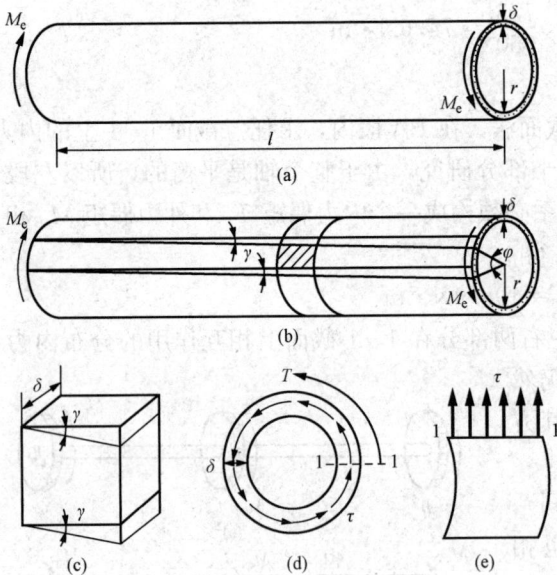

图 8-4

同轴向拉压杆的研究类似，我们从分析变形着手来研究薄壁圆筒的扭转，因为变形规律是可以观察到的。作一个实验：在圆筒表面上画一系列纵向线（母线）和横向线（圆周线），使圆筒产生扭转变形，见图 8-4（b），可观察到如下现象：

各横向线的形状、大小以及它们之间的距离都没有改变，但绕圆筒的轴线相对旋转了不同的角度；各纵向线之间的距离也没有改变，但都倾斜了同一个微小角度 γ。

由横向线和纵向线画出的微小矩形变成了倾角 γ 相同的平行四边形。也就是该矩形块发生了剪切变形，其切应变就是 γ。图 8-4（c）就是微小矩形变形前后的放大图。

设圆筒两端截面的相对转角为 φ，则由图 8-4（b）的几何关系有 $\varphi r = \gamma l$，或者

$$\gamma = \frac{r}{l}\varphi \tag{8-3}$$

根据变形规律可推测应力分布规律：横截面上无正应力 σ，而只有切应力 τ，因此称为纯剪切。且沿圆周上任意一点的 τ 都相同；由于壁很薄，故又可认为切应力沿壁厚 δ 亦无变化。图 8-4（d）、（e）所示为横截面切应力分布图。

由平衡条件 $\sum M_x = 0$ 得到

$$2\pi r\delta \cdot \tau \cdot r = M_e$$

所以有

$$\tau = \frac{M_e}{2\pi r^2 \delta} = \frac{T}{2A\delta} \qquad (8\text{-}4)$$

$$A = \pi r^2$$

式中 A——壁厚的中线所围成的面积。式（8-3）和式（8-4）就是薄壁圆筒扭转时的变形公式和应力公式。

二、切应力互等定理

为讨论方便，现在将图 8-4（c）的微小矩形块放大，假设三个方向的尺寸分别为 δ_1、δ_2 和 δ_3，见图 8-5。前面已分析过，在薄壁圆筒的横截面上有切应力 τ，也就是在微小矩形块左右两个侧面上有切应力 τ。它将组成力偶矩 $(\tau\delta_2\delta_3)\delta_1$ 使矩形块有转动的趋势。由于圆筒处于平衡状态，故矩形块也应平衡，因此只有可能在矩形块的上下侧面上存在力并组成力偶使矩形块平衡。设上下侧面上有切应力 τ'，则由 $\sum M_z = 0$ 得

$$(\tau'\delta_1\delta_3)\delta_2 - (\tau\delta_2\delta_3)\delta_1 = 0$$

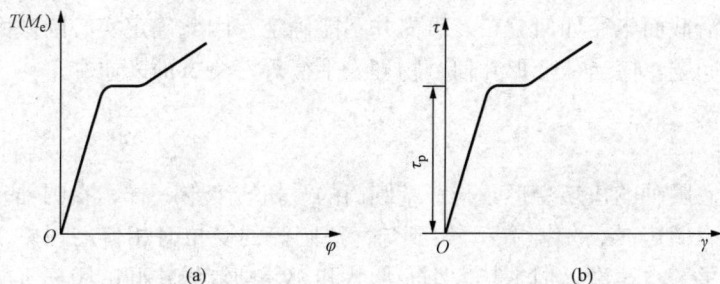

图 8-5

由此得

$$\tau' = \tau \qquad (8\text{-}5)$$

由此看到，作用在受力构件内一点处两个相互垂直平面上的切应力必然成对出现，且数值相等，其方向同时指向或背离两垂直平面的交线。这个规律称为**切应力互等定理**，也称为**切应力双生定理**。

我们利用纯剪切这个特殊问题得到切应力互等定理，其实，当正应力存在时该定理亦成立，因而是一个普遍规律。

三、剪切胡克定律

剪切胡克定律是一个实验结论，它描述了切应力 τ 和切应变 γ 之间的关系。通常可利用薄壁圆筒的扭转实验来获得这个关系。对于像低碳钢这样具有比例阶段的材料制成的薄壁圆筒，试验表明，当切应力不超过材料的剪切比例极限 τ_p 时，扭转角 φ 与扭转力偶矩 T（或 M_e）成正比，见图 8-6（a）。由式（8-3）和式（8-4）看到，切应力 τ 与 $M_e T$ 成正比，而切应变 γ 又与 φ 成正比。所以这个试验结果表明，当切应力不超过材料的比例极限 τ_p 时，切应变 γ 和切应力 τ 成正比 [图 8-6（b）]

$$\tau = G\gamma \qquad (8\text{-}6)$$

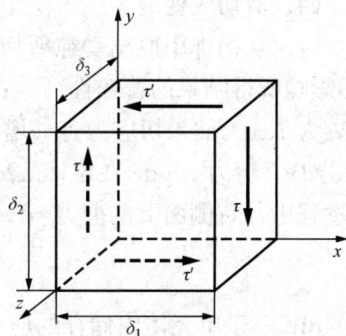

(a)　　　　　　　(b)

图 8-6

这个关系称为**剪切胡克定律**。其中比例常数 G 称为材料的**剪切弹性模量**，其值可由试验决定，因为 γ 的量纲为 1，所以 G 的量纲与应力相同。钢材的 G 值约为 80GPa。

对于各向同性材料，其三个弹性常数 E、G 和 μ 之间存在如下关系，即

$$G = \frac{E}{2(1+\mu)}$$

只要知道三个弹性常数中的任意两个，就可以确定另一个。

四、剪切应变能

设想从构件中取出受纯剪切的单元体 [图 8-4（c）]，并假设单元体的左侧面是固定的（不影响所得结果的普遍性）。右侧面上的剪力为 $\tau \mathrm{d}y\mathrm{d}z$，由于剪切变形，右侧面向下错动的距离为 $\gamma \mathrm{d}x$。如果切应力有一增量 $\mathrm{d}\tau$，切应变的相应增量为 $\mathrm{d}\gamma$，右侧面向下的位移增量应为 $\mathrm{d}\gamma \mathrm{d}x$。剪力 $\tau \mathrm{d}y\mathrm{d}z$ 在位移 $\mathrm{d}\gamma \mathrm{d}x$ 上所做的功为 $\tau \mathrm{d}y\mathrm{d}z \cdot \mathrm{d}\gamma \mathrm{d}x$。在应力从零开始逐渐增加的过程中，右侧面上的剪力 $\tau \mathrm{d}y\mathrm{d}z$ 所做功的总和为

$$\mathrm{d}W = \int_0^{\gamma_1} \tau \mathrm{d}y\mathrm{d}z \cdot \mathrm{d}\gamma \mathrm{d}x$$

$\mathrm{d}W$ 等于单元体内储存的应变能 $\mathrm{d}V_\varepsilon$，即

$$\mathrm{d}V_\varepsilon = \mathrm{d}W = \int_0^{\gamma_1} \tau \mathrm{d}y\mathrm{d}z \cdot \mathrm{d}\gamma \mathrm{d}x = \left(\int_0^{\gamma_1} \tau \mathrm{d}\gamma \right) \mathrm{d}V$$

$$\mathrm{d}V = \mathrm{d}x\mathrm{d}y\mathrm{d}z$$

式中 $\mathrm{d}V$——这个单元体的体积，$\mathrm{d}V = \mathrm{d}x\mathrm{d}y\mathrm{d}z$。

以 $\mathrm{d}V$ 除 $\mathrm{d}V_\varepsilon$ 得到单位体积内的剪切应变能密度，即

$$v_\varepsilon = \frac{\mathrm{d}V_\varepsilon}{\mathrm{d}V} = \int_0^{\gamma_1} \tau \mathrm{d}\gamma \tag{8-7}$$

v_ε 即为 τ-γ 曲线下的面积，在切应力小于剪切比例极限的情况下，τ 与 γ 得关系为一斜直线，则有

$$v_\varepsilon = \frac{1}{2}\tau\gamma$$

根据剪切胡克定律 $\tau = G\gamma$，上式又可以写成

$$v_\varepsilon = \frac{1}{2}\tau\gamma = \frac{\tau^2}{2G} \tag{8-8}$$

第 4 节   圆杆扭转时的应力和变形

可以利用分析薄壁圆筒的应力和变形公式的方法来分析圆杆的扭转问题。但对于实心圆截面杆，切应力沿截面半径如何分布，事先并不能确定。因此确定实心圆截面杆横截面切应力是一个超静定问题，应当从变形几何、物理、平衡等三个方面来研究。

一、应力公式

1. 变形几何关系

为了研究实心圆轴的扭转变形，与薄壁圆筒的受扭转变形一样，在圆轴表面上作圆周线和纵向线，在外力偶矩 M_e 的作用下，得到与薄壁圆筒的受扭时相似的现象。即：各圆周线绕轴线相对旋转了一个角度，但是其大小、形状和相邻圆周线之间的距离不变。在小变形的情况下，变形后的纵向线仍近似地看成是一条直线，只是倾斜了一个微小的角度，变形前表

面上的矩形方格,变形后错动成平行四边形。

根据表面的变形规律,由表及里推测杆内部的变形规律,作如下假定:圆轴扭转变形前原为平面的横截面,在扭转变形后仍为平面,其形状和大小不变,半径仍然保持为直线;且相邻横截面间的距离不变,这就是圆轴扭转的**平面假定**。根据平面假定,在扭转变形中,圆轴的横截面就像刚性圆盘一样绕杆的轴线旋转了一个角度。在圆杆表面(即半径为 r 的圆柱面)所观察到的现象可推广到圆杆内部[即半径为 ρ 的圆柱面上,图 8-7(b)、(c)]。取出一小段圆杆 $\mathrm{d}x$ 来表示上述变形规律,见图 8-7。于是在式(8-3)中,用 $\mathrm{d}x$ 代 l,用 $\mathrm{d}\varphi$ 代 φ,用 ρ 代 r,则得到

$$\gamma_\rho = \rho \frac{\mathrm{d}\varphi}{\mathrm{d}x} \tag{a}$$

γ_ρ 为离圆心为 ρ 处的切应变,该式亦可直接由图 8-7(c)得出。

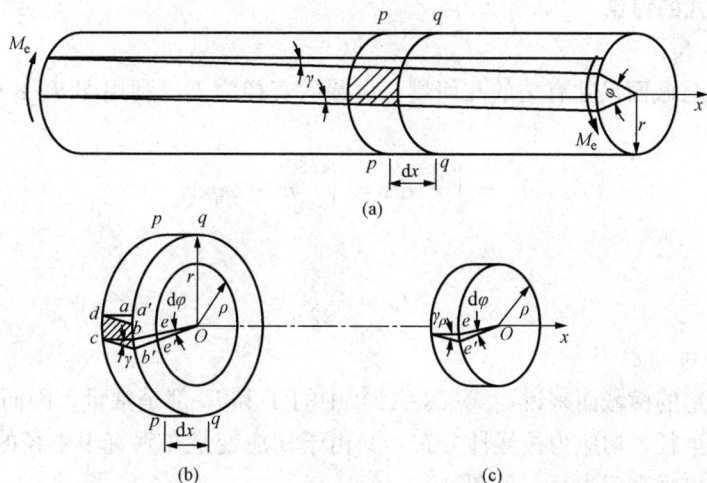

图 8-7

2. 物理关系

以 τ_ρ 表示横截面上距离圆心为 ρ 处的切应力,则由剪切胡克定律有

$$\tau_\rho = G\gamma_\rho$$

将式(a)代入上式得

$$\tau_\rho = G\rho \frac{\mathrm{d}\varphi}{\mathrm{d}x} \tag{b}$$

这就是横截面上离圆心为 ρ 处的切应力计算公式。上式表明,圆轴横截面上任意点的切应力 τ_ρ 与该点到圆心的距离 ρ 成正比,因为 γ_ρ 发生在与半径垂直的平面内,所以 τ_ρ 也与半径垂直。

3. 静力平衡条件

在横截面内,根据极坐标取微分面积 $\mathrm{d}A = \rho\mathrm{d}\theta\mathrm{d}\rho$,$\mathrm{d}A$ 上的微内力 $\tau_\rho\mathrm{d}A$ 对圆心的力矩为 $\rho \cdot \tau_\rho\mathrm{d}A$,在整个横截面上进行积分得到分布内力系对圆心的力矩为 $\int_A \rho\tau_\rho\mathrm{d}A$。横截面上切应力合成的结果就是该截面上的扭矩 T,故有

$$T = \int_A \rho\tau_\rho\mathrm{d}A = G\frac{\mathrm{d}\varphi}{\mathrm{d}x}\int_A \rho^2\mathrm{d}A \tag{c}$$

令

$$I_P = \int_A \rho^2 \, dA \qquad\qquad (d)$$

式中　I_P——截面的**极惯性矩**（也称为截面二次矩）。

式（c）可以写成

$$\frac{d\varphi}{dx} = \frac{T}{GI_P} \qquad\qquad (8-9)$$

从式（b）和式（8-9）中消去 $\dfrac{d\varphi}{dx}$，得

$$\tau_\rho = \frac{T}{I_P}\rho \qquad\qquad (8-10)$$

式（8-9）即为变形（转角）计算公式，式（8-10）即为应力计算公式。

二、应力公式的讨论

1. 极惯性矩 I_P

I_P 是一个仅与截面尺寸有关的几何量，设圆的直径为 D，利用图 8-8 所示，对式（d）求积分得到

$$I_P = \int_A \rho^2 \, dA = \int_0^{D/2} \rho^2 \cdot 2\pi\rho \, d\rho$$

所以

$$I_P = \frac{\pi D^4}{32} \qquad\qquad (8-11)$$

2. 切应力分布

对于一个指定的横截面来说，式（8-10）中的 T 和 I_P 都是常量，因而 τ_ρ 与 ρ 成正比，即沿着横截面的半径，切应力按线性分布。又由于切应变是在垂直于半径的平面内发生的，故切应力的方向也垂直于半径，见图 8-9。

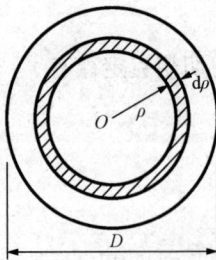

图 8-8

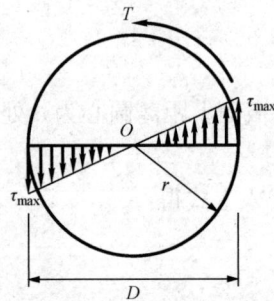

图 8-9

最大切应力发生在横截面的周边上，即发生在 $\rho = r = D/2$ 处。由式（8-10）得

$$\tau_{max} = \frac{T}{I_P} \cdot r$$

令

$$W_t = \frac{I_P}{r} = \frac{\pi D^3}{16} \qquad\qquad (8-12)$$

W_t 称为截面的**抗扭截面模量**，则

$$\tau_{\max} = \frac{T}{W_t} \qquad (8\text{-}13)$$

3. 空心圆截面杆

对于空心圆截面杆，其变形和应力公式的推导过程与实心圆截面杆完全相同，故实心杆的变形和应力公式式（8-9）、式（8-10）、式（8-13）等同样可应用于空心杆。唯一不同的是上述公式中的几何量，见图8-10中 ρ 的范围，因而切应力分布的范围从 $d/2$ 到 $D/2$；空心截面的极惯性矩

$$I_P = \int_A \rho^2 \, \mathrm{d}A = \int_{d/2}^{D/2} \rho^2 \cdot 2\pi \rho \mathrm{d}\rho$$

图 8-10

所以

$$I_P = \frac{\pi}{32}(D^4 - d^4) = \frac{\pi D^4}{32}\left[1 - \left(\frac{d}{D}\right)^4\right] = \frac{\pi D^4}{32}(1 - \alpha^4) \qquad (8\text{-}14)$$

空心截面的抗扭模量

$$W_t = \frac{I_P}{\frac{D}{2}} = \frac{\pi D^3}{16}\left[1 - \left(\frac{d}{D}\right)^4\right] = \frac{\pi D^3}{16}(1 - \alpha^4) \qquad (8\text{-}15)$$

$$\alpha = d/D$$

4. 薄壁圆筒

作为空心圆截面杆的特殊情况，利用公式（8-10），计算如图8-4（a）所示薄壁圆筒的切应力。令 $\rho = r$，并注意到 $\delta \ll r$，有

$$\tau_{\max} = \frac{T}{I_P}r$$

$$I_P = \frac{\pi}{32}(D^4 - d^4) = \frac{\pi}{32}\left[(2r+\delta)^4 - (2r-\delta)^4\right] = \frac{\pi}{2}r\delta(4r^2 + \delta^2) \approx 2\pi r^3 \delta$$

或者直接由定义得到

$$I_P = \int_A \rho^2 \, \mathrm{d}A = \int_0^S r^2 \cdot \delta \mathrm{d}S = r^2 \delta S = r^2 \delta \cdot 2\pi r = 2\pi r^3 \delta$$

故

$$\tau = \frac{T}{2\pi r^3 \delta} \cdot r = \frac{T}{2\pi r^2 \delta}$$

即式（8-4）。

比较实心圆截面杆和空心圆截面杆的切应力分布可知，对于实心杆，当 ρ 很小时切应力很小，该处材料强度没有得到充分利用；而空心杆特别是薄壁圆筒能充分发挥材料的作用，因而可以合理地利用材料。但是如果对直径较小的长轴加工成空心轴，则因为工艺复杂而增加成本，例如车床的光杆就一般采用实心轴。另外，空心轴的体积较大，因而要比实心轴占用更大的空间，而且如果采用太薄的轴壁，还可能在扭转时不能保持稳定性。

三、相对扭转角与单位长度扭转角

由于圆杆在扭转时，其横截面都绕杆轴转动，因此我们计算出的扭转角 φ 是杆的一个截面相对于另一个截面的扭转角。按式（8-9）所得到的是单位长度杆的（相对）扭转角。长度为 l 的杆，其两端截面的相对扭转角是

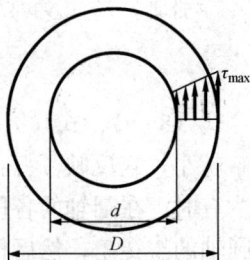

$$\varphi = \int_l \mathrm{d}\varphi = \int_l \frac{T}{GI_\mathrm{P}} \mathrm{d}x \qquad (8\text{-}16)$$

特别地，当 T 为常量时，

$$\varphi = \frac{Tl}{GI_\mathrm{P}} \qquad (8\text{-}17\mathrm{a})$$

式（8-9）、式（8-16）和式（8-17a）中，GI_P 称为杆的**抗扭刚度**，GI_P 越大，则扭转角 φ 越小，它反映了杆抵抗扭转变形的能力。

有时，在圆轴的各段内的 T 并不相同，或者各段的截面尺寸不相同，这时应该分段计算圆轴的扭转角，然后按代数量相加，得到两端截面的相对扭转角

$$\varphi = \sum_{i=1}^{n} \frac{T_i l_i}{GI_{\mathrm{P}i}} \qquad (8\text{-}17\mathrm{b})$$

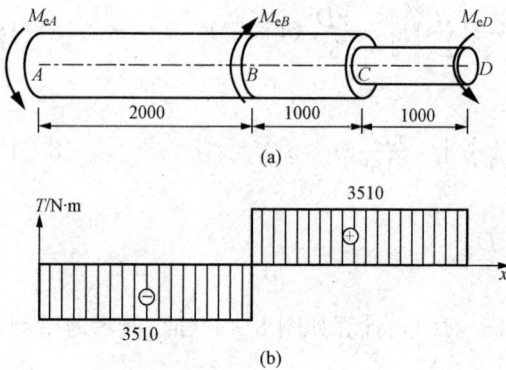

图 8-11

【例 8-2】 如图 8-11（a）所示，AC 为一外径 $D=100\mathrm{mm}$，内径 $d=80\mathrm{mm}$ 的空心圆轴，CD 为一直径为 $d=80\mathrm{mm}$ 的实心圆轴，二者在 C 截面处用键联结。已知外力偶矩 $M_{eA}=3510\mathrm{N\cdot m}$，$M_{eB}=7020\mathrm{N\cdot m}$，$M_{eD}=3510\mathrm{N\cdot m}$，圆轴材料的剪切弹性模量 $G=80\mathrm{GPa}$。不计键槽的影响，计算轴的最大切应力 $\tau_{\max}$、单位长度扭转角的最大值 $\varphi_{\max}$ 以及 D 截面相对于 A 截面的相对扭转角 φ_{DA}。

解　画轴的扭矩图，见图 8-11（b）。

（1）计算几何量：

空心轴　　　$I_\mathrm{P} = \dfrac{\pi \times 100^4}{32} \times \left[1 - \left(\dfrac{80}{100}\right)^4\right] = 5.796 \times 10^6 \mathrm{mm}^4$

$$W_\mathrm{t} = \frac{\pi \times 100^3}{16} \times \left[1 - \left(\frac{80}{100}\right)^4\right] = 0.1159 \times 10^6 \mathrm{mm}^3$$

实心轴　　　$I_\mathrm{P} = \dfrac{\pi \times 80^4}{32} = 4.021 \times 10^6 \mathrm{mm}^4$

$$W_\mathrm{t} = \frac{\pi \times 80^3}{16} = 0.1005 \times 10^6 \mathrm{mm}^3$$

（2）计算切应力：

因为轴的各截面的扭矩绝对值都相等，故 W_t 最小处，也就是实心轴的表面有最大切应力，即

$$\tau_{\max} = \frac{T}{W_\mathrm{t}} = \frac{3510}{0.1005 \times 10^{-3}} = 34.9 \mathrm{MPa}$$

（3）计算相对扭转角：

I_P 最小处，即实心轴上有单位长度扭转角的最大值

$$\varphi_{\max} = \frac{T}{GI_\mathrm{P}} = \frac{3510}{80 \times 10^9 \times 4.021 \times 10^{-6}} = 1.09 \times 10^{-2} \mathrm{rad/m} = 0.625°/\mathrm{m}$$

计算相对扭转角 φ_{DA} 时，应按三段来考虑，即 AB、BC 和 CD 段。取相对扭转角的符号与扭矩的符号相同，计算各段相对扭转角并求其代数和，得

$$\varphi_{DA} = \varphi_{BA} + \varphi_{CB} + \varphi_{DC}$$

$$= -\frac{3510 \times 2}{80 \times 10^9 \times 5.796 \times 10^{-6}} + \frac{3510 \times 1}{80 \times 10^9 \times 5.796 \times 10^{-6}} + \frac{3510 \times 1}{80 \times 10^9 \times 4.021 \times 10^{-6}}$$

$$= (-1.514 + 0.757 + 1.091) \times 10^{-2}$$

$$= 0.334 \times 10^{-2} \, \text{rad}$$

$$= 0.191°$$

第 5 节　圆杆扭转时的强度和刚度计算

一、圆杆扭转时的强度计算

建立圆轴受扭转变形的强度条件。根据轴的受力情况或者由扭矩图，确定横截面上的最大扭矩 T_{max}。对于等截面杆，由式（8-13）求出的最大切应力 τ_{max}（工作应力）不得超过材料的许用切应力 $[\tau]$，即

$$\tau_{max} = \frac{T_{max}}{W_t} \leqslant [\tau] \tag{8-18}$$

式中　$[\tau]$——由材料在扭转时的力学性能来确定。

与轴向拉压杆的强度计算类似，应用圆杆扭转时的强度条件式（8-18）也可解决三类问题：

（1）**强度校核**。计算最大切应力 τ_{max} 与许用切应力 $[\tau]$ 比较，校核是否满足强度条件。

（2）**截面选择**。此时应将式（8-18）写成

$$W_t \geqslant \frac{T_{max}}{[\tau]}$$

（3）**确定许可扭矩**。此时应将式（8-18）写成

$$T_{max} \leqslant W_t [\tau]$$

二、圆杆扭转时的刚度计算

由式（8-17）表示的扭转角与圆轴的长度 l 有关，为了消除长度的影响，用 φ 对 x 的变化率 $\frac{d\varphi}{dx}$ 来表示扭转变形的程度。用 φ' 来表示变化率 $\frac{d\varphi}{dx}$，由式（8-9）得

$$\varphi' = \frac{d\varphi}{dx} = \frac{T}{GI_P} \tag{8-19}$$

φ' 表示相距为单位长度的两截面间的相对扭转角，称为单位长度扭转角，单位为 rad/m。如果圆轴是等截面的，而且在整个圆轴上的 T 相同，则 $\frac{T}{GI_P}$ 为常量，则式（8-19）又可写成

$$\varphi' = \frac{d\varphi}{dx} = \frac{T}{GI_P} = \frac{\varphi}{l} \tag{8-20}$$

圆轴扭转的刚度条件就是限定 φ' 的最大值不超过规定的许可值 $[\varphi']$，即规定

$$\varphi'_{max} = \frac{T_{max}}{GI_P} \leqslant [\varphi'] \tag{8-21}$$

在工程计算中，习惯将 °/m 作为 $[\varphi']$ 的单位，可以将式（8-21）中的弧度换算成度，即

$$\varphi'_{max} = \frac{T_{max}}{GI_P} \times \frac{180}{\pi} \leqslant [\varphi'] °/m \tag{8-22}$$

各种轴类零件的 $[\varphi']$ 值可以从有关规范和手册中查到。应用刚度条件式（8-21）和式

(8-22)，也可解决三类问题，即刚度校核，截面选择和确定许可扭矩。

为了保证杆在扭转时能正常工作，应当既满足强度条件，又满足刚度条件。但对一个具体的圆轴，常常是以某一个方面为主。

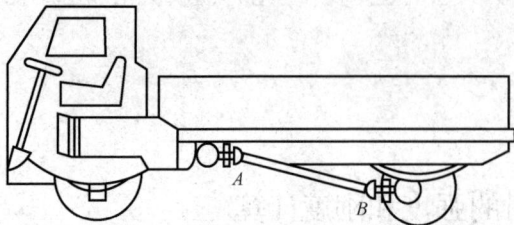

【例 8-3】　图 8-12 所示汽车传动轴 AB，由 45 号钢材的无缝钢管制成，其外径 $D=90\text{mm}$，壁厚 $t=2.5\text{mm}$，最大工作扭矩 $T=1.5\text{kN}\cdot\text{m}$，材料的许用切应力 $[\tau]=60\text{MPa}$。试校核 AB 轴的强度。

图 8-12

解　轴的内径

$$d = D - 2t = 90 - 2\times 2.5 = 85\text{mm}$$

抗扭截面模量

$$W_t = \frac{\pi D^3}{16}\left[1-\left(\frac{d}{D}\right)^4\right] = \frac{\pi}{16}90^3\left[1-\left(\frac{85}{90}\right)^4\right] = 2.925\times 10^4\text{mm}^3$$

AB 轴所有截面的扭矩相同，因而所有截面的最外圆周点都是危险点，则有

$$\tau_{\max} = \frac{T}{W_t} = \frac{1.5\times 10^3}{2.925\times 10^4\times 10^{-9}} = 51.3\text{MPa}$$

因为 $\tau_{\max} < [\tau]$，所以 AB 轴满足强度要求。

讨论：在强度相同的条件下，若将 AB 轴改为同样材料的实心轴，设直径为 d_1，则由

$$\tau_{\max} = \frac{T}{W_t} = \frac{1.5\times 10^3}{\frac{\pi}{16}d_1^3} = 51.3\text{MPa}$$

得 $d_1 = 53.0\times 10^{-3}\text{m} = 53.0\text{mm}$

空心轴与实心轴所用材料之比即为两轴截面积之比

$$\frac{A_{空}}{A_{实}} = \frac{(D^2-d^2)}{d_1^2} = \frac{(90^2-85^2)}{53^2} = 0.311$$

可见空心轴比实心轴节省了约 2/3 的材料。

【例 8-4】　某组合机床主轴箱内第 4 轴的示意图见图 8-13（a）。轴上有 A、B、C 齿轮，动力由 5 轴经齿轮 B 输送到 4 轴，再由齿轮 A 和 C 带动 1、2、3 轴。1、2 轴同时钻孔，共消耗功率 0.756kW；3 轴扩孔，消耗功率 2.98kW，若 4 轴转速为 183.5 转/分，材料为 45 号钢，$G=80\text{GPa}$，取 $[\tau]=40\text{MPa}$，$[\varphi']=1.5°/\text{m}$。试设计 4 轴的直径。

解　(1) 外力计算：

先计算经过齿轮作用于 4 轴上的外力偶矩，由式（8-1）得

$$M_{eA} = 9549\times\frac{0.756}{183.5} = 39.3\text{N}\cdot\text{m}$$

$$M_{eC} = 9549\times\frac{2.98}{183.5} = 155\text{N}\cdot\text{m}$$

由 4 轴的平衡条件，主动力偶矩 M_{eB} 应等于从动力偶矩 M_{eA} 与 M_{eC} 之和，但转向相反，即

$$M_{eB} = M_{eA} + M_{eC} = 39.3 + 155 = 194.3\text{N}\cdot\text{m}$$

(2) 内力计算：4 轴上的外力偶矩见图 8-13（b）。计算 4 轴的内力，画扭矩图 [图 8-13（c）]。由扭矩图可以看出，截面 B、C 之间的任一截面的扭矩皆为最大，且 $T_{\max}=155\text{N}\cdot\text{m}$，由强度条件

（3）利用强度条件设计轴的直径。由强度条件

$$\tau_{max} = \frac{T_{max}}{W_t} = \frac{16T_{max}}{\pi D^3} \leqslant [\tau]$$

得

$$D \geqslant \sqrt[3]{\frac{16T_{max}}{\pi[\tau]}} = \sqrt[3]{\frac{16 \times 155}{\pi \times 40 \times 10^6}} = 0.027\text{m}$$

（4）利用刚度条件设计轴的直径。由刚度条件

$$\varphi'_{max} = \frac{T_{max}}{GI_P} \times \frac{180}{\pi} = \frac{32T_{max}}{G\pi D^4} \cdot \frac{180}{\pi} \leqslant [\varphi']$$

得

$$D \geqslant \sqrt[4]{\frac{32T_{max}180}{G\pi[\varphi']\pi}} = \sqrt[4]{\frac{32 \times 155}{80 \times 10^9 \times \pi \times 1.5} \cdot \frac{180}{\pi}}$$
$$= 0.0295\text{m}$$

为了同时满足强度条件和刚度条件，可取 $D=$ 30mm，对于本题，刚度条件是控制因素。仔细分析 4 轴知，它除了扭转变形外，还有弯曲变形，因而是组合变形问题，这里只是按扭转变形初步估算轴的直径。

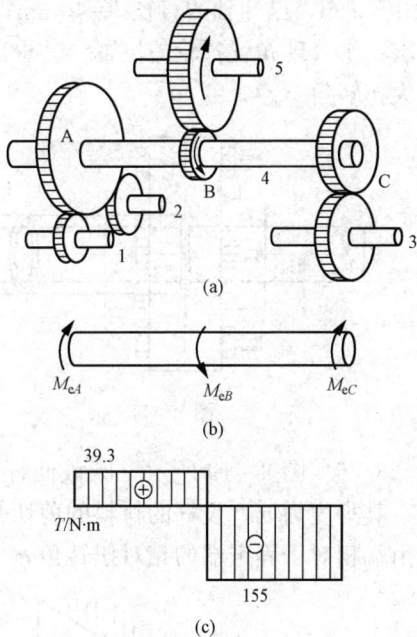

图 8-13

习　　题

8-1　作图 8-14 所示轴的扭矩图（单位：N·m）。

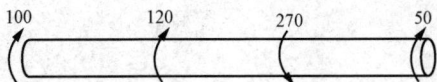

图 8-14

8-2　图 8-15 所示为一阶梯形传动轴，上面装有三个皮带轮。CD 段的横截面直径为 $d=$ 40mm，AC 段的横截面直径为 $D=70$mm；已知：轮 1 由电动机带动，输入功率 $P_1=50$kW；轮 3 输出功率 $P_3=20$kW；轮 2 输出功率 $P_2=30$kW；轴作匀速转动，转速 $n=200$r/min。试作圆轴的扭矩图。

8-3　图 8-16 所示为钻探机的钻杆简图。设钻机功率为 $P=$ 15kW，转速 $n=250$r/min，钻杆入土深度 $l=40$m。假定土体对钻杆的摩擦力矩平均分布。试求分布力矩集度 m 值，并作扭矩图。

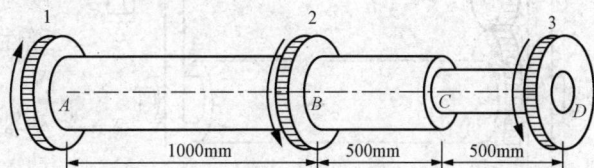

图 8-16

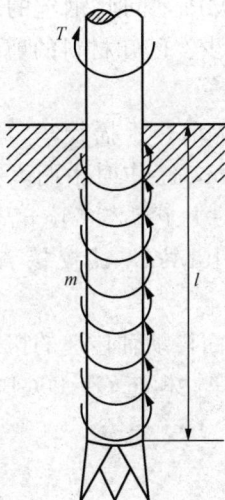

图 8-15

8-4　一空心圆轴和实心圆轴用法兰连接如图 8-17 所示。已知：轴的转数 $n=100$r/min，传递功率 $P=15$kW，轴材料的许用切应力 $[\tau]=80$MPa。试确定轴的直径 d_1、d 和 D（$d/D=1/2$）。

8-5　图 8-18 所示为一传动轴，主动轮 A 传递力偶矩为 1kN·m，从动轮 B 传递力偶矩 0.4kN·m，从动轮 C 传递力偶矩

0.6kN·m。已知轴的直径$d=40$mm，各轮间距$l=0.5$m，材料的剪切弹性模量$G=80$GPa。要求：①合理布置各轮的位置；②求出轴在合理位置时的最大切应力τ_{max}和相邻两轮之间的最大扭转角φ_{max}。

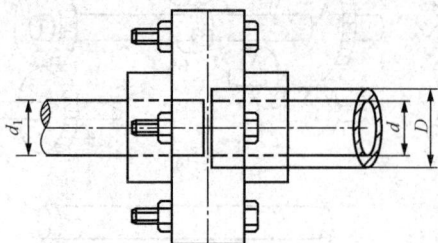

图 8 - 17

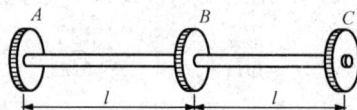

图 8 - 18

8 - 6   图 8 - 19 所示一圆截面杆，左端固定，右端自由，在全长范围内受均布力偶作用，其集度为m。设杆的材料的剪切弹性模量为G，截面的极惯性矩为I_P，杆长为l。试求自由端相对于固定端的相对扭转角φ。

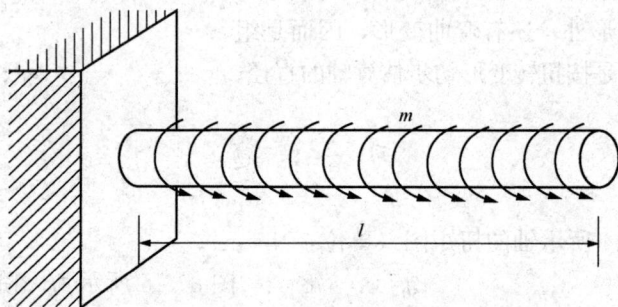

图 8-19

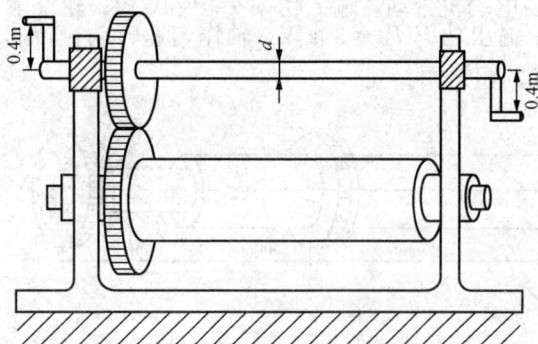

图 8 - 20

8 - 7   一根受扭的钢丝，当扭角为$90°$时的最大切应力为95MPa，问此钢丝的长度与直径之比l/d是多少？已知材料的剪切弹性模量$G=80$GPa。

8 - 8   图 8 - 20 所示一手摇绞车，驱动轴AB直径$d=30$mm，工作时由两人摇动，每人加在手柄上的力$F=250$N，若轴的许用切应力$[\tau]=40$MPa，试校核AB轴的抗扭强度。

8 - 9   某实心圆截面传动轴传递的扭矩为$T=1.08$kN·m，材料的许用切应力为$[\tau]=40$MPa，材料的剪切弹性模量$G=80$GPa，若$[\varphi']=0.5°/$m，试设计轴的直径。

第9章 剪切和连接件的实用计算

第1节 剪切和挤压的概念及实用计算

剪切变形是杆件的一种基本变形形式。当杆受到一对大小相等、方向相反、作用线相互平行且相距很近的外力作用时，平行于外力的 $n—n$ 截面将发生相对错动，这种变形称为剪切变形（图9-1），$n—n$ 截面称为**剪切面**。

由于上述两个平行力不是平衡力系，所以在杆上还有其他力作用。因此当杆发生剪切变形时，往往还伴随着其他形式的变形。但只要两个外力作用线彼此靠近，则杆的剪切变形是主要的变形。

工程中以剪切变形为主的构件很多，特别在连接中更为常见。例如两块钢板用铆钉连接成为一个整体传递拉力（图9-2），飞轮与轴之间用键连接传递力偶（图9-3），另外，还有销钉、螺栓连接、焊接、榫接等等。

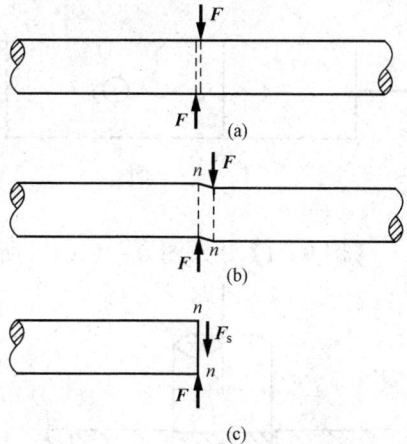

图9-1

一、剪切的实用计算

在进行计算之前，先应仔细分析剪切的受力及变形情况。

以图9-1为例。在剪切力的作用下，使杆上的 $n—n$ 截面左右两侧发生相对错动，在计算剪切的内力和应力时，沿剪切面 $n—n$ 将受剪构件分为左右两部分，取其中的一部分作为研究对象，如图9-1（c）所示。$n—n$ 剪切面上的内力 F_s 与剪切面相切，称为**剪力**。由平衡方程容易求得

$$F_s = F \tag{9-1}$$

在对剪切的实用计算中，假定在剪切面上的剪切应力（以下简称切应力）τ 是均匀分布的，以 A 表示剪切面的面积，则切应力为

$$\tau = \frac{F_s}{A} \tag{9-2}$$

在一些连接件的剪切面上，应力的实际情况比较复杂，切应力并不是均匀分布的，而且还有正应力存在，因此，以式（9-2）计算出的切应力只是剪切面上的"平均切应力"，是一个名义切应力。在进行强度校核时，通过实验，按照式（9-2），得到剪切破坏时材料的极限切应力 τ_u，再除以安全因数，得到材料的许用切应力 $[\tau]$，则剪切的强度条件可表示为

$$\tau = \frac{F_s}{A} \leqslant [\tau] \tag{9-3}$$

虽然按照名义切应力式（9-2）所计算的切应力值并不能完全反映剪切面上切应力的精确值，它只是剪切面上的平均切应力，但是对于低碳钢等塑性材料的连接件，当变形较大而接近破坏时，剪切面上的切应力将渐渐趋于均匀。而且在满足强度条件式（9-3）时不至于

发生剪切破坏,因而可以满足工程安全要求。对于大多数的连接件来说,剪切变形及其剪切强度是主要因素。

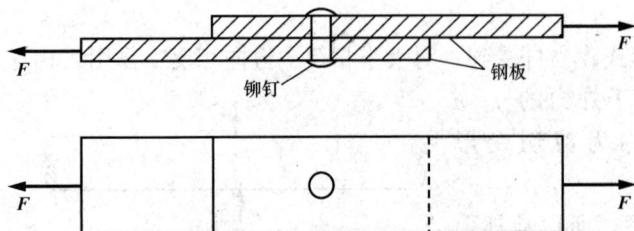

图 9 - 2

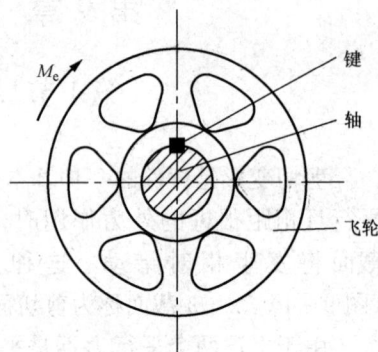

图 9 - 3

【例 9 - 1】　如图 9 - 4（a）所示,已知钢板厚度 $t=10\text{mm}$,其剪切强度极限 $\tau_\text{b}=300\text{MPa}$。若用冲床将钢板冲出直径 $d=25\text{mm}$ 的孔,问需要多大的冲剪力 F?

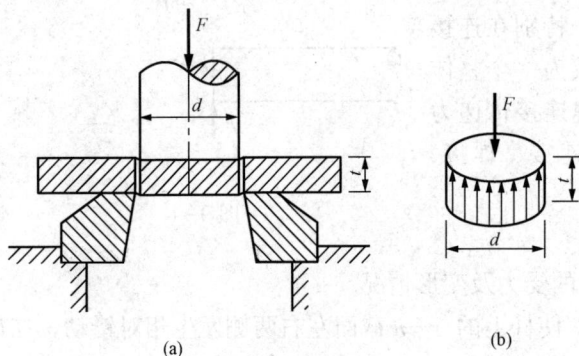

(a)

(b)

图 9 - 4

解　考虑在即将冲出孔的极限情况,钢板被剪出一个圆饼状块,剪切面就是该圆饼的侧面 [图 9 - 4（b）],即圆柱面,由剪切强度条件

$$\tau = \frac{F}{\pi d t} = \frac{F}{\pi \times 25 \times 10 \times 10^{-6}} \geqslant \tau_\text{b}$$

得

$$F \geqslant 236 \times 10^3 \text{N} = 236 \text{kN}$$

二、挤压的实用计算

研究图 9-2 中连接件螺栓,螺栓的受力部分是个圆柱体,设想钢板沿拉力 F 方向有微小位移,则螺栓上部左半个圆柱面与上面钢板接触,下部右半个圆柱面与下面钢板接触,在钢板与螺栓相互接触的侧面上,将发生彼此间的局部承压现象,称为**挤压**。图 9-5（a）所示即为螺栓受力的简化表示。钢板对螺栓的作用力是分布在螺栓表面的局部范围内的压力,称为**挤压力**,用 F_bs 表示。由静力平衡方程容易求出

$$F_\text{bs} = F \tag{9-4}$$

挤压力作用的那个局部表面就是挤压面,用 A_bs 表示。在对挤压的实用计算中,假定挤压应力 σ_bs 是均匀分布的,则有

$$\sigma_\text{bs} = \frac{F_\text{bs}}{A_\text{bs}} \tag{9-5}$$

当接触面为圆柱面（如螺栓或者铆钉与钢板接触）时,挤压面面积 A_bs 取为实际接触面在直径平面上的投影面积 [图 9-5（c）]。理论分析表明,这类圆柱状连接件与钢板孔壁间接触面上的理论挤压应力沿圆柱面的变化如图 9-5（b）所示,而按照式（9-5）计算所得到的名义挤压应力与接触面中点处的最大理论挤压应力值接近。当连接件与被连接构件的接

触面为平面时，挤压面面积即为实际接触面面积。

在实际应用中，一般通过直接试验，并且按照名义挤压应力公式计算得到材料的极限挤压应力，然后确定许用挤压应力 $[\sigma_{bs}]$。则挤压强度条件为

$$\sigma_{bs} = \frac{F_{bs}}{A_{bs}} \leqslant [\sigma_{bs}] \tag{9-6}$$

值得注意的是，挤压应力是在连接件和被连接件之间相互作用的，因此，当二者材料不同时，应当校核其中许用挤压应力较低材料的挤压强度。

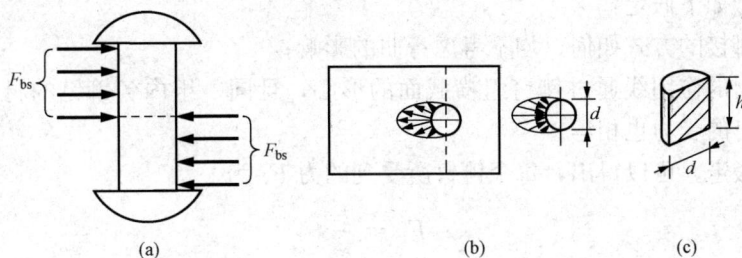

图 9 - 5

【例 9 - 2】　木榫接头如图 9 - 6 所示。已知 $a=b=12\text{cm}$，$h=35\text{cm}$，$c=4.5\text{cm}$，$F=40\text{kN}$。试求接头的切应力和挤压应力。

解　取榫的一部分研究，见图 9 - 6 (a)。榫的两部分相接触并传递力的面 m—n 就是挤压面。由平衡条件知挤压力 $F_{bs}=F$，故挤压应力

$$\sigma_{bs} = \frac{F_{bs}}{A_{bs}} = \frac{F}{c \cdot b} = \frac{40 \times 10^3}{4.5 \times 12 \times 10^{-4}} = 7.41\text{MPa}$$

剪切面就是与 F_{bs} 平行的 F_{bs} 的上边界面 m—m，见图 9 - 6 (b)。由平衡条件知 $F_s = F_{bs} = F$。故切应力

$$\tau = \frac{F_s}{A} = \frac{F}{h \cdot b} = \frac{40 \times 10^3}{35 \times 12 \times 10^{-4}} = 0.952\text{MPa}$$

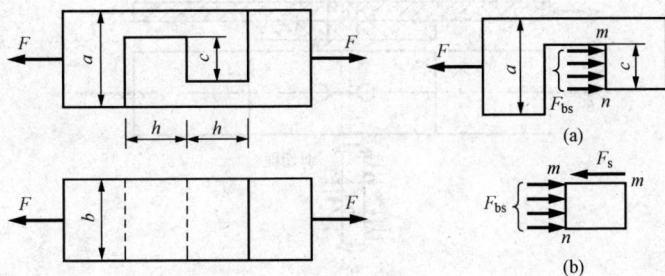

图 9 - 6

第 2 节　铆钉连接的计算

铆钉连接在建筑结构中被广泛采用。铆钉连接的方式主要有搭接 [图 9 - 7 (a)]、单盖

板对接［图 9-7（b）］和双盖板对接［图 9-7（c）］三种。搭接和单盖板对接中的铆钉具有一个剪切面，称为**单剪**；双盖板对接中的铆钉具有两个剪切面，称为**双剪**，见图 9-7。现分别按铆钉组的受载方式讨论铆钉连接的强度计算。

一、铆钉组承受横向载荷

在搭接和单盖板对接中，由铆钉的受力可见［图 9-7（a），（b）］，铆钉（或者钢板）将发生弯曲。在铆钉组连接中，由于铆钉和钢板的弹性变形，可以想象两端铆钉的受力与中间铆钉的受力并不完全相同。为了简化计算，并考虑到连接在破坏前将发生塑性变形，在铆钉组的计算中做如下假定：

（1）不论铆接的方式如何，均不考虑弯曲的影响；

（2）若外力的作用线通过铆钉组横截面的形心，且同一组内各铆钉的材料与直径均相同，则每个铆钉的受力也相等。

根据上述假定，可以得出，每个铆钉所受到的力 F_1 为

$$F_1 = \frac{F}{n} \tag{9-7}$$

式中　　n——铆钉组的铆钉个数；

　　　　F——铆钉组所受外力。

求出每个铆钉上的力 F_1 后，就可以根据式（9-3）和式（9-6）分别校核其剪切强度和挤压强度。

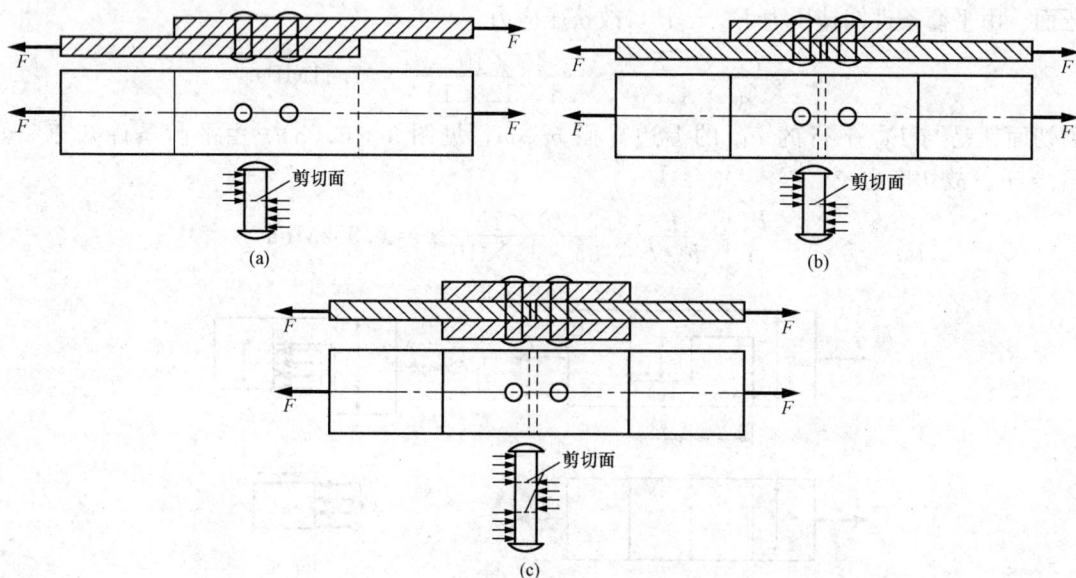

图 9-7

被连接件由于有铆钉孔的存在，其拉伸强度的校核应该以最弱截面来计算，但不考虑应力集中的影响。

【例 9-3】 钢板和铆钉连接如图 9-8（a）所示。已知钢板和铆钉为同一种钢材制成，已知 $F=70\text{kN}$，$d=18\text{mm}$，其许用切应力 $[\tau]=80\text{MPa}$，许用挤压应力 $[\sigma_{bs}]=200\text{MPa}$，

许用拉应力 $[\sigma]$ ＝120MPa。试校核此连接的强度。

解　根据题意，应该从以下几个方面校核此连接的强度：

（1）**铆钉的剪切强度：**

用截面在两板之间将铆钉切开，保留下面的钢板及铆钉的下半部分，见图 9 - 8（b）。在该分离体上，作用有外力 F 和四个铆钉横截面上的剪力。考虑到以下几个原因：①各铆钉直径相等，且外力 F 的作用线通过铆钉组的中心，见图 9 - 8（a）；②铆接后，铆钉钉杆基本上填满钉孔；③铆钉和钢板为塑性材料制成。这样，一旦拉力较大出现塑性变形时，各铆钉的受力将是相同的。假定每个铆钉受力相同，则有

$$F_s = \frac{F}{4}$$

$$\tau = \frac{F_s}{A} = \frac{70 \times 10^3}{4 \times \frac{\pi}{4} \times 18^2 \times 10^{-6}} = 68.8\text{MPa} < [\tau]$$

所以满足剪切强度

（2）**铆钉或钢板的挤压强度：**

取出铆钉或者单独取出钢板分析，得每一个钉或钉孔上的挤压力为

$$F_{bs} = \frac{F}{4}$$

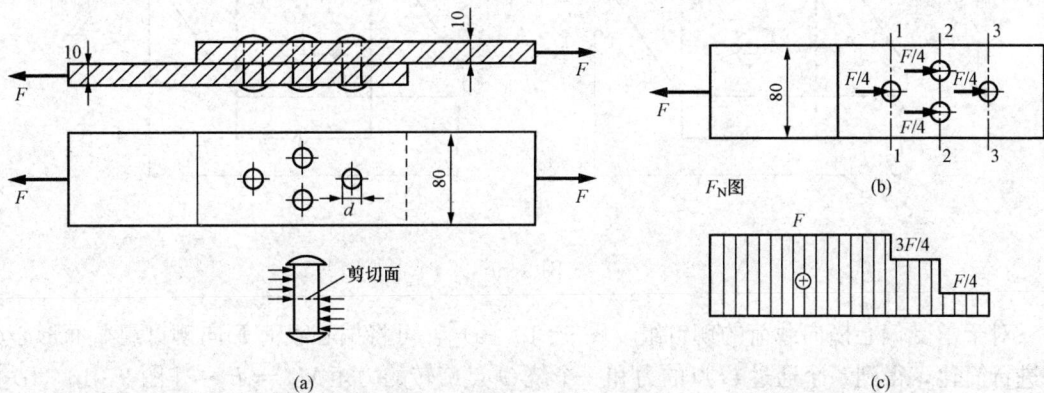

图 9 - 8

挤压面为半个圆柱面，故挤压应力为

$$\sigma_{bs} = \frac{F_{bs}}{A_{bs}} = \frac{70 \times 10^3}{4 \times 18 \times 10 \times 10^{-6}} = 97.2\text{MPa} < [\sigma_{bs}]$$

故满足挤压强度

（3）**钢板的拉伸强度：**

上、下钢板的情况相同。取下面钢板进行分析，并作轴力图，见图 9 - 8（c）。1—1 截面拉力最大，截面有削弱，可能是危险截面；2—2 截面拉力较大，截面最小，也可能是危险截面；3—3 截面拉力最小，截面和 1—1 截面相同，故可不校核。

$$\sigma_{1-1} = \frac{70 \times 10^3}{(80-18) \times 10 \times 10^{-6}} = 112.9\text{MPa}$$

$$\sigma_{2-2} = \frac{3 \times 70 \times 10^3}{4(80 - 2 \times 18) \times 10 \times 10^{-6}} = 119.3 \text{MPa}$$

$\sigma_{max} = \sigma_{2-2} < [\sigma]$，故板的拉伸强度足够。

综上，此连接的强度足够。

二、铆钉组承受扭转载荷

承受扭转载荷的铆钉组 [图 9-9 (a)]，由于被连接件的转动趋势，每个铆钉的受力将不再相同。令铆钉组横截面的形心为 O 点 [图 9-9 (b)]，假定钢板的变形不计，可近似看作刚体。则每一个铆钉的平均切应变与该铆钉截面中心至形心 O 点的距离成正比。若铆钉组中每个铆钉的直径相同，且切应力与切应变成正比，则每个铆钉所受的力与该铆钉截面中心至铆钉组的截面形心 O 点的距离成正比，其方向垂直于该点与 O 点的连线，而每一铆钉上的力对 O 点的力矩的代数和就等于钢板所受的力矩 M_e [图 9-9 (b)]，即

$$M_e = F \cdot e = \sum F_i a_i \qquad (9-8)$$

式中 F_i ——第 i 个铆钉所受的力；

$\quad\quad a_i$ ——该铆钉截面中心至铆钉组截面形心的距离。

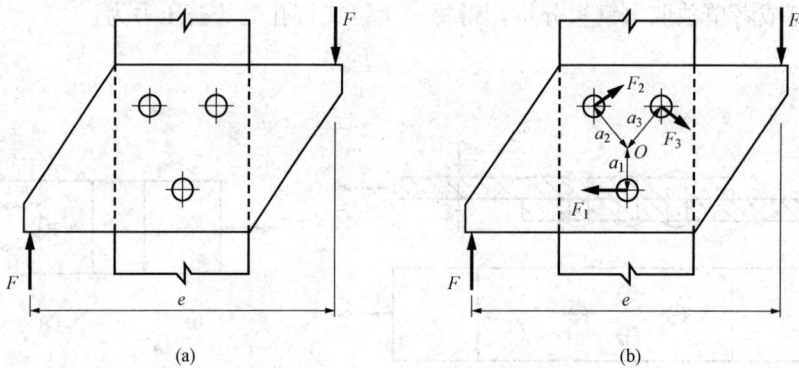

图 9-9

对于承受偏心横向载荷的铆钉组 [图 9-10 (a)]，可将偏心载荷 F 向铆钉组截面形心 O 点进行简化，得到一个通过 O 点的力和一个绕 O 点旋转的力矩 $M_e = F \cdot e$ [图 9-10 (b)]。如果同一铆钉组中的铆钉有相同的材料和直径，则可以分别用式 (9-7) 和式 (9-8) 计算由力 $\boldsymbol{F}$ 引起的力 F_i' 和由力矩 M_e 引起的力 F_i''，铆钉 i 的受力为力 F_i' 和 F_i'' 的矢量和，如图 9-10 (b) 所示。即

$$F_i = F_i' + F_i''$$

求得铆钉 i 的受力 F_i 之后，就可以根据式 (9-3) 和式 (9-6) 分别校核其剪切强度和挤压强度。

【例 9-4】 图 9-11 所示传动轴传递的力偶矩为 $M_e = 200 \text{N} \cdot \text{m}$，传动轴之间的凸缘处用四个螺栓固定，螺栓直径 $d = 10 \text{mm}$，对称地分布在 $D = 80 \text{mm}$ 的圆轴上。若螺栓的许用切应力 $[\tau] = 60 \text{MPa}$，试校核螺栓的强度。

解 假设每个螺栓所承受的剪力相同，均为 F_s。四个螺栓所受剪力对凸缘轴线的力矩之和与其所传递的力偶矩 M_e 平衡，所以有

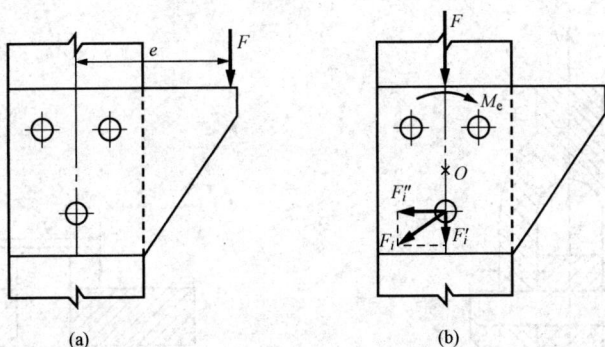

图 9 - 10

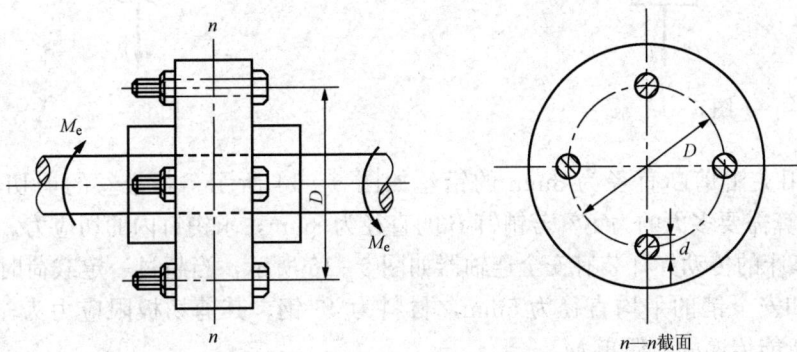

$n—n$截面

图 9 - 11

$$M_e = 4F_s \frac{D}{2}$$

因此每个螺栓所承受的剪力为

$$F_s = \frac{M_e}{2D} = \frac{200}{2 \times 80 \times 10^{-3}} = 1.25\text{kN}$$

每个螺栓内的切应力为

$$\tau = \frac{F_s}{A} = \frac{4F_s}{\pi d^2} = \frac{4 \times 1250}{\pi \times 0.01^2} = 15.9\text{MPa} < [\tau]$$

故螺栓能安全工作。

习　　　题

9-1　一起重吊具如图 9-12 所示，已知 $W=20$kN，$t_1=10$mm，$t_2=6$mm，销钉与板的材料相同，$[\tau]=60$MPa，$[\sigma_{bs}]=200$MPa，试确定销钉的直径 d。

9-2　一圆杆直径为 d，头部扩大为 D，厚度为 h，如图 9-13 所示。若此圆杆插入直径为 d 的孔内，下端作用一拉力 $F=50$kN，试校核此杆头部的剪切与挤压强度。已知 $D=32$mm，$d=20$mm，$h=12$mm，$[\tau]=100$MPa，$[\sigma_{bs}]=240$MPa。

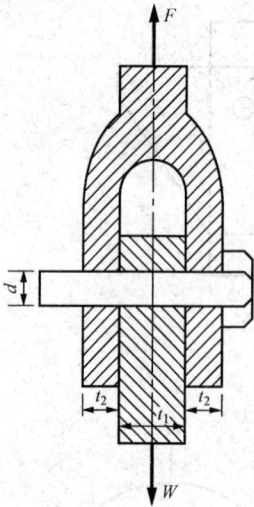

图 9-12

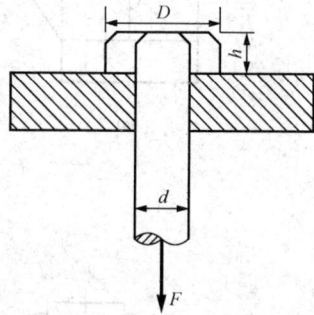

图 9-13

9-3　用夹钳剪断直径为 3mm 的铅丝如图 9-14 所示。若铅丝的剪切极限应力为 100MPa，计算需要多大的力 F？若销钉 B 的直径为 8mm，求销钉内的切应力。

9-4　车床的传动光杆装有安全连轴器如图 9-15 所示，当超过一定载荷时，安全销即被剪断。已知安全销的平均直径为 5mm，材料为 45 钢，其剪切极限应力为 $\tau_b = 370$MPa，求安全连轴所能传递的力偶矩 M_e。

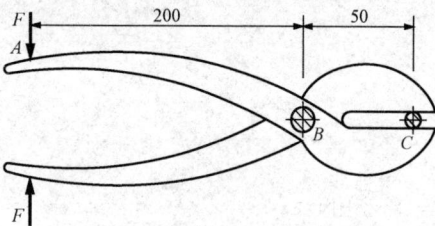

图 9-14

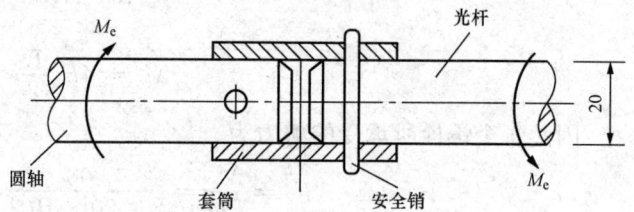

图 9-15

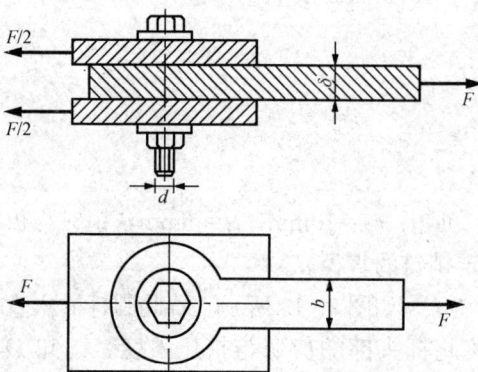

图 9-16

9-5　一螺栓将拉杆与厚为 8mm 的两块盖板相连接如图 9-16 所示。各零件材料相同，许用应力均为 $[\tau] = 60$MPa，$[\sigma_{bs}] = 160$MPa，$[\sigma] = 80$MPa。若拉杆的厚度 $\delta = 15$mm，拉力 $F = 120$kN，试设计螺栓直径 d 和拉杆宽度 b。

9-6　图 9-17 所示的螺栓连接中，盖板厚 $t_1 = 10$mm，主板厚 $t_2 = 20$mm，板宽为 $b = 150$mm，螺栓直径 $d = 27$mm，螺栓许用剪应力 $[\tau] = 135$MPa，钢板的许用挤压应力 $[\sigma_{bs}] = 305$MPa，许用拉应力 $[\sigma] = 170$MPa。若 $F = 300$kN，试校核该连接的强度。

9 - 7　用两个铆钉将 140mm×140mm×12mm 的等边角钢铆接在立柱上构成一个支托如图 9 - 18 所示，已知作用力 $F=30$kN，铆钉的直径为 21mm，试计算铆钉上的切应力和挤压应力。

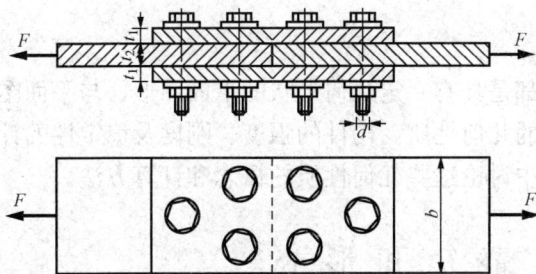 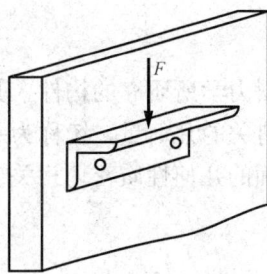

图 9 - 17　　　　　　　　　　　　　　　　　图 9 - 18

9 - 8　图 9 - 19 所示齿轮通过键与圆轴连接。圆轴转动时传递的扭矩 $T=3.342$kN·m。已知：圆轴直径 $d=80$mm，键的高 $h=16$mm，宽 $b=20$mm，许用切应力 $[\tau]=40$MPa，试求：①轴上的最大切应力 τ_{max}（不计应力集中）；②键的长度 l。

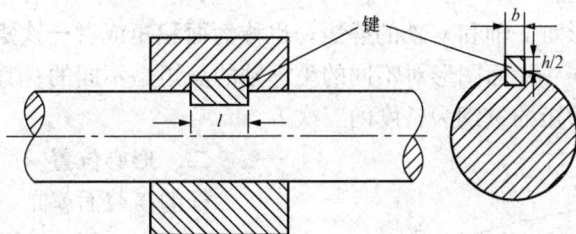

图 9 - 19

第 10 章   平面图形的几何性质

材料力学所研究的构件，其横截面都是具有一定几何形状的平面图形，与平面图形形状及尺寸有关的几何量，统称为平面图形的几何性质。构件的强度、刚度及稳定性的计算都与构件截面的几何性质密切相关。本章集中讨论这些几何性质的概念和计算方法。

第 1 节   静 矩 和 形 心

一、静矩

如图 10 - 1 所示任意平面图形，其面积为 A，在平面图形所在的平面内任取一直角坐标系 yoz，取任意微面积 dA，其坐标为 (y, z)，则在整个平面图形面积上的如下积分式

$$S_z = \int_A y\, dA, \quad S_y = \int_A z\, dA \tag{10-1}$$

分别定义为该平面图形对 z 轴和 y 轴的**静矩**，也称为**面积矩**或者**一次矩**。平面图形的静矩是对轴而言的，因此，同一平面图形对不同的坐标轴的静矩是不同的；其数值可能为正，可能为负，也可能为零。静矩的量纲为长度的三次方。

二、形心位置

杆的横截面就是一个平面图形。平面图形的几何中心称为该图形的形心（例如圆心就是圆的形心），形心是一个纯几何量。但是，若将平面图形看作是厚度为无限小的均质薄板，则该薄板的重心就是图形的形心。

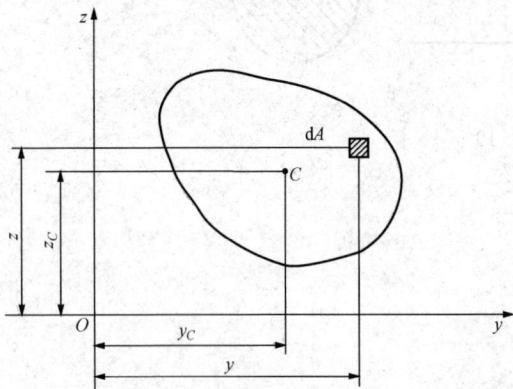

图 10 - 1

假设一厚度很小的均质薄板，板的形状与图 10 - 1 的平面图形相同。显然在 yoz 坐标系中，均质薄板的重心与平面图形的形心（图 10 - 1 中 C 点）有相同的坐标 y_C 和 z_C。由静力学中的合力矩定理可知，薄板重心坐标 y_C 和 z_C 分别为

$$y_C = \frac{\sum A_i y_i}{\sum A_i} = \frac{\int_A y\, dA}{A}, \quad z_C = \frac{\sum A_i z_i}{\sum A_i} = \frac{\int_A z\, dA}{A} \tag{10-2}$$

这也就是计算平面图形形心坐标的公式。

利用式（10-1）可以将式（10-2）改写成

$$y_C = \frac{S_z}{A}, \quad z_C = \frac{S_y}{A} \tag{10-3}$$

由式（10-3）可见，平面图形形心的坐标 y_C 和 z_C 分别为图形对 z 轴和 y 轴的静矩除以图形的面积 A。式（10-3）也可以改写为

$$S_z = A \cdot y_C, \quad S_y = A \cdot z_C \qquad (10 - 4)$$

式（10 - 4）表明平面图形对 y 轴和 z 轴的静矩，分别等于图形的面积 A 乘以形心的坐标。

由式（10 - 3）、式（10 - 4）可以看出，若平面图形对某一坐标轴的静矩为零，则该轴必然通过形心，通过形心的轴就是形心轴，形心轴有若干根，对称轴必为形心轴之一；反之，若某坐标轴通过平面图形的形心，则图形对该轴的静矩必等于零。

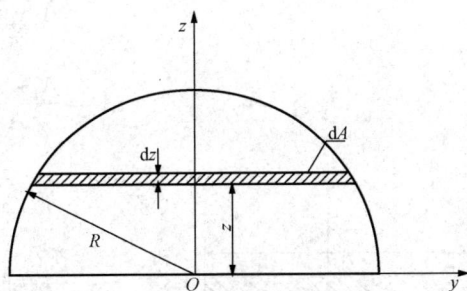

图 10 - 2

三、组合图形的形心位置

当平面图形是由若干个简单图形（例如矩形、圆形、三角形等）组合而成时，由于简单图形的面积及其形心位置一般均为已知。由静矩的定义可得，图形的各组成部分对某一坐标轴的静矩的代数和，就等于组合图形对该轴的静矩，即

$$S_z = \sum A_i y_{Ci}, \quad S_y = \sum A_i z_{Ci} \qquad (10 - 5)$$

式中　i（1，2，3，…，n）——组合图形各组成部分；

　　　　A_i、y_{Ci}、z_{Ci}——任一组成部分的面积及其形心的坐标。

将式（10 - 5）代入式（10 - 3）即得组合图形形心坐标的计算公式

$$y_C = \frac{\sum A_i y_{Ci}}{\sum A_i}, \quad z_C = \frac{\sum A_i z_{Ci}}{\sum A_i} \qquad (10 - 6)$$

【例 10 - 1】　试求图 10 - 2 所示半圆对 y 轴的静矩及形心位置。

解　坐标系如图 10 - 2 所示，z 轴为平面图形的对称轴，因此形心在 y 轴上的坐标 $y_C = 0$，只需要确定 z_C。取平行于 y 轴的狭长条作为微面积 dA，则

$$dA = 2\sqrt{R^2 - z^2}\,dz$$

图形的面积和对 y 轴的静矩分别为

$$A = \frac{1}{2}\pi R^2$$

$$S_y = \int_A z\,dA = 2\int_0^R z\sqrt{R^2 - z^2}\,dz = \frac{2}{3}R^3$$

由式（10 - 3），得

$$z_C = \frac{S_y}{A} = \frac{4R}{3\pi}$$

【例 10 - 2】　试确定图 10 - 3 所示图形的形心 C 的位置。

解　把图形看作是由两个矩形 Ⅰ 和 Ⅱ 所组成，选取如图 10 - 3 所示坐标系，则每一个矩形的面积及形心的位置分别为：

矩形 Ⅰ　$A_1 = 120 \times 10 = 1200 \text{mm}^2$

　　　　$y_{C1} = 5 \text{mm}, \quad z_{C1} = 60 \text{mm}$

矩形 Ⅱ　$A_2 = 80 \times 10 = 800 \text{mm}^2$

　　　　$y_{C2} = 50 \text{mm}, \quad z_{C2} = 5 \text{mm}$

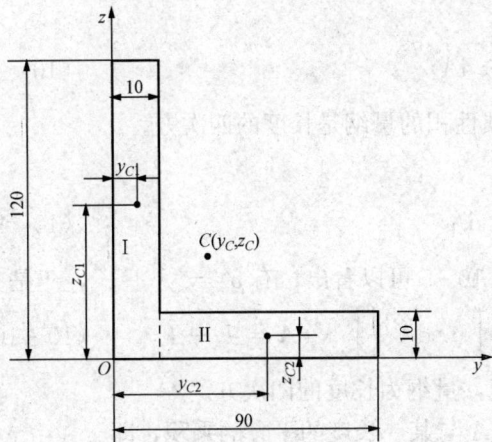

图 10 - 3

则由式（10-6）可以求出平面图形形心 C 的坐标为

$$y_C = \frac{A_1 y_{C1} + A_2 y_{C2}}{A_1 + A_2} = 23\text{mm}$$

$$z_C = \frac{A_1 z_{C1} + A_2 z_{C2}}{A_1 + A_2} = 38\text{mm}$$

【例 10-3】　试确定图 10-4 所示阴影部分图形的形心 C 的位置。

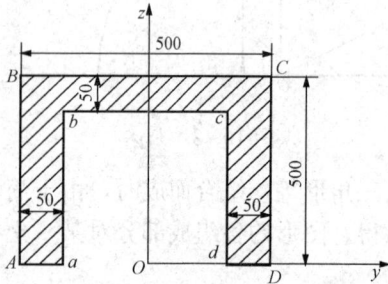

图 10-4

解　坐标系如图 10-4 所示，z 轴为平面图形的对称轴，因此形心在 y 轴上的坐标 $y_C = 0$，只需要确定 z_C。把截面看成是由大矩形 $ABCD$ 的面积 A_1 减去小矩形 $abcd$ 的面积 A_2，此法称为负面积法。

$A_1 = 500 \times 500 = 25 \times 10^4 \text{mm}^2$

$z_{C1} = 250\text{mm}$

$A_2 = -(500-50) \times (500-100) = -18 \times 10^4 \text{mm}^2$

$z_{C2} = (500-50)/2 = 225\text{mm}$

则由式（10-6）可以求出平面图形形心 C 的坐标 z_C 为

$$z_C = \frac{A_1 z_{C1} + A_2 z_{C2}}{A_1 + A_2} = 314\text{mm}$$

第 2 节　惯性矩、惯性积、极惯性矩和形心主惯性矩

一、惯性矩、惯性积和极惯性矩

任意平面图形如图 10-5 所示，其面积为 A，在平面图形所在的平面内任取一直角坐标系 yOz，取任意微面积 dA，其坐标为 (y, z)，则在整个平面图形面积上的如下积分式

$$I_y = \int_A z^2 dA, \quad I_z = \int_A y^2 dA \tag{10-7}$$

分别定义为平面图形对 y 轴和对 z 轴的**惯性矩**，惯性矩也称为**二次矩**。在式（10-7）中，因为 z^2 和 y^2 总是正的，所以 I_y 和 I_z 也恒为正值。惯性矩的量纲是长度的四次方。

同理，将如下积分式

$$I_{yz} = \int_A yz \, dA \tag{10-8}$$

定义为平面图形对一对坐标轴 y、z 的**惯性积**。惯性积的量纲是长度的四次方。

将如下积分式

$$I_P = \int_A \rho^2 dA \tag{10-9}$$

定义为平面图形对坐标原点 O 的**极惯性矩**。由图 10-5 可以看出，有 $\rho^2 = y^2 + z^2$，于是有

$$I_P = \int_A \rho^2 dA = \int_A (y^2 + z^2) dA = \int_A y^2 dA + \int_A z^2 dA = I_z + I_y \tag{10-10}$$

由定义式（10-9）可以看出，极惯性矩恒为正值，量纲为长度的四次方。

在力学计算中，有时将惯性矩写成图形面积 A 与某一长度的平方的乘积，即

$$I_y = A i_y^2, \quad I_z = A i_z^2 \tag{10-11}$$

或改写为

$$i_y = \sqrt{\frac{I_y}{A}} \quad i_z = \sqrt{\frac{I_z}{A}} \tag{10-12}$$

式中 i_z, i_y——图形对 y 轴和对 z 轴的惯性半径，惯性半径的量纲就是长度。

【例 10-4】 计算矩形对其对称轴 y 和 z 轴的惯性矩，对 y 和 z 轴的惯性积（图 10-6）。

解 先求矩形对 y 轴的惯性矩。取平行于 y 轴的狭长条为微面积 dA，则有

$$dA = b dz$$

由定义式（10-7）

$$I_y = \int_A z^2 \, dA = \int_{-h/2}^{h/2} z^2 \cdot b \, dz = \frac{bh^3}{12}$$

同理，可求得

$$I_z = \frac{hb^3}{12}$$

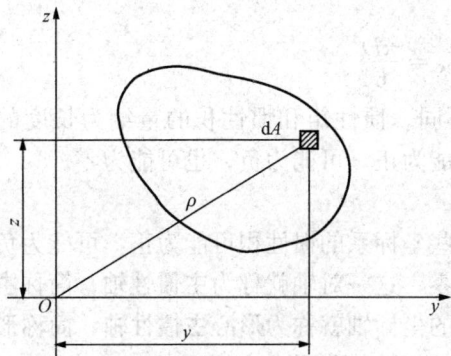

图 10-5

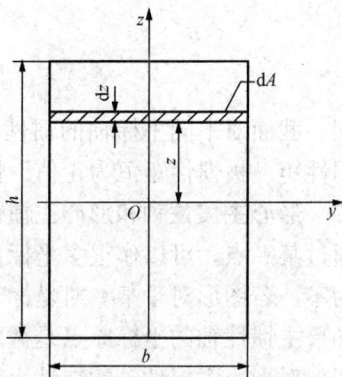

图 10-6

由于 y 为对称轴，因此，当在 (y, z) 处取一微面积 dA 时，在对称点 $(y, -z)$ 处也可取一微面积 dA 因而必有

$$I_{yz} = \int_A yz \, dA = 0$$

所以，坐标系的两个坐标轴中只要有一个为图形的对称轴，则图形对这一坐标系的惯性积等于零。

【例 10-5】 计算图 10-7 中三角形对 y 轴的惯性矩 I_y。

解 取平行于 y 轴的狭长条为微面积 dA，则有

$$dA = \frac{b}{h}(h-z) \, dz$$

由定义式（10-7）

$$I_y = \int_A z^2 \, dA = \frac{b}{h} \int_0^h z^2 \cdot (h-z) \, dz$$

$$= \frac{b}{h}\left[\int_0^h hz^2 \, dz - \int_0^h z^3 \, dz\right] = \frac{bh^3}{12}$$

【例 10-6】 计算圆形对通过圆心轴的惯性矩

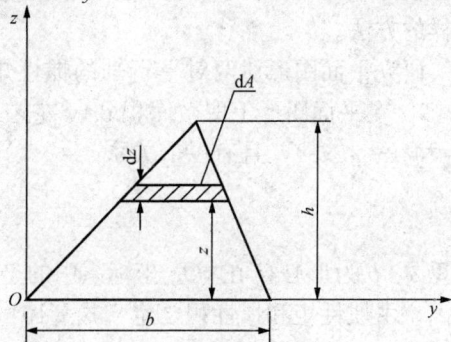

图 10-7

I_y 和 I_z（图 10 - 8）。

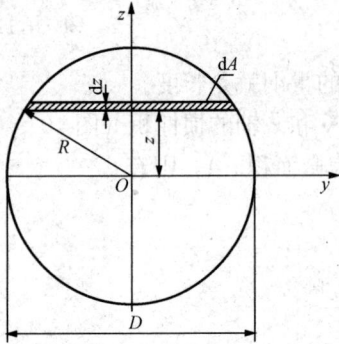

图 10 - 8

解　取平行于 y 轴的狭长条为微面积 $\mathrm{d}A$，则有

$$\mathrm{d}A = 2\sqrt{R^2 - z^2}\,\mathrm{d}z$$

$$I_y = \int_A z^2\,\mathrm{d}A = 4\int_0^R z^2\sqrt{R^2 - z^2}\,\mathrm{d}z = \frac{\pi D^4}{64}$$

另外，因为任何一个过圆心的轴都是圆的对称轴，所以 $I_y = I_z$。根据极惯性矩之定义式（10 - 9），有

$$I_P = \int_A \rho^2\,\mathrm{d}A = \int_A (y^2 + z^2)\,\mathrm{d}A$$
$$= I_z + I_y$$

利用第 8 章所得到的圆形截面的极惯性矩

$$I_P = \frac{\pi D^4}{32}$$

于是有

$$I_y = I_z = \frac{1}{2} I_P = \frac{\pi D^4}{64}$$

同一截面对不同坐标轴的惯性矩或惯性积不同。惯性矩和惯性积的量纲为长度的四次方。惯性矩、极惯性矩恒为正值。惯性积的值可能为正，可能为负，也可能为零。

二、形心主惯性轴和形心主惯性矩

通过某一点，可以作很多坐标系，图形对这些坐标系的惯性积可能为正，可能为负，也可能为零。若图形对于某一对坐标轴的惯性积为零，这一对轴就称为**主惯性轴**，简称**主轴**。

如果主惯性轴的坐标原点是截面形心，这时的坐标轴就称为**形心主惯性轴**，简称**形心主轴**。图形对形心主惯性轴的惯性矩称为**形心主惯性矩**，简称**形心主矩**。

根据前面的分析，对于至少有一个对称轴的图形，若将该对称轴作为一个坐标轴，将形心作为坐标原点，由此建立的坐标轴就是形心主轴。

第 3 节　平 行 移 轴 公 式

一、平行移轴公式

对于圆形、矩形等简单图形，可以直接由积分得到惯性矩或惯性积。但对于较复杂的图形，积分运算比较麻烦，有必要寻找更简便的方法来代替积分运算，平行移轴公式便提供了这样的方法。

研究平面图形对两对平行轴的惯性矩、惯性积之关系，其中有一对轴通过形心，见图 10 - 9。在平面图形上取微面积 $\mathrm{d}A$，它在 yOz 坐标系和 $y_C C z_C$ 坐标系中的坐标分别是（y，z）和（y_C，z_C），且有以下关系

$$y = y_C + a$$
$$z = z_C + b$$

这里 a、b 为形心 C 在 yOz 坐标系中的坐标，也是从一对坐标轴到另一对平行坐标轴之间的距离。由惯性矩和惯性积之定义式（10 - 7）和式（10 - 8），有

$$I_y = \int_A z^2\,\mathrm{d}A = \int_A (z_C + b)^2\,\mathrm{d}A = \int_A (z_C^2 + 2b z_C + b^2)\,\mathrm{d}A$$

根据惯性矩的定义，上式第一项为 I_{yC} 。又由于 $y_C z_C$ 坐标轴通过图形形心，故 $S_{yC} = \int_A z_C dA = 0$，所以第二项为零，而 $\int_A dA = A$ 。因此有

$$I_y = I_{yC} + b^2 A \tag{10-13a}$$

同理

$$I_z = I_{zC} + a^2 A \tag{10-13b}$$

$$I_{yz} = I_{yC zC} + abA \tag{10-13c}$$

上式即为惯性矩和惯性积的平行移轴公式。使用时应注意 a 和 b 是图形的形心、在 Oyz 坐标系中的坐标，所以它们是有正负的。

二、组合截面的惯性矩

由于组合截面对某轴的惯性矩等于组成它的各简单图形对同一轴的惯性矩之和。因此，在求组合截面对某轴的惯性矩时，只需利用平行移轴公式先求出各简单图形对某轴的惯性矩，然后代数相加即可。

【例 10 - 7】 22a 工字钢上下翼缘各焊接一块钢板，其横截面如图 10 - 10 所示。试求此组合截面的形心主惯性矩 I_{yC} 。

解 此组合截面由三部分组成，即工字形和两个矩形。查型钢表得工字钢的 $I_{yCⅠ} = 3400\text{cm}^4$ 。应用平行移轴公式，得到组合截面的形心主矩

$$I_{yC} = 3400 + 2\left(\frac{1}{12} \times 11 \times 1^3 + 11 \times 1 \times 11.5^2\right) = 3400 + 2911.3 = 6311.3\text{cm}^4$$

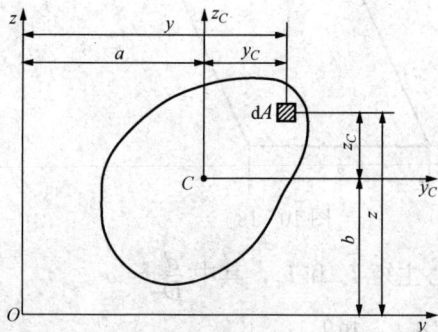

图 10 - 9

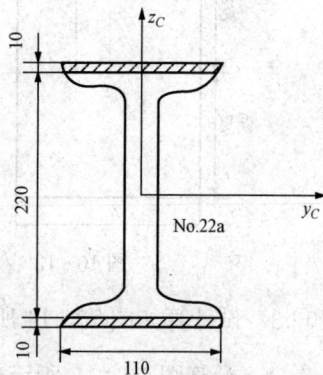

图 10 - 10

【例 10 - 8】 计算图 10 - 11 所示截面的形心主矩 I_{yC} 。

解 （1）求形心 C 的位置。

该截面有一个对称轴，故应确定形心 C 的高度 z_C，取参考坐标 y 如图 10 - 11 所示。将截面看作是由三个矩形组成。应用式（10 - 6）

$$z_C = \frac{\sum A_i z_{Ci}}{\sum A_i}$$

$$= \frac{120 \times 40 \times 160 + 2 \times 30 \times 140 \times 70}{120 \times 40 + 2 \times 30 \times 140}$$

$$= 102.7\text{mm}$$

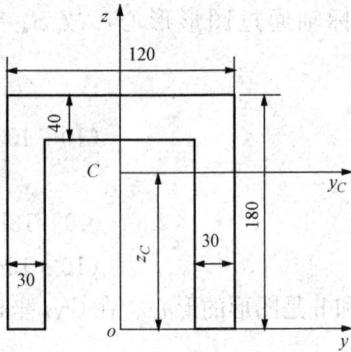

图 10 - 11

（2）应用平行移轴公式求 I_{yC}

$$I_{yC} = \frac{1}{12} \times 120 \times 40^3 + 120 \times 40 \times (160 - 102.7)^2$$

$$+ 2\left[\frac{1}{12} \times 30 \times 140^3 + 30 \times 140 \times (102.7 - 70)^2\right]$$

$$= [0.64 + 15.76 + 2 \times (6.86 + 4.491)] \times 10^6$$

$$= 3.91 \times 10^7 \, \text{mm}^4$$

另外，也可以用负面积法求取形心主矩 I_{yC}，读者可以自行练习。

由以上例题可以看到，利用平行移轴公式计算组合图形的惯性矩时，必须将组合图形分解为几个简单图形，且这些简单图形对形心轴的惯性矩为已知。

工程中广泛采用的轧制型钢的截面几何性质可从附录的型钢规格表中查得，见附录Ⅰ。

习　　题

10 - 1　计算图 10 - 12 中矩形面积中阴影部分的面积对 y 轴的静矩 S_y。

10 - 2　根据惯性矩的定义计算平行四边形对其形心轴 y 的惯性矩 I_y，见图 10 - 13。

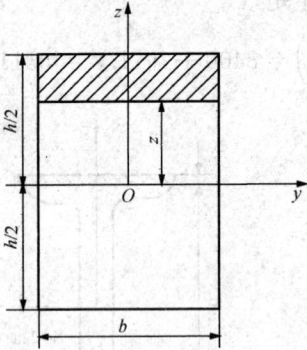

图 10 - 12

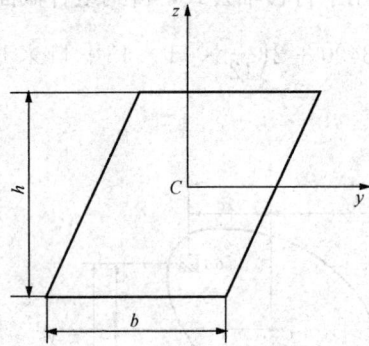

图 10 - 13

10 - 3　试计算如图 10 - 14 所示圆环截面的形心主矩 I_y 和 I_z，其中 $\frac{d}{D} = \alpha$。

10 - 4　计算图 10 - 15 所示半圆截面的形心主矩 I_{yC} 和 I_z。

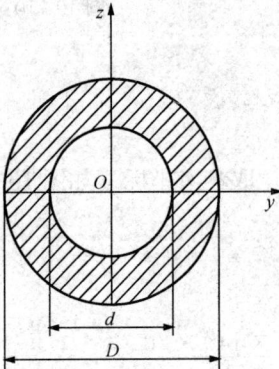

图 10 - 14

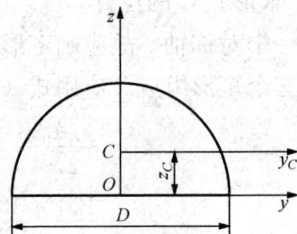

图 10 - 15

10 - 5　求图 10 - 16 所示各组合截面的形心主轴及形心主矩。

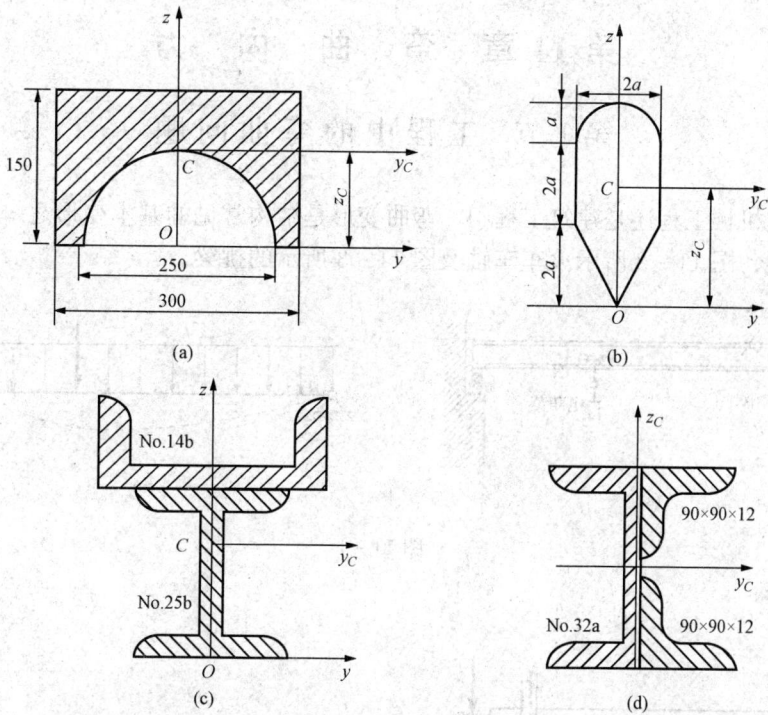

(a)

(b)

(c)

(d)

图 10 - 16

第11章 弯 曲 内 力

第1节 工程中的弯曲问题

无论是在机械工程还是建筑工程中，弯曲变形是结构常见的基本变形之一。如图 11-1 所示的行车梁、图 11-2 所示火车车轴及图 11-3 所示的挑梁。

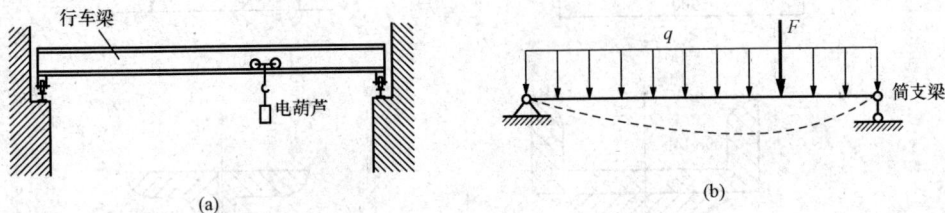

图 11-1

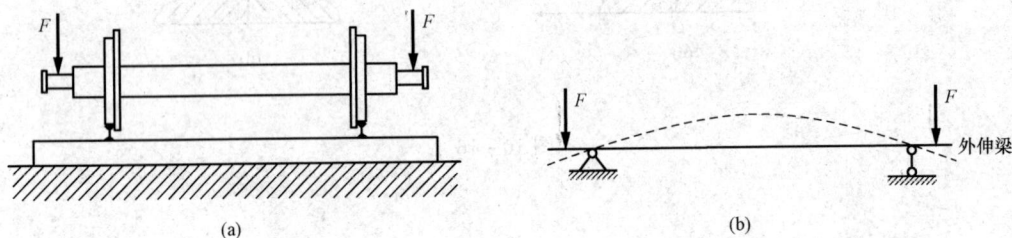

图 11-2

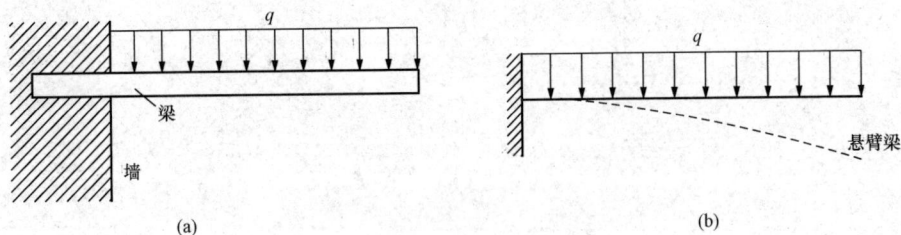

图 11-3

弯曲变形的受力特点是，所有作用的外力垂直于杆件的轴线。变形特征是，杆件的轴线由直线变为曲线。以弯曲变形为主的杆件称为**梁**。梁的简化力学模型通常用轴线表示。根据约束的不同性质，梁的约束一般可简化为固定铰支座、可动铰支座和固定端。如图 11-1 (a) 所示的行车横梁受轨道的约束，简化为如图 11-1 (b) 所示一端为固定铰支座另一端为可动铰支座的梁，称为**简支梁**；图 11-2 (a) 所示的火车车轮轴简化为图 11-2 (b) 所示的梁，称为**外伸梁**，外伸梁可以单边外伸；图 11-3 (a) 所示挑梁，简化为图 11-3 (b) 所示的梁，称为**悬臂梁**。这些梁的支座反力均可由静力平衡方程完全确定，是静定的，故称为

静定梁。梁上的载荷一般简化为集中力、分布载荷和集中力偶。

工程中常用梁的横截面多具有对称形状，如矩形、梯形、圆形、工字形、T 形、及 Ⅱ 形等，如图 11 - 4 所示。

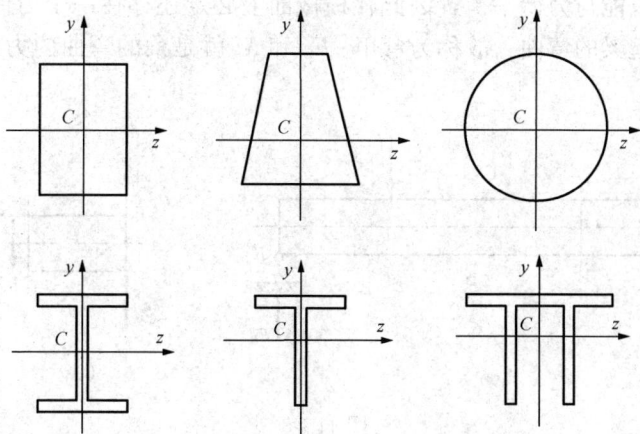

图 11 - 4

横截面的对称轴与梁的轴线所构成的平面称为纵向对称面，如图 11 - 5 所示。若梁上的外力（载荷和支座反力）为作用在纵向对称面内的平面力系，梁弯曲后的轴线将是纵向对称面内的平面曲线，这种弯曲称为**平面弯曲**。

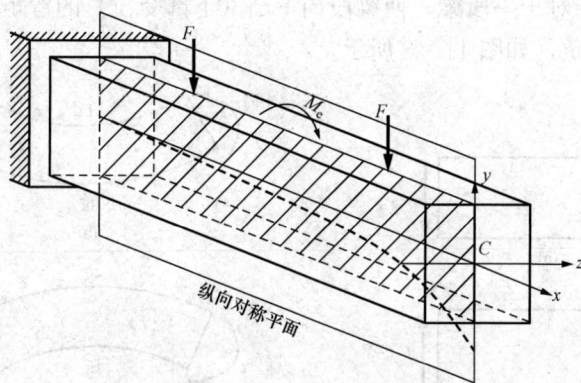

图 11 - 5

平面弯曲是弯曲变形中最简单和最基本的情况。这一章以及随后的两章主要研究梁的平面弯曲问题。

第 2 节　剪 力 和 弯 矩

梁受外力作用，其内部将产生内力，截面上的内力用截面法根据平衡方程确定。如图 11 - 6 （a）所示简支梁，受一个垂直于轴线的横向力 F 作用，支座反力 F_A、F_B 由平衡方程求得。

沿任意横截面 1—1 假想将梁截为两部分，可任取其一研究，若取左边部分研究，如图

11 - 6（b）所示。由于梁整体平衡，则其部分也必定平衡。在图 11 - 6（b）所示的梁段上外力只有 F_A，为保证 y 方向的平衡，1—1 截面上必存在一个方向与 F_A 相反的力，该力有使梁沿横截面产生剪切错动的趋势，所以称为**剪力**，记为 F_S。F_S 和 F_A 大小相等方向相反，构成一力偶，而力偶只能与力偶平衡，因此在横截面上必定还存在一个力偶 M，此力偶使横截面产生转动而引起梁的弯曲，故称为弯矩。F_S 和 M 就是梁的弯曲内力，其大小由平衡方程确定。

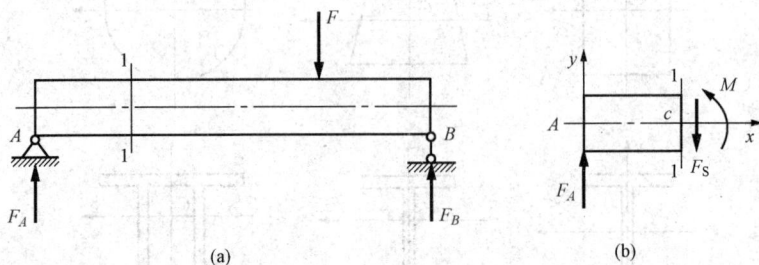

图 11 - 6

内力分量的正负按梁的变形情况规定如下：

（1）剪力的正负。对于一段梁，其左侧截面的剪力向上为正、向下为负；右侧截面的剪力向下为正、向上为负。或者说，使梁段顺时针转动的剪力为正，使梁段逆时针转动的剪力为负，如图 11 - 7 所示。

（2）弯矩的正负。对于一段梁，使梁段向下凸（下部受拉）的弯矩为正；使梁段向上凸（上部受拉）的弯矩为负，如图 11 - 8 所示。

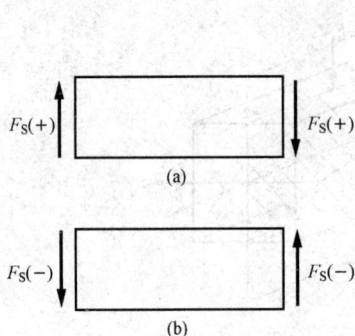

图 11 - 7

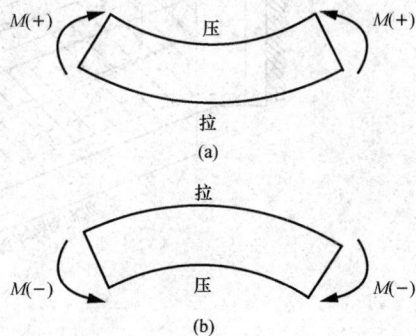

图 11 - 8

【例 11 - 1】 图 11 - 9（a）所示简支梁，受一个垂直于轴线的横向力作用，将此梁分为两段，试求两段任意截面上的内力。

解　（1）求支座约束力。由整个梁的平衡条件可求得支座约束力

$$F_A = \frac{b}{l} F \qquad\qquad F_B = \frac{a}{l} F$$

（2）应用截面法求内力。在 AC 段中沿距离 A 端为 x 的 1 - 1 截面截取左侧的梁段为分离体，见图 11 - 9（b）。考虑分离体的平衡。由投影平衡方程

$$\sum F_y = 0 \qquad F_A - F_{S1} = 0$$

和对截面的形心 c_1 的力矩平衡方程

$$\sum M_{c1}(F) = 0 \quad M - F_A x = 0$$

得 AC 段任意横截面的内力

$$F_{S1} = F_A = \frac{b}{l}F \quad (0 < x < a)$$

$$M_1 = F_A x = \frac{b}{l}Fx \quad (0 \leqslant x \leqslant a)$$

(a)

若取 1—1 截面右边的梁段为分离体，如图 11-9（c）所示，由投影平衡方程

$$\sum F_y = 0 \quad F_{S1} - F + F_B = 0$$

对截面 1—1 的形心 c_1 的力矩平衡方程

(b)

$$\sum M_{c1}(F) = 0 \quad -M_1 - F(a-x) + F_B(l-x) = 0$$

得 AC 段任意横截面的内力

$$F_{S1} = -F_B + F = \frac{b}{l}F \quad (0 < x < a)$$

(c)

$$M_1 = F_B(l-x) - F(a-x) = \frac{b}{l}Fx$$

$$(0 \leqslant x \leqslant a)$$

图 11-9

显然，由 1—1 截面两侧梁段所得同一截面的内力值应该相等。

从以上计算结果可以看出如下**两个规律**：

（1）任意横截面上的剪力在数值上等于该截面一侧（左或右）梁段上所有外力的代数和。使梁段顺时针转动的外力在该截面上产生正剪力，反之则产生负剪力。

（2）任意横截面上的弯矩在数值上等于该截面一侧梁段上所有外力对该截面形心之矩的代数和。使梁段下部受拉的力（力偶）产生正弯矩，反之则产生负弯矩。

根据以上规则，可以直接得出 2—2 截面的内力，设 2—2 截面距 A 端的距离为 x，有

$$F_{S2} = -F_B = -\frac{a}{l}F \quad (a < x < l)$$

$$M_2 = F_B(l-x) = \frac{a}{l}F(l-x) \quad (a \leqslant x \leqslant l)$$

利用以上归纳的两条规律，以后可不必再截取分离体和列平衡方程而直接写出任意截面的剪力和弯矩，举例如下。

【例 11-2】 图 11-10 所示悬臂梁，直接写出各标注截面的剪力值和弯矩值。

解　E 点处无限靠近的左侧截面

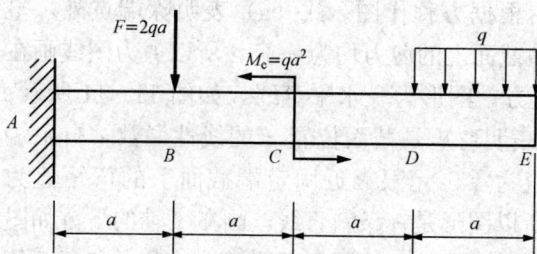

图 11-10

$$F_S^{E左} = 0, \quad M_E^{左} = 0$$

D 截面

$$F_S^D = qa, \quad M_D = -\frac{1}{2}qa^2$$

C 点无限靠近的左右截面

$$F_S^{C左} = F_S^{C右} = qa$$

$$M_C^{右} = -\frac{3}{2}qa^2, \quad M_C^{左} = qa^2 - \frac{3}{2}qa^2 = -\frac{1}{2}qa^2$$

B 点无限靠近的左右截面

$$F_S^{B左} = 3qa \qquad F_S^{B右} = qa$$

$$M_B = qa^2 - \frac{5}{2}qa^2 = -\frac{3}{2}qa^2$$

A 点无限靠近的右截面

$$F_S^{A右} = 3qa$$

$$M_A^{右} = -2qa^2 + qa^2 - \frac{7}{2}qa^2 = -\frac{9}{2}qa^2$$

　　从以上计算过程可看到，按两条规律计算截面内力的基础还是截面法，但在求内力时，"切"、"取"、"代"等步骤以及分离体图都省略了，平衡方程也简化了，变成为直接由截面一边的外力求出内力，因而简便易行。

第 3 节　剪力方程和弯矩方程　剪力图和弯矩图

　　一般境况下，在梁的不同横截面或不同梁段内，剪力与弯矩一般均不相同，即剪力与弯矩随截面位置的变化而变化。沿梁轴选取坐标 x 表示横截面的位置，则梁横截面上的剪力和弯矩可表示为坐标 x 的函数，即

$$F_S = F_S(x), \qquad M = M(x)$$

分别称为梁的**剪力方程**和**弯矩方程**，或统称为梁的**内力方程**，它们表达了剪力和弯矩沿轴线的变化规律。

　　为了直观形象地表示剪力和弯矩随截面位置变化的规律，将剪力方程和弯矩方程用曲线表示：以截面位置 x 为横坐标，以剪力或弯矩为纵坐标，绘出剪力与弯矩沿梁轴线变化的图线，分别称为**剪力图**和**弯矩图**。由剪力图和弯矩图可以方便地确定梁中的最大剪力和弯矩以及所在截面的位置。这是进行强度、刚度分析的重要依据。

　　【例 11 - 3】　图 11 - 11 所示悬臂梁，在自由端承受集中力 F 作用。试建立梁的剪力和弯矩方程，并作此梁的内力图。

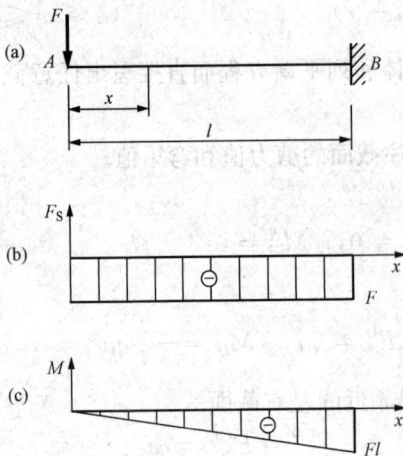

图 11 - 11

　　解　为统一起见，均将梁的左端定为 x 轴的原点，坐标指向右。应用简便方法，直接写出距原点为 x 的任意横截面上的剪力和弯矩，便是梁的剪力方程和弯矩方程

$$\begin{cases} F_S(x) = -F & (0 < x < l) \quad \text{(a)} \\ M(x) = -Fx & (0 \leqslant x < l) \quad \text{(b)} \end{cases}$$

　　然后根据方程作图。式（a）表明除端点外，整段梁各横截面上的剪力均为 $-F$，所以剪力图线画在 x 轴的下方，图形为一水平直线，如图 11 - 11 所示；式（b）表明弯矩是截面位置 x 的线性函数，自由端的弯矩值为零，无限靠近固定端截面上的弯矩值为 $-Fl$，所以图形是一条斜直线，画在 x 轴的下方如图 11 - 11 所示。另外，无限靠近固定端的剪力和弯矩值

在数值上就等于固定端约束反力和反力偶矩的数值。

【例 11 - 4】 悬臂梁受集度为 q 的均布载荷作用，试作此梁的剪力图和弯矩图。

解 运用简便方法，直接写出梁的剪力方程和弯矩方程

$$\begin{cases} F_S(x) = -qx & (0 \leqslant x < l) & \text{(a)} \\ M(x) = -qx\dfrac{x}{2} = -\dfrac{1}{2}qx^2 & (0 \leqslant x < l) & \text{(b)} \end{cases}$$

式（a）表明剪力沿截面线性变化，自由端的剪力为零，无限靠近固定端横截面上的剪力为 $-ql$，所以图形为一斜直线，画在 x 轴的下方，如图 11 - 12（b）所示。

式（b）表明弯矩沿截面按二次抛物线规律变化，自由端的弯矩为零，无限靠近固定端横截面上的弯矩值为 $-ql^2/2$，图形画在 x 轴的下方，如图 11 - 12（c）所示。以 x 轴为基准，正值画在其上方，负值画在其下方，并在图上注明正负号。这样也可以略去坐标轴不画，标注特殊截面的内力值时可省去正负号。

另外还可看出，自由端无集中力时，该处的剪力为零；自由端无集中力偶时，该处的弯矩值为零。

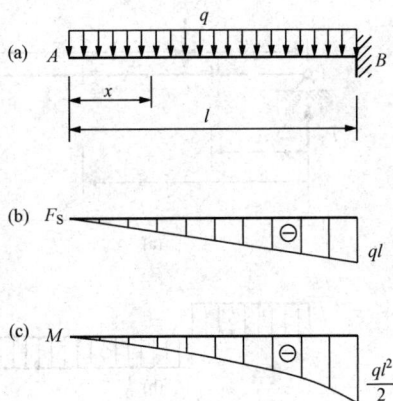

图 11 - 12

【例 11 - 5】 图 11 - 13 所示简支梁，受一集中力 F 作用，试作此梁的内力图。

解 首先由梁的平衡条件求得支座约束力

$$F_A = \frac{b}{l}F \qquad F_B = \frac{a}{l}F$$

然后写出梁的内力方程。

AC 段：只看 1—1 截面左边的力，有

$$\begin{cases} F_{S1}(x) = F_A & (0 < x < a) & \text{(a)} \\ M_1(x) = F_A x & (0 \leqslant x \leqslant a) & \text{(b)} \end{cases}$$

CB 段：只看 2—2 截面右边的力，有

$$\begin{cases} F_{S2}(x) = -F_B & (a < x < l) & \text{(c)} \\ M_2(x) = F_B(l-x) & (a \leqslant x \leqslant l) & \text{(d)} \end{cases}$$

由式（a）和式（c）可知，两段剪力都是常数，图形都是水平直线，AC 段在 x 轴的上方，CB 段在 x 轴的下方如图 11 - 13（b）所示。由式（b）和式（d）可知，两段弯矩都是 x 的线性函数，图形为斜率不同的斜直线，两端截面处因无集中力偶，弯矩为零，分段截面 C 处的弯矩值为 abF/l，所以用直线连接三个点可得弯矩图，如图 11 - 13（c）所示。

从内力图可以看出，在集中力作用点，无限靠近的两侧横截面上的剪力值不相等，即剪力图不连续而发生突变，突变跳跃值就等于集中力的数值，而弯矩图却是连续的。

【例 11 - 6】 图 11 - 14 所示简支梁，受集度为 q 的均布载荷作用，试作此梁的内力图。

解 由平衡条件求得支座约束反力

$$F_A = F_B = \frac{ql}{2}$$

写出距左端为 x 的任意横截面上的剪力和弯矩，便得梁的剪力方程和弯矩方程

$$
\begin{cases}
F_S(x) = F_A - qx = \dfrac{1}{2}ql - qx \qquad (0 < x < l) & \text{(a)} \\[2mm]
M(x) = F_A x - qx\dfrac{x}{2} = \dfrac{1}{2}qlx - \dfrac{1}{2}qx^2 \qquad (0 \leqslant x \leqslant l) & \text{(b)}
\end{cases}
$$

式（a）表明各截面的剪力随 x 线性变化，图形呈斜直线，无限靠近两端截面的剪力的绝对值相等而符号相反，用直线连接两点便得剪力图，如图 11 - 14 所示。

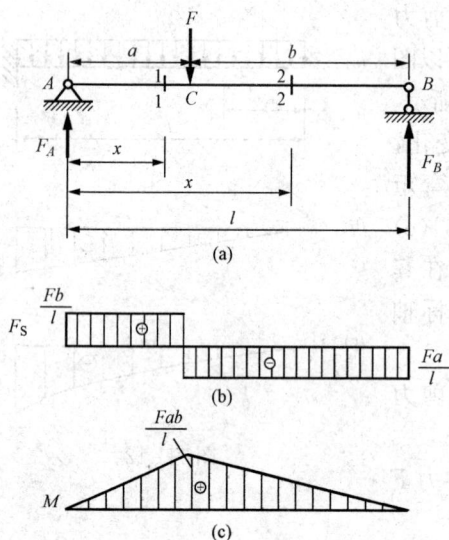

图 11 - 13

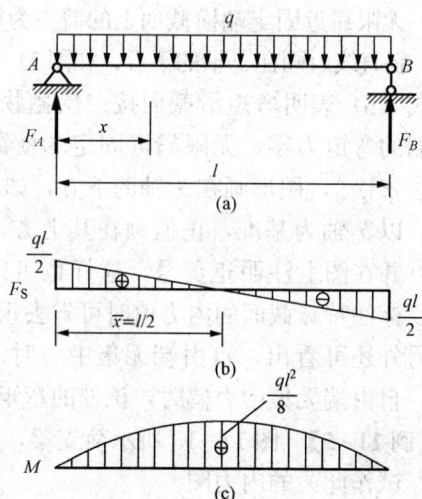

图 11 - 14

式（b）表明，弯矩图为抛物线，令弯矩方程关于 x 的一阶导数等于零，即

$$
\frac{\mathrm{d}M(x)}{\mathrm{d}x} = F_A - qx = \frac{1}{2}ql - qx = 0
$$

得极值点坐标为 $\qquad \bar{x} = l/2$

在极值点，弯矩的二阶导数为

$$
\frac{\mathrm{d}^2 M(x)}{\mathrm{d}x^2}\bigg|_{\bar{x}=\frac{l}{2}} = -q < 0
$$

表明有极大值，其极大值为

$$
M_{\max} = M(\bar{x}) = \frac{1}{8}ql^2
$$

在两端点，弯矩值为零。用曲线连接两端点和极值点便得弯矩图，如图 11 - 14（c）所示。从此例可以发现，弯矩方程关于 x 的一阶导数等于剪力方程；在弯矩的极值点处，剪力值为零。

【例 11 - 7】 图 11 - 15 所示简支梁，受一集中力偶 M_e 作用，力偶将梁分为两段，试作此梁的内力图。

解 由平衡条件求得支座约束反力为

$$
F_A = \frac{M_e}{l} \qquad\qquad F_B = -F_A = -\frac{M_e}{l}
$$

分别写出两段梁的内力方程

$$AC \text{ 段：} \begin{cases} F_{S1}(x) = F_A = \dfrac{M_e}{l} \\[2mm] (0 < x \leqslant a) \quad\quad\quad\quad (a) \\[2mm] M_1(x) = F_A x = \dfrac{M_e}{l} x \\[2mm] (0 \leqslant x < a) \quad\quad\quad\quad (b) \end{cases}$$

$$CB \text{ 段：} \begin{cases} F_{S2}(x) = F_A = -F_B = \dfrac{M_e}{l} \\[2mm] (a \leqslant x < l) \quad\quad\quad\quad (c) \\[2mm] M_2(x) = F_A x - M_e = F_B(l-x) \\[2mm] \quad\quad = -\dfrac{M_e}{l}(l-x) \\[2mm] (a < x \leqslant l) \quad\quad\quad\quad (d) \end{cases}$$

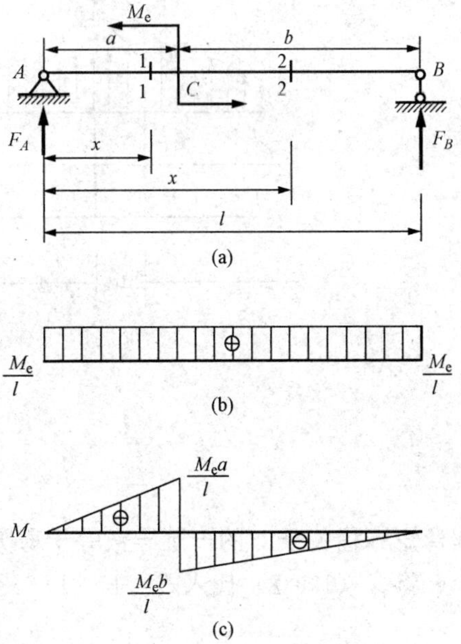

图 11 - 15

由式（a）和式（c）可知，两段剪力方程为同一常数，所以两段图形为同一条水平直线，如图 11 - 15（b）所示。由式（b）和式（d）可知，两段弯矩都呈线性变化，图形为斜率相同的两条斜直线，两端截面处弯矩为零，在集中力偶作用点无限靠近的两侧截面弯矩值不相同，即弯矩图不连续而发生突变，突变跳跃值就等于集中力偶的数值如图 11 - 15（c）所示。在弯矩图突变处，剪力图是光滑连续的。

第 4 节　剪力、弯矩与载荷集度之间的微分关系

在外载荷作用下，梁内产生剪力与弯矩。本节研究剪力、弯矩与载荷集度三者间的关系，及其在绘制剪力与弯矩图中的应用。

一、剪力、弯矩与载荷集度间的微分关系

设图 11 - 16（a）所示的梁，承受集度为 $q = q(x)$ 的分布载荷作用。这里，坐标轴 x 的正向为自左往右，载荷集度规定 q 向上为正、向下为负。从梁中任取一微元段进行受力分析如图 11 - 16（b）所示，在微元长度 dx 范围内可忽略载荷的变化而视为均布载荷；右侧截面的内力相对于左侧截面多一项微元改变量。

对分离体列平衡方程，由 $\sum F_y = 0$ 得

$$F_S(x) - [F_S(x) + dF_S(x)] + q(x)dx = 0$$

由此得到

$$\frac{dF_S(x)}{dx} = q(x) \quad\quad\quad\quad (11 - 1)$$

即剪力方程关于 x 的一阶导数等于荷载分布函数。

对右侧截面形心 c 列力矩平衡方程，由 $\sum M_c(F) = 0$ 得

$$[M(x) + dM(x)] - M(x) - F_S(x)dx + q(x)dx\frac{dx}{2} = 0$$

略去二阶微量 $q(x)dx\dfrac{dx}{2}$ 后又得到

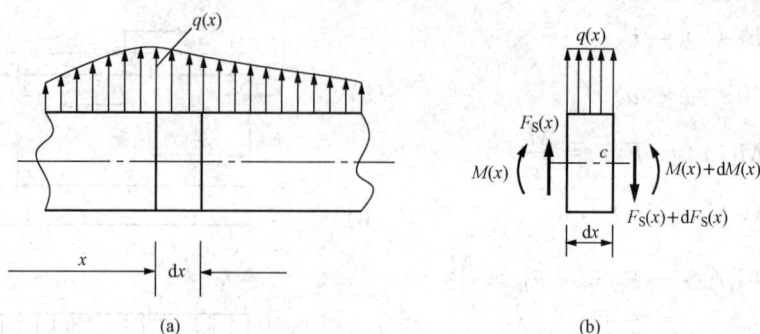

图 11 - 16

$$\frac{\mathrm{d}M(x)}{\mathrm{d}x} = F_{\mathrm{S}}(x) \tag{11- 2}$$

即弯矩方程关于 x 的一阶导数等于剪力方程。

将式 （11 - 2） 代入式 （11 - 1） 又可得到

$$\frac{\mathrm{d}^2 M(x)}{\mathrm{d}x^2} = q(x) \tag{11- 3}$$

即弯矩方程关于 x 的二阶导数等于载荷分布函数。

以上三式即为剪力、弯矩与载荷集度之间的微分关系式。

上述公式的几何意义为：①剪力图上某点处的切线斜率等于该点处载荷集度的大小；②弯矩图上某点处的切线斜率等于该点处剪力的大小；③式 （11 - 3） 反映了弯矩图凸起方向，根据高等数学可知：二阶导数大于零有极小值；小于零有极大值。

二、微分关系的运用

根据上面所推出的 $F_{\mathrm{S}}(x)$、$M(x)$、$q(x)$ 之间的微分关系，加之前面几个例题所给出的结论，可以总结出在几种载荷下剪力图、弯矩图的固有规律、特征，以便快速作出弯曲内力图。在了解内力图的基本形状和特征之后，作图的关键在于确定特殊截面的内力值。一般，梁总是由一些特殊截面分为若干段。所谓特殊截面诸如，梁的左右端截面、集中力作用点对应的截面、集中力偶作用点对应的截面以及分布载荷的起点和终点对应的截面等。从前面的例题中已经分析了这些特殊截面内力值的特点，归纳如下：

（1）自由端。在靠近自由端的截面上，剪力值等于自由端处的集中力数值，无集中力则剪力为零；自由端的弯矩值等于自由端处的集中力偶矩数值，无集中力偶则弯矩为零。

（2）集中力作用点。在集中力作用点对应的截面两侧，剪力图有突变，突变跳跃值等于集中力的数值；弯矩图连续但不光滑，呈现角点。

（3）集中力偶作用点。在集中力偶作用点对应的截面两侧，弯矩图有突变，突变跳跃值等于集中力偶矩的数值；剪力图光滑连续。

（4）分布载荷的端点。在分布载荷的端点，剪力图连续但不光滑；弯矩图光滑连续。

在不同载荷下剪力和弯矩图的特征见表 11 - 1。

表 11-1　　　　　　　　　　**在几种载荷下 $F_s(x)$ 图与 $M(x)$ 图的特征**

梁上载荷情况	无载荷 $q=0$	均布载荷 q		集中力 F	集中力偶 M_e
F_s 图特征	水平直线	上倾斜直线	下倾斜直线	在 C 截面有突变	在 C 截面无变化
	$F_s>0$ / $F_s<0$	$q>0$	$q<0$		
M 图特征	上倾斜直线 / 下倾斜直线	下凸抛物线	上凸抛物线	在 C 截面有转折角	在 C 截面有突变
		$F_s=0$ 处，M 有极值			

在确定了特殊截面的内力值之后，根据微分关系及表 11-1 所示的载荷与图形的关系，可直接绘出梁的内力图。除特殊情况外，一般无须再写出内力方程。

【例 11-8】 图 11-17 所示简支梁，两个相等的集中力 F 对称作用，试利用微分关系作梁的内力图。

解 由对称性和平衡条件，可知支座约束反力

$$F_A = F_B = F$$

AC 段内无载荷，剪力图为水平线，各截面的剪力均等于 A 端右侧截面的剪力 F_A；CD 段内无载荷，剪力图应为水平线，因 C 截面右侧的剪力为零，所以各截面的剪力均为零；DB 段的剪力图应与 AC 段的剪力图反对称；梁的剪力图如图 11-17（b）所示。

A 截面无集中力偶，弯矩为零；AC 段的弯矩图为正斜率斜直线，C 点的弯矩为 Fa；CD 段剪力为零，则弯矩图为水平线，各截面的弯矩均为 Fa；DB 段的弯矩图应与 AC 段的弯矩图对称；梁的弯矩图如 11-17（c）所示。

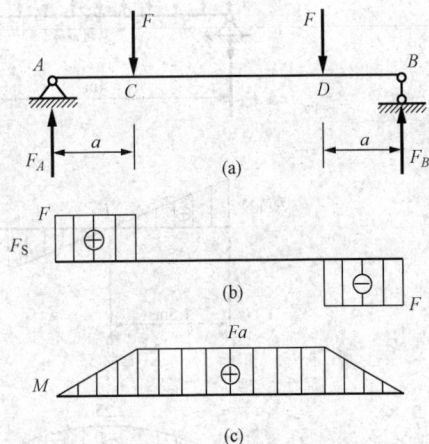

图 11-17

【例 11-9】 图 11-18 所示悬臂梁，AB 段受均布载荷 q，B 点作用一个集中力偶 $M_e = qa^2$，试利用微分关系作此梁的内力图。

解 从左边开始作图则无需求固定端的约束力。

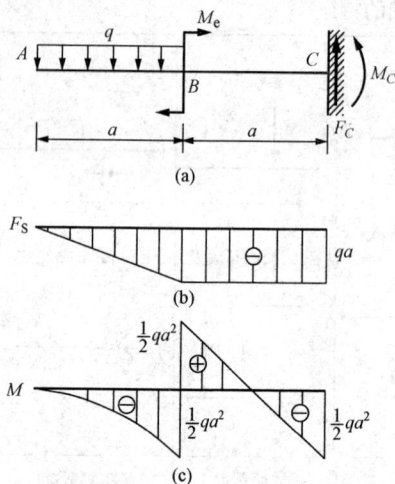

图 11 - 18

AB 段受向下的均布载荷，剪力图为斜直线，A 端剪力为零，B 点的剪力为 $-qa$；BC 段内无载荷，剪力图为水平线。固端左侧截面上剪力的数值就等于固端反力的数值如图 11 - 18（b）所示。

AB 段的弯矩图为向上凸的抛物线，A 端无集中力偶，弯矩为零；B 截面左侧的弯矩为 $-qa^2/2$；因 A 截面的剪力为零，所以弯矩图在该点有极大值；用曲线连接两点便得 AB 段的弯矩图。BC 段剪力为常数，弯矩图为斜直线，B 截面右侧的弯矩为 $qa^2/2$，固端弯矩为 $-qa^2/2$，用直线连接两点便得弯矩如图 11 - 18（c）所示。

【例 11 - 10】 已知图 11 - 19（a）所示外伸梁受均布载荷 q，集中力偶 M_e 和集中力 F 的作用，试求：① 梁的剪力图和弯矩图；② $|F_S|_{max}$ 和 $|M|_{max}$。

解 （1）由静力平衡方程，求出支座约束反力

$$F_A = 3kN \qquad F_B = 7kN$$

（2）画梁的剪力图和弯矩图。首先画剪力图，在支反力 F_A 的右侧梁截面上，剪力为 3kN。截面 A 和 C 之间的载荷为均布载荷，剪力图为斜直线。算出截面 C 上的剪力为（3 - 2×4）kN = -5kN，即可确定这条斜直线。截面 C 和 B 之间梁上无载荷，剪力图为水平线。截面 B 上有一集中力 F_B，从 B 的左侧到 B 的右侧，剪力图发生突然变化，变化的数值即等于 F_B。故 B 截面右侧上的剪力为（-5 + 7）kN = 2kN。截面 B 和 D 之间无载荷，剪力图又为水平线。剪力图如图 11 - 19（b）所示。

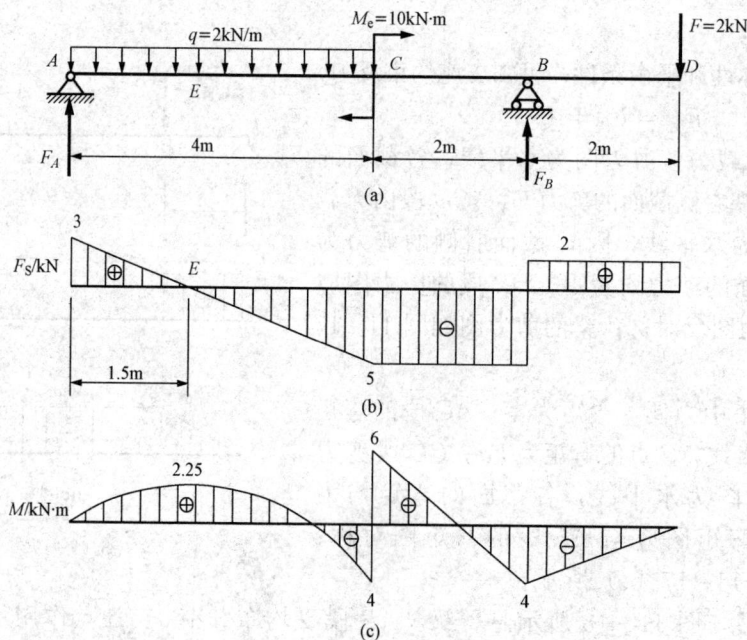

图 11 - 19

再画梁的弯矩图，截面 A 上的弯矩 $M_A = 0$。从 A 到 C 梁上为均布载荷，弯矩图为抛物线。在这一段内，截面 E 上剪力为零，弯矩为极值。E 到右端的距离为 1.5m，求出截面 E 上的极值弯矩为

$$M_E = (3\text{kN})(1.5\text{m}) - \frac{1}{2}(2\text{kN/m})(1.5\text{m})^2 = 2.25\text{kN} \cdot \text{m}$$

求出集中力偶矩 M_e 左侧截面上的弯矩为 $M_{C左} = -4\text{kN} \cdot \text{m}$。由 M_A，M_E 和 $M_{C左}$，便可作 A 到 C 间的抛物线。截面 C 上有一集中力偶矩 M_e，从 C 的左侧到 C 的右侧，弯矩图有一突然变化，变化的数值即等于 M_e。所以在 M_e 的右侧截面上，$M_{C右} = (-4+10)\text{kN} \cdot \text{m} = 6\text{kN} \cdot \text{m}$。截面 C 和 B 间梁上无载荷，弯矩图为斜直线。算出截面 B 上 $M_B = -4\text{kN} \cdot \text{m}$，于是就确定了这条直线。$B$ 到 D 之间弯矩图也为斜直线，因 $M_D = 0$，斜直线于是可画出。在截面 B 上，剪力突然变化，故弯矩图的斜率也突然变化。弯矩图如图 11 - 19（c）所示。

（3）由内力图知

$$|F_S|_{max} = 5\text{kN} \qquad |M|_{max} = 6\text{kN} \cdot \text{m}$$

【例 11 - 11】 图 11 - 20（a）所示刚架，A 端受一水平力 $F = qa$ 作用，AB 段受集度为 q 的均布载荷作用。试作此刚架的内力图。

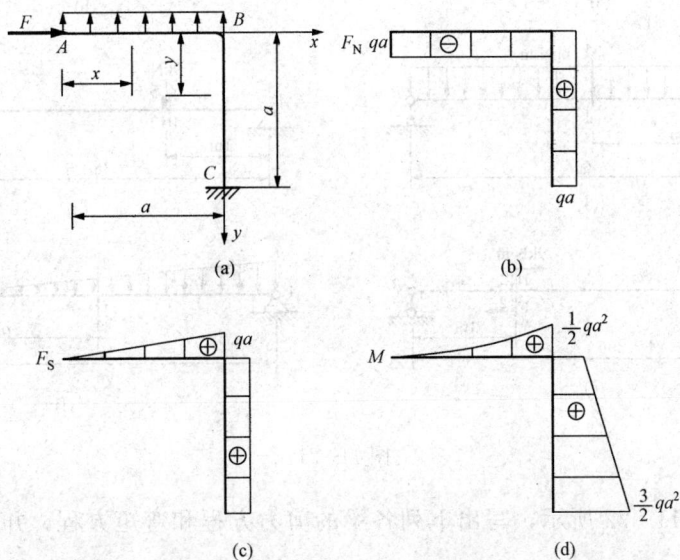

图 11 - 20

（a）刚架简图；（b）轴力图 F_N；（c）剪力图 F_S；（d）弯矩图 M

解 首先以 A 为原点，沿 AB 设 x 轴；再以 B 点为原点，沿 BC 设 y 轴。

在 AB 段中，在任意 x 截面截取左边部分进行受力分析（略），由平衡条件可得 AB 段的内力方程为

轴力方程 $\qquad F_N(x) = -F = -qa$

剪力方程 $\qquad F_S(x) = qx$

弯矩方程 $\qquad M(x) = \frac{1}{2}qx^2 \qquad\qquad (0 \leqslant x \leqslant a)$

在 BC 段中，在任意 y 截面截取上边部分进行受力分析（略），由平衡条件可得 BC 段

的内力方程为

轴力方程　　　　　　　　$F_N(y) = qa$

剪力方程　　　　　　　　$F_S(y) = F = qa$

弯矩方程　　　　　　　　$M(y) = Fy + \dfrac{1}{2}qa^2 = qay + \dfrac{1}{2}qa^2$ 　　　　　$(0 \leqslant y \leqslant a)$

　　根据内力方程画出内力图，也可以利用微分关系画剪力图和弯矩图，关键是求出特殊截面的内力值。

习　　　题

11-1　求图 11-21 所示各梁中指定截面的剪力和弯矩。

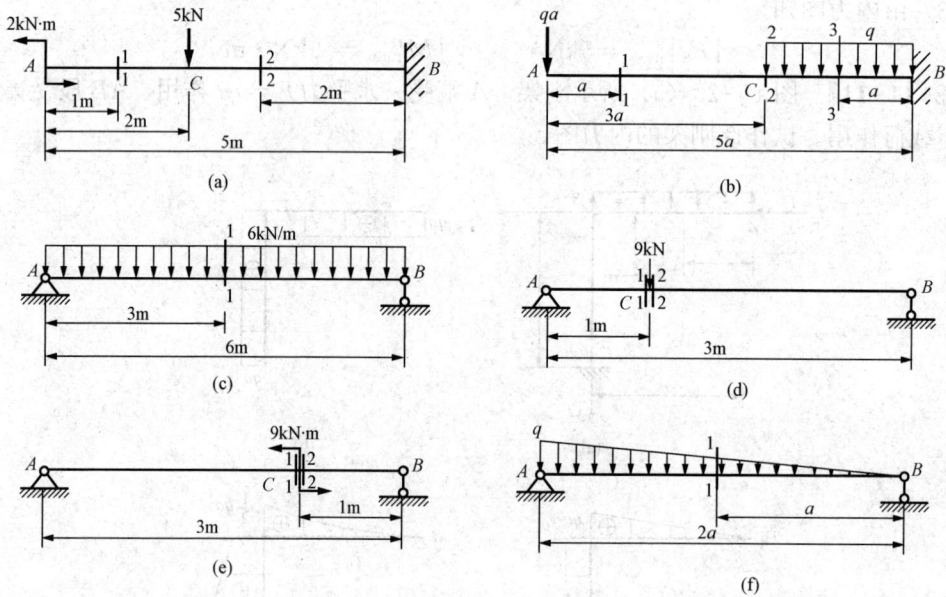

图 11-21

　　11-2　如图 11-22 所示，写出下列各梁的剪力方程和弯矩方程，并作出剪力图和弯矩图。

　　11-3　如图 11-23 所示，用简易法作出下列各梁的剪力图和弯矩图。

　　11-4　图 11-24 所示起吊一根单位长度重量为 $q(\text{kN/m})$ 的等截面钢筋混凝土梁，要想在起吊中使梁内产生的最大正弯矩与最大负弯矩的绝对值相等，应将起吊点 A，B 放在何处（即 a 值为多少）？

　　11-5　如图 11-25 所示简支梁受移动载荷 F 的作用。试求梁的弯矩最大时载荷 F 的位置。

　　11-6　已知简支梁的剪力图如图 11-26 所示，梁上无外力偶作用。绘制梁的弯矩图和载荷图。

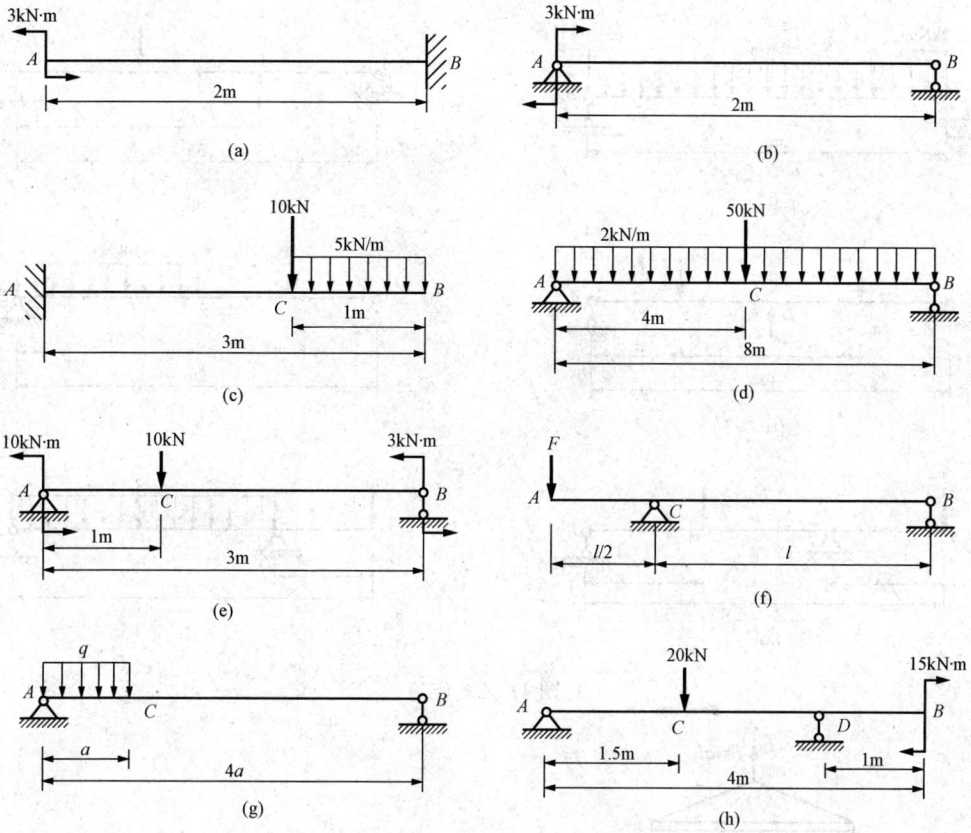

图 11-22

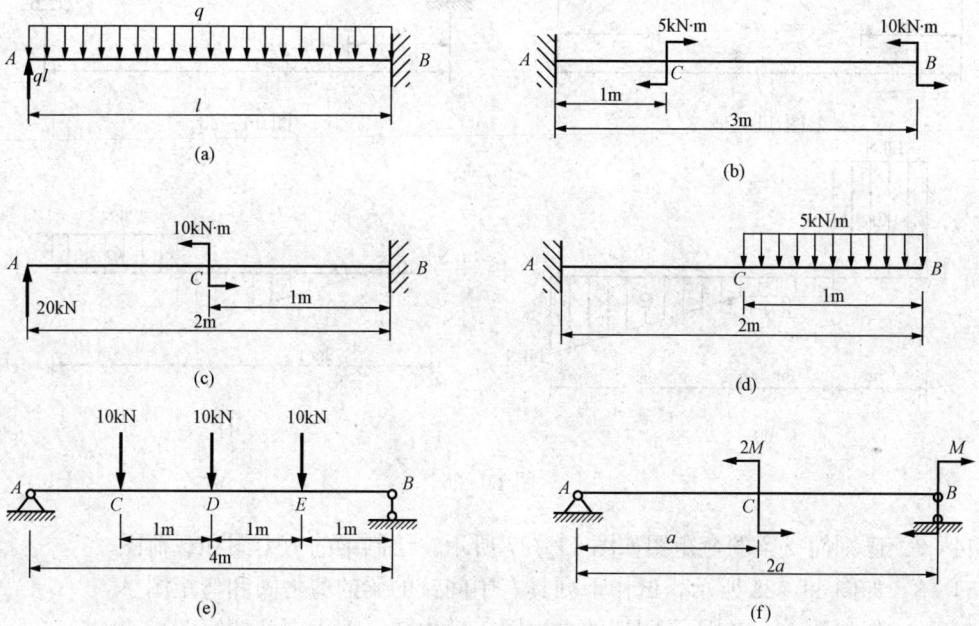

图 11-23（一）

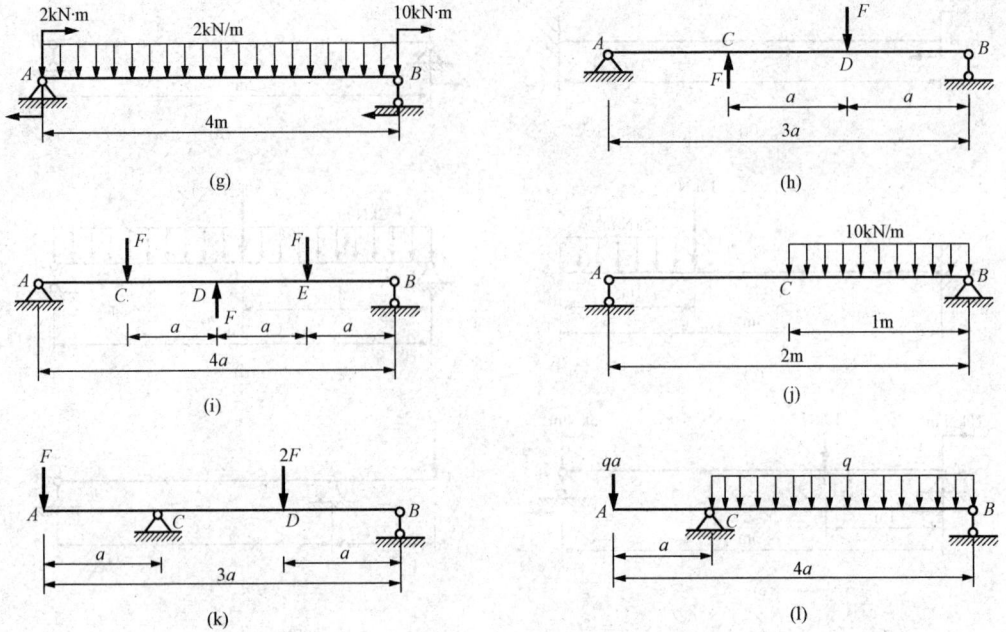

(g)　(h)

(i)　(j)

(k)　(l)

图 11 - 23（二）

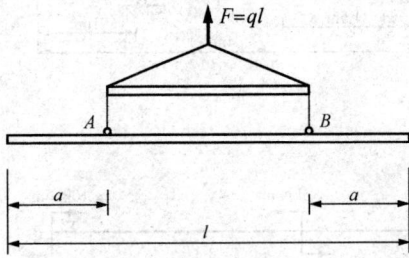

图 11 - 24

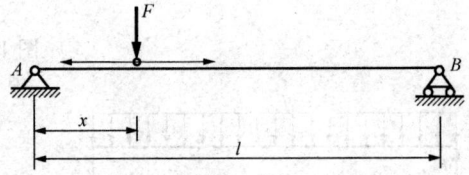

图 11 - 25

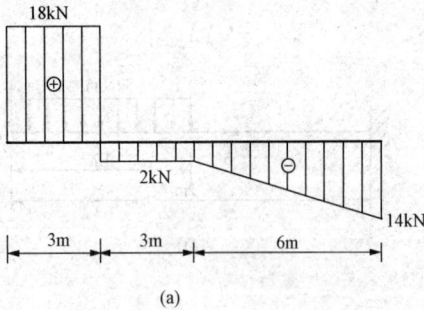

(a)

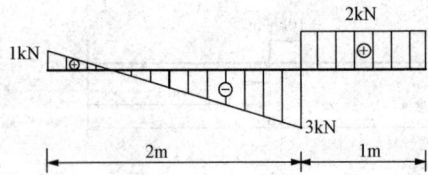

(b)

图 11 - 26

11 - 7　已知简支梁的弯矩图如图 11 - 27 所示。绘制梁的剪力图和载荷图。

11 - 8　如图 11 - 28 所示，试作下列具有中间铰的梁的剪力图和弯矩图。

11 - 9　作如图 11 - 29 所示刚架的内力图（轴力图、剪力图和弯矩图）。

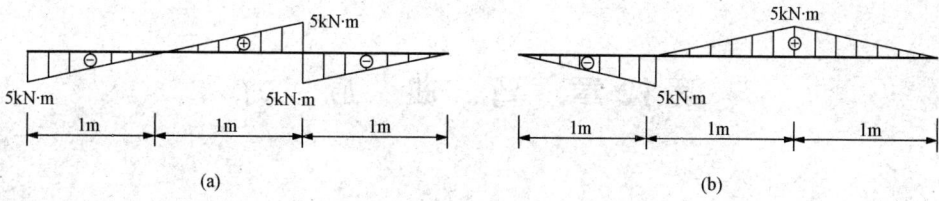

图 11 - 27

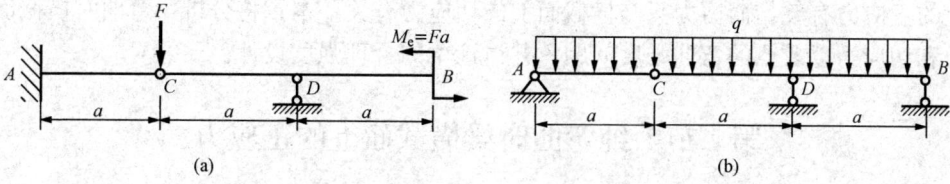

图 8 - 28

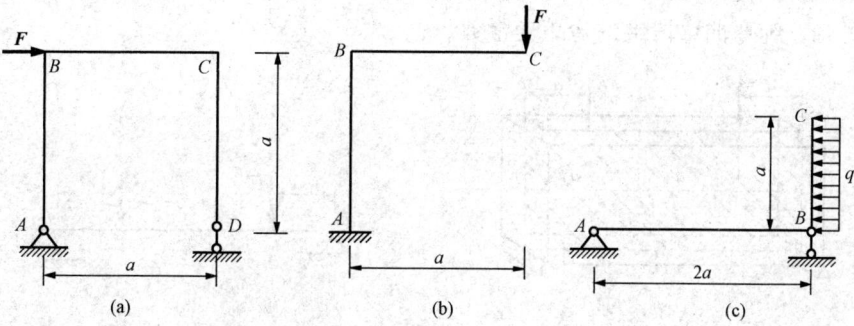

图 11 - 29

第12章 弯曲应力

前一章，我们研究了平面弯曲时梁横截面上的内力，即剪力和弯矩。其中，弯矩是垂直于横截面的内力系的合力偶矩，而剪力是横截面相切的内力系的合力。所以说，弯矩只与横截面上的正应力有关，而剪力只与横截面上的切应力有关。本章将分析梁弯曲时横截面上的正应力和切应力以及梁的弯曲强度问题，并讨论梁的合理强度设计。

第1节　纯弯曲时梁横截面上的正应力

纯弯曲是指梁段的各横截面上只有弯矩没有剪力的情形。图12-1所示简支梁，CD段的各个横截面上只有弯矩而无剪力，此段梁就属于纯弯曲，其轴线弯曲为圆弧。由剪力和弯矩的关系可知，纯弯曲梁段上的弯矩为常数。

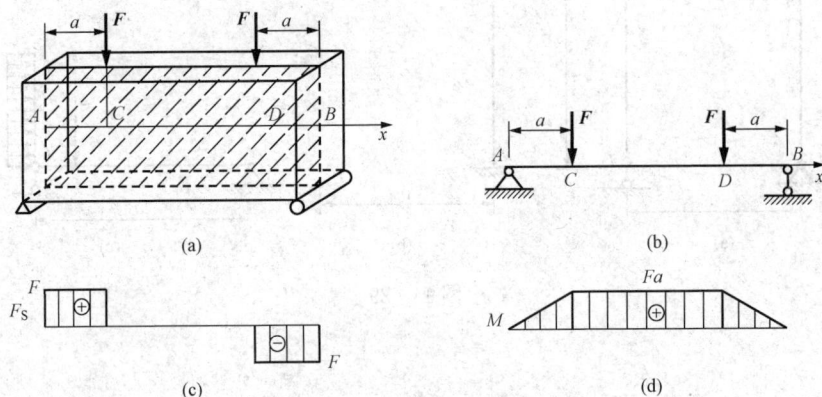

图 12-1

在 C、D 之间任意截取一段梁，弯曲前，在梁上刻上两组正交直线，一组与轴线平行，另一组与轴线垂直如图12-2（a）所示。弯曲后可以观察到，与轴线垂直的横向线仍然保持为直线且与弯曲后的轴线保持正交如图12-2（b）所示。由此可以推断，弯曲后横截面依然保持为平面。此推断称为**平截面假设**。另外还可观察到，与轴线平行的纵向直线弯曲为圆弧，且靠近上边缘的线段缩短了而靠近下边缘的线段伸长了。由此可以推断，梁横截面的上部存在着压应力，而下部存在着拉应力。显然正应力不可能均匀分布，而是从上到下发生了由负到正的变化。其具体的分布规律及与弯矩的关系须通过几何关系、物理关系和静力等效关系来揭示。

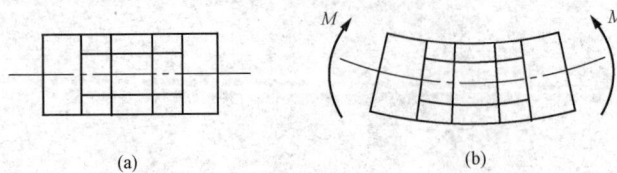

图 12-2

1. 变形几何关系

既然横截面保持为垂直于轴线的平面，且轴线弯曲为圆弧，则相距 dx 的两个横截面之间将形成一个夹角 $d\theta$ 见图 12-3 （b），上半部层线 aa 缩短并弯曲为圆弧 $\overset{\frown}{a'a'}$，而下半部层线 bb 伸长并弯曲为圆弧 $\overset{\frown}{b'b'}$。从上到下各层线由缩短变为伸长，则其间必有一层纤维既不伸长也不缩短，这一层称为**中性层**，由 $\overset{\frown}{o'o'}$ 层线表示。设中性层的曲率半径为 ρ，则 bb 层线的轴向线应变为

$$\varepsilon = \frac{\overset{\frown}{b'b'} - bb}{bb} = \frac{\overset{\frown}{b'b'} - \overset{\frown}{o'o'}}{\overset{\frown}{o'o'}} = \frac{(\rho + y)d\theta - \rho d\theta}{\rho d\theta} = \frac{y}{\rho} \tag{a}$$

曲率半径 ρ 与截面上的弯矩、截面的几何性质以及材料的力学性质有关而与 y 无关，所以可以得到如下结论：**横截面上各点的轴向线应变是该点距中性层的距离 y 的线性函数。** 距中性层越远线应变的绝对值越大，越靠近中性层就越小，中性层上的轴向线应变为零。

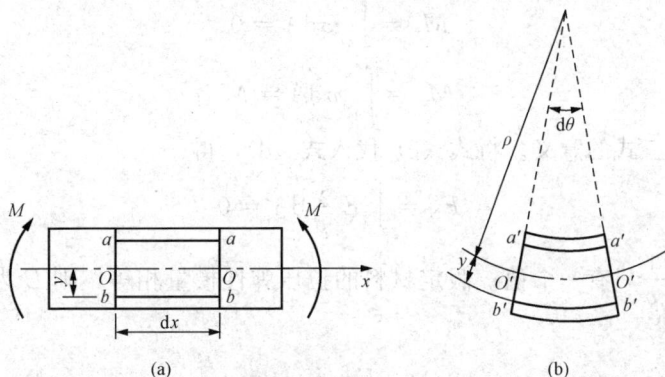

图 12-3

2. 物理关系

如图 12-1 所示的梁，在远离 C、D 两点的中间梁段上可以不考虑层与层之间的挤压，横截面上各点视为单向拉伸或单向压缩。在比例极限范围内，应用胡克定律

$$\sigma = E\varepsilon \tag{b}$$

将式（a）中的 ε 代入式（b），得横截面上各点正应力的分布规律

$$\sigma = E\frac{y}{\rho} \tag{c}$$

可见，横截面上各点的正应力也是该点距中性层的距离 y 的线性函数，距中性层最远点处的正应力绝对值最大，中性层上的正应力为零，如图 12-4 （a）所示。

3. 静力关系

以上推导中还有两点没有确定，其一是中性层的具体层面位置，其二是中性层的曲率半径与弯矩、截面的几何性质以及材料性质之间的关系。这些问题可由静力等效关系解决。

横截面与中性层的交线为**中性轴**，表示为 z 轴。在横截面上坐标为 (y, z) 处微面积 dA 上的微内力 σdA，如图 12-4 （b）所示。

这样的微内力构成一个垂直于横截面的空间平行力系。该力系只可能组成三个内力分量：沿 x 方向的轴力 F_N，对 z 轴的力偶矩 M_z，对 y 轴的力偶矩 M_y。另一方面，由截面法知，在纯弯曲情况下，横截面上只有弯矩 M。所以 F_N 和 M_y 都等于零，M_z 就是弯矩 M。于是得到

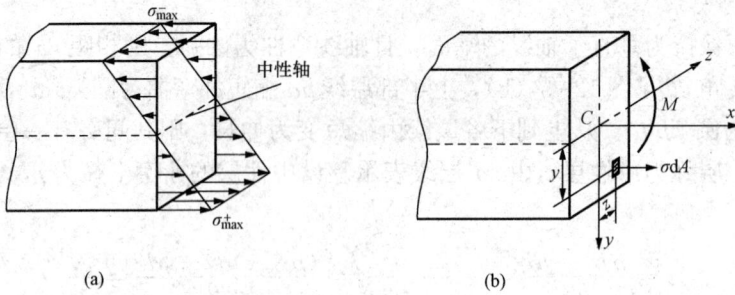

图 12 - 4

$$F_N = \int_A \sigma dA \qquad\qquad (d)$$

$$M_y = \int_A z\sigma dA = 0 \qquad\qquad (e)$$

$$M_z = \int_A y\sigma dA = M \qquad\qquad (f)$$

现在讨论以上三式的意义。将式（c）代入式（d），得

$$F_N = \int_A E \frac{y}{\rho} dA = 0$$

在同一截面处 $\frac{1}{\rho}$ 只有一个值；假定材料的拉压弹性模量相等，则 E 为常数，故上式可写成

$$F_N = \frac{E}{\rho}\int_A y dA = 0$$

又因为 $\frac{E}{\rho}$ 不可能为零，故必须有 $\int_A y dA = S_z = 0$

即横截面对 z 轴的静矩应为零。根据第十章静矩的性质知，中性轴 z 必通过横截面的形心。这就完全确定了中性轴的位置。

将式（c）代入式（e），得

$$M_y = \int_A z \frac{E}{\rho} y dA = \frac{E}{\rho}\int_A yz dA = 0$$

故必有 $\int_A yz dA = I_{yz} = 0$

上式表明整个截面对 y，z 轴的惯性积等于零。由于 y 轴是对称轴，上式能自动满足。即横截面上无侧弯矩。这充分说明对称截面梁，只要所有的载荷作用在纵向对称面内，则将不会产生侧弯曲，从而保证了梁的平面弯曲。需要指出的是，若横截面左右不对称，那么，即使没有外部的侧弯曲力偶，横截面上也会自然生成侧弯矩并导致侧向弯曲。

将式（c）代入式（f），得

$$M_z = \int_A y \frac{E}{\rho} y dA = M$$

所以

$$\frac{E}{\rho}\int_A y^2 dA = \frac{E}{\rho} I_z = M$$

由此得到

$$\frac{1}{\rho} = \frac{M}{EI_z} \tag{12-1}$$

式中 I_z——横截面对中性轴 z 的惯性矩;

EI_z——梁的抗弯刚度,它代表梁抵抗弯曲变形的能力。

式 (12-1) 决定了梁轴线弯曲变形的曲率。

现在将式 (12-1) 代回到式 (c),即得到横截面上任意一点的**纯弯曲正应力**公式

$$\sigma = \frac{M}{I_z} y \tag{12-2}$$

从式 (12-2) 可以看出,弯曲正应力与弯矩和点到中性轴的距离成正比,与横截面对中性轴的惯性矩成反比。当弯矩 M 为正时,中性层以下 y 坐标为正,应力为正,即下部受拉;中性层以上 y 坐标为负,应力为负,即上部受压。当弯矩 M 为负时,中性层以下 y 坐标为正,应力为负,即下部受压;中性层以上 y 坐标为负,应力为正,即上部受拉。

实际计算中不一定要进行代数计算,只需计算应力的绝对值,是拉应力还是压应力可以通过弯矩的转向以及变形的情况来判断。以弯曲的轴线为参考,凸边的应力为拉应力,凹边的应力为压应力。

最大正应力发生在离中性轴最远处,即 $\sigma_{max} = \frac{M}{I_z} y_{max}$

引用记号

$$W_z = \frac{I_z}{y_{max}} \tag{12-3}$$

则有

$$\sigma_{max} = \frac{M}{W_z} \tag{12-4}$$

式中 W_z——**抗弯截面模量**。它是截面的一个几何量。例如,高为 h 宽为 b 的矩形截面

$$W_z = \frac{I_z}{h/2} = \frac{bh^3/12}{h/2} = \frac{bh^2}{6}$$

直径为 d 的圆截面

$$W_z = \frac{I_z}{d/2} = \frac{\pi d^4/64}{d/2} = \frac{\pi d^3}{32}$$

外径为 D,内径为 d 的管形截面

$$W_z = \frac{I_z}{D/2} = \frac{\pi(D^4 - d^4)/64}{D/2} = \frac{\pi D^3}{32}\left[1 - \left(\frac{d}{D}\right)^4\right]$$

第 2 节　横力弯曲时的正应力　正应力强度条件

一、横力弯曲时的正应力

如果在梁的纵向对称截面上作用着垂直于轴线的集中力、分布力以及面内力偶,梁弯曲后横截面上的内力一般同时存在弯矩和剪力,这样的弯曲称为**横力弯曲**。

横力弯曲时,由于剪力的存在,梁的横截面将不再保持为平面而会发生翘曲,平截面假设不再成立。但对于足够长的等截面直梁(通常梁跨度大于 5 倍梁高),横力弯曲时横截面

上的正应力仍可按纯弯曲的正应力公式进行计算，只是在这种情况下，弯曲不再是常数，一般是截面位置的函数，应以 $M(x)$ 代替式（12-2）中的 M，得

$$\sigma = \frac{M(x)}{I_z}y$$

最大的正应力发生在最大弯矩截面上离中性轴最远处，即

$$\sigma_{max} = \frac{M_{max}}{I_z}y_{max} \qquad (12-5)$$

或

$$\sigma_{max} = \frac{M_{max}}{W_z} \qquad (12-6)$$

最大弯矩 M_{max} 处的截面称为**危险截面**，离中性轴最远的点 y_{max} 称为**危险点**。

【例 12-1】　截面为 No.25a 工字钢梁受力如图 12-5（a）所示，试求梁上的最大拉应力和最大压应力。

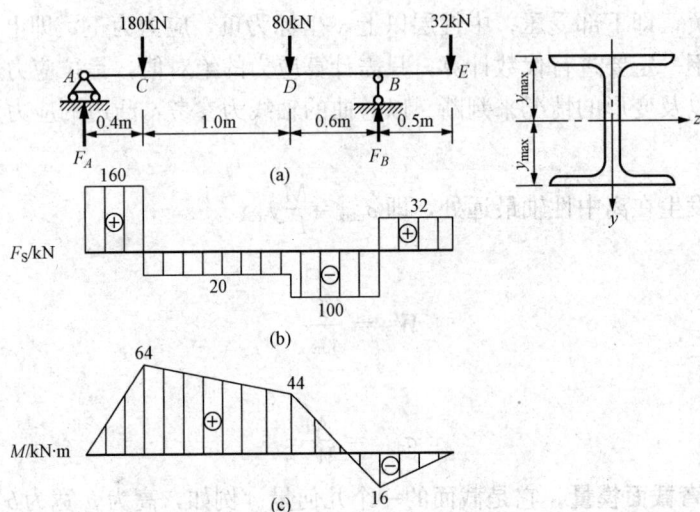

图 12-5

解　先由平衡方程求出支座约束反力

$$F_A = 160\text{kN} \quad F_B = 132\text{kN}$$

作弯矩图，如图 12-5（c）所示。可见，C 截面的弯矩值最大

$$M_{max} = 64\text{kN} \cdot \text{m}$$

查型钢表，得 No.25a 工字钢的惯性矩和截面尺寸分别为

$$I_z = 5020\text{cm}^4 \quad y_{max} = 12.5\text{cm}$$

最大拉应力发生在 C 截面的下边缘，有

$$\sigma_{tmax} = \frac{M_{max}y_{max}}{I_z} = \frac{64 \times 10^3 \times 12.5 \times 10^{-2}}{5020 \times 10^{-8}} = 159.4\text{MPa}$$

最大压应力发生在 C 截面的上边缘，有

$$\sigma_{cmax} = \frac{M_{max}y_{max}}{I_z} = \frac{64 \times 10^3 \times 12.5 \times 10^{-2}}{5020 \times 10^{-8}} = 159.4\text{MPa}$$

由本题可以看出，对于上下对称截面的梁，其最大拉应力和最大压应力发生在同一个截面上，而且数值也相同。

【例 12 - 2】 T 形截面梁受力如图 12 - 6（a）所示，已知截面对中性轴的惯性矩 $I_z = 2610 \text{cm}^4$，试求梁上的最大拉应力和最大压应力，并指明产生于何处。

解 由平衡方程求得支座约束反力

$$F_A = 37.5 \text{kN} \quad F_B = 112.5 \text{kN}$$

作弯矩图，如图 12 - 6（c）所示，极值点坐标 $\bar{x} = 0.75 \text{m}$。极值弯矩

$$M(\bar{x}) = M_C = 14.1 \text{kN} \cdot \text{m}$$

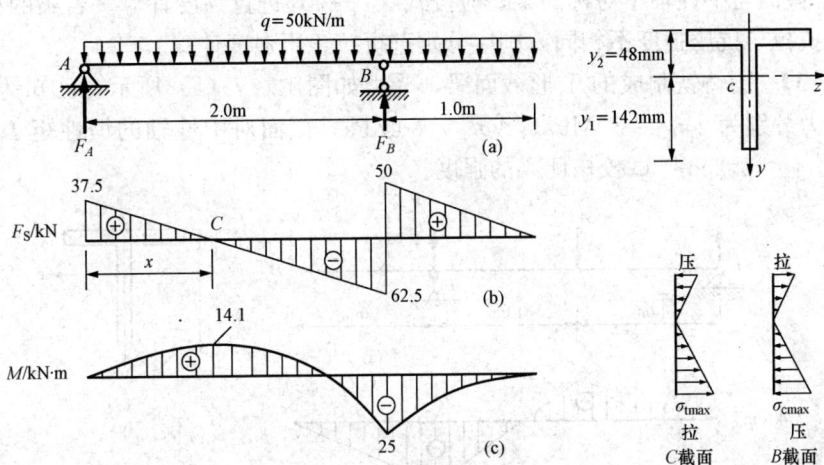

图 12 - 6

最大拉应力发生在 C 截面的下边缘，有

$$\sigma_{\text{tmax}} = \frac{M_C y_1}{I_z} = \frac{14.1 \times 10^3 \times 142 \times 10^{-3}}{2610 \times 10^{-8}} = 76.7 \text{MPa}$$

最大压应力发生在 B 截面的下边缘，有

$$\sigma_{\text{cmax}} = \frac{M_{\text{max}} y_1}{I_z} = \frac{25 \times 10^3 \times 142 \times 10^{-3}}{2610 \times 10^{-8}} = 136 \text{MPa}$$

由本例可以看出，对于上下不对称截面的梁，其最大拉应力和最大压应力并不一定发生在同一个截面上，而且数值也不相同。

二、正应力强度条件及其应用

为了保证梁不破坏，必须使梁的最大正应力（工作应力）不超过材料的抗弯容许应力 $[\sigma]$，这就是**梁的正应力强度条件**

$$\sigma_{\text{max}} = \frac{M_{\text{max}} y_{\text{max}}}{I_z} \leqslant [\sigma] \tag{12 - 7}$$

或

$$\sigma_{\text{max}} = \frac{M_{\text{max}}}{W_z} \leqslant [\sigma] \tag{12 - 8}$$

应用强度条件式（12 - 8）也可解决与梁的强度有关的三类问题，即：

（1）强度校核，即检算式（12 - 8）是否满足。

（2）设计截面尺寸，即计算 W_z

$$W_z \geqslant \frac{M_{\text{max}}}{[\sigma]} \tag{12 - 9}$$

来确定、选择或设计截面尺寸。

（3）求许用载荷，即计算内力 M_{max}

$$M_{max} \leqslant [\sigma] W_z \qquad (12\text{-}10)$$

由此确定梁所能承受的最大弯矩，进而确定梁的许用载荷。

实际计算时，应注意以下几点：

1）式（12-8）～式（12-10）只适用于截面与中性轴对称的梁。

2）对于截面与中性轴不对称的梁，应按式（12-7）进行强度计算。若梁的材料为脆性材料，由于抗拉与抗压强度不相同，则应分别进行拉、压强度计算。

【例 12-3】　用铸铁制成的 T 形截面梁，受力如图 12-7（a）所示，已知铸铁的抗拉、抗压许用应力分别为 $[\sigma_t]=30MPa$、$[\sigma_c]=60MPa$；截面对中性轴的惯性矩 $I_z=763cm^4$、$y_1=8.8cm$、$y_2=5.2cm$，试校核此梁的强度。

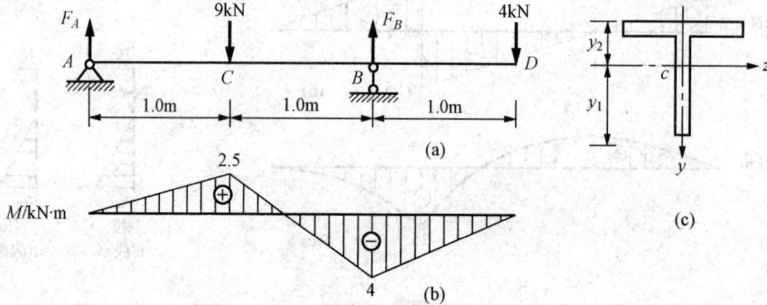

图 12-7

解　（1）作弯矩图：先求支座约束反力，由平衡方程可得

$$F_A = 2.5kN \quad F_B = 10.5kN$$

作弯矩图如图 12-7（b）所示，在 C 截面和 B 截面，分别有最大的正弯矩和最大负弯矩

$$M_C = 2.5kN \cdot m \quad M_B = -4kN \cdot m$$

（2）强度校核：由于截面关于 z 轴不对称，所以 B、C 两个截面均可能是危险截面。

B 截面上最大拉应力发生在上边缘，其大小为

$$\sigma_{Bmax}^t = \frac{M_B y_2}{I_z} = \frac{4 \times 10^3 \times 5.2 \times 10^{-2}}{763 \times 10^{-8}} = 27.2MPa$$

B 截面上最大压应力发生在下边缘，其值为

$$\sigma_{Bmax}^c = \frac{M_B y_1}{I_z} = \frac{4 \times 10^3 \times 8.8 \times 10^{-2}}{763 \times 10^{-8}} = 46.2MPa$$

C 截面上最大拉应力发生在下边缘，其大小为

$$\sigma_{Cmax}^t = \frac{M_C y_1}{I_z} = \frac{2.5 \times 10^3 \times 8.8 \times 10^{-2}}{763 \times 10^{-8}} = 28.8MPa$$

对比最大正应力可知，整个梁的最大拉应力发生在 C 截面的下边缘，即

$$\sigma_{Cmax}^t = 28.8MPa \leqslant [\sigma_t]$$

而最大压应力发生在 B 截面的下边缘，即

$$\sigma_{Bmax}^c = 46.2MPa \leqslant [\sigma_c]$$

表明此梁的拉、压强度条件均满足，具有足够的抗弯强度。

【例 12 - 4】 截面为 No. 20a 的工字钢梁受力如图 12 - 8（a）所示，已知钢材的许用应力 $[\sigma]=160\text{MPa}$，试求此梁的许用载荷 $[F]$。

解 先求支座约束反力，由平衡条件得

$$F_A = \frac{F}{3} \quad F_B = -\frac{F}{3}$$

作弯矩图如图 12 - 8（b）所示，最大弯矩为

$$M_{max} = \frac{2}{3}F$$

查表可知 No. 20a 工字钢截面的抗弯截面模量为 $W_z=237\text{cm}^3$ 根据强度条件得此梁所能承受的最大弯矩为

$$M_{max} \leqslant [\sigma]W_z = 160 \times 10^6 \times 237 \times 10^{-6} = 37.92\text{kN} \cdot \text{m}$$

即

$$F = \frac{3}{2}M_{max} \leqslant 56.88\text{kN}$$

取等号得此梁的许用载荷 $[F]=56.88\text{kN}$。

【例 12 - 5】 图 12 - 9（a）所示的简支梁由两根槽钢焊接成工字形截面。梁上的均布载荷集度 $q=5\text{kN/m}$；此外，左端还作用一个力偶 $M_e=7.5\text{kN} \cdot \text{m}$；若已知钢材的许用应力 $[\sigma]=120\text{MPa}$，试选择此梁的槽钢型号。

解 首先由平衡条件求得支座约束反力

$$F_A = 5\text{kN} \quad F_B = 10\text{kN}$$

作弯矩图如图 12 - 9（c）所示，最大弯矩为

$$M_{max} = 10\text{kN} \cdot \text{m}$$

根据强度条件式（12 - 9）可求得梁所必需的抗弯截面模量

$$W_z \geqslant \frac{M_{max}}{[\sigma]} = \frac{10 \times 10^3}{120 \times 10^6} = 83.3 \times 10^{-6}\text{m}^3 = 83.3\text{cm}^3$$

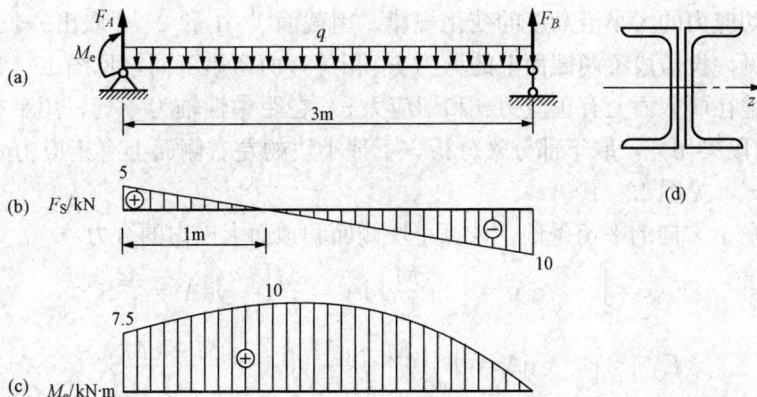

图 12 - 9

单个槽钢所必需的抗弯截面模量则为

$$W_{1z} = \frac{1}{2}W_z \geqslant 41.6\text{cm}^3$$

查槽钢型钢表，符合要求的最小型号为 No. 12.6 号槽钢，其抗弯截面模量为 $W_{1z} = 62.137\text{cm}^3$，超过最小值 49%，从而造成材料浪费。若采用 No. 10 的槽钢，其抗弯截面模量为 $W_{1z} = 39.7\text{cm}^3$，则梁的抗弯截面模量为 $W_z = 2W_{1z} = 79.4\text{cm}^3$。如此，梁中的最大正应力为

$$\sigma_{\max} = \frac{M_{\max}}{W_z} = \frac{10 \times 10^3}{79.4 \times 10^{-6}} = 125.9\text{MPa}$$

超过容许值的百分比为

$$\frac{125.9 - 120}{120} \times 100\% = 4.9\%$$

对于钢结构，工程规范中允许工作应力最多不能超过容许应力的 5%，所以上述问题中采用 No. 10 的槽钢是可以接受的。

第 3 节 梁横截面上的切应力 切应力强度条件

梁在横力弯曲时，其横截面上除了弯矩外，还有剪力，相应地就有切应力。本节将分析几种截面形状梁的切应力，与前面的正应力分析一样，仍限于研究外力作用在梁的纵向对称面的情况。

一、矩形截面梁的切应力

设矩形截面的梁高为 h，宽为 b，截面上的剪力 F_S 沿截面的纵对称轴 y 作用。注意到梁的侧面是自由表面，由切应力互等定理可知，横截面侧边上各点的切应力方向都平行于侧边。对于狭长的矩形截面来说，可以认为切应力的大小和方向沿截面宽度的变化不大。因此，可以对矩形截面切应力的分布规律作如下假定：

(1) 横截面上各点切应力的方向都平行于侧边，也即平行于剪力 F_S；

(2) 沿截面的宽度切应力均匀分布。

进一步研究表明，以上述假定为基础的解与精确解相比有足够的准确度。

现在研究切应力的大小沿高度的变化规律。用截面 1—1 和 2—2 取出一长为 $\text{d}x$ 的微段梁，为简单起见，设微段梁两截面上的剪力 F_S 相等，而弯矩不同，见图 12 - 10（b）。与弯矩和剪力对应地在两截面上有正应力 σ 和切应力 τ。在距中性轴为 y 处，用平行于中性层的平面 3—3 将微段梁切开，取下部分来分析，下部小块的左右侧面上有正应力 σ 和切应力 τ，顶面有切应力 τ'，见图 12 - 10（c）。

研究小块在 x 方向的平衡条件，计算小块侧面和顶面上内力的合力

$$F_{N1} = \int_{A^*} \sigma_1 \text{d}A = \int_{A^*} \frac{M}{I_z}y\text{d}A = \frac{M}{I_z}\int_{A^*} y\text{d}A = \frac{M}{I_z}S_z^*$$

$$F_{N2} = \int_{A^*} \sigma_2 \text{d}A = \int_{A^*} \frac{M + \text{d}M}{I_z}y\text{d}A = \frac{M + \text{d}M}{I_z}S_z^*$$

$$\text{d}F'_S = \tau'b\text{d}x$$

由平衡条件 $\sum F_x = 0$，得

$$F_{N2} - F_{N1} - \text{d}F'_S = 0$$

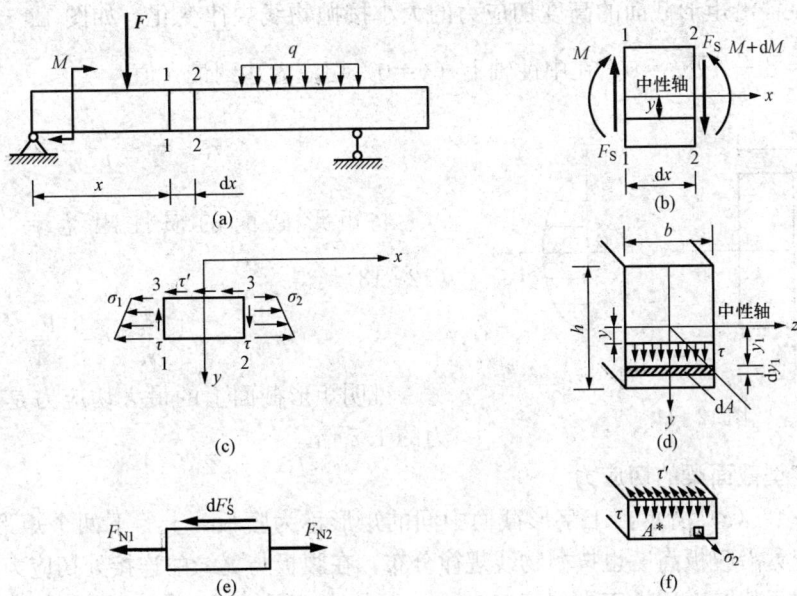

图 12 - 10

将 F_{N1}、F_{N2}、dF_S' 代入上式得

$$\frac{M+dM}{I_z}S^* - \frac{M}{I_z}S^* - \tau'b\,dx = 0$$

经整理，并运用 $F_S = \dfrac{dM}{dx}$，得

$$\tau' = \frac{F_S S_z^*}{I_z b}$$

由切应力互等定理可知，在一点处，横截面上的切应力 τ 与水平顶面上的切应力 τ'，数值相等，τ' 为逆时针转向时则 τ 为顺时针转向，如图 12 - 10（f）所示。所以得

$$\tau = \frac{F_S S_z^*}{I_z b} \tag{12-11}$$

式中 F_S——横截面上的剪力；

I_z——横截面对中性轴的惯性矩；

b——横截面上所求切应力点处的梁宽度；

S_z^*——横截面上距中性轴为 y 的横线以外部分的面积 A^* 对中性轴的静矩。

式（12-11）就是矩形截面梁横截面上任一点切应力的计算公式。

现在，根据切应力公式进一步讨论切应力在矩形截面上的分布规律。在图 12 - 10（d）所示的矩形截面上取微面积 $dA=b\,dy_1$，则距中性轴为 y 的横线以下的面积 A^* 对中性轴 z 的静矩为

$$S_z^* = \int_{A^*} y_1\,dA = \int_y^{\frac{h}{2}} by_1\,dy_1 = \frac{b}{2}\left(\frac{h^2}{4} - y^2\right)$$

将上式代入切应力公式（12-11），可得矩形截面切应力的计算公式为

$$\tau = \frac{F_S}{2I_z}\left(\frac{h^2}{4} - y^2\right) \tag{12-12}$$

由此可见，沿矩形截面的高度切应力的大小按抛物线规律变化，如图 12 - 11 所示。在上下边缘 $\left(y = \pm \dfrac{h}{2}\right)$ 处 $\tau = 0$；在中性轴上（$y = 0$）切应力达到最大值

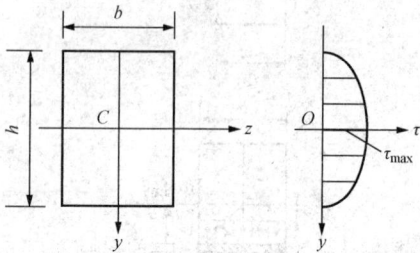

图 12 - 11

$$\tau_{\max} = \frac{F_{S}h^{2}}{8I_{z}} \tag{12 - 13}$$

将矩形截面的惯性矩 $I_{z} = \dfrac{bh^{3}}{12}$ 代入式（12 - 13），得

$$\tau_{\max} = \frac{3}{2}\frac{F_{S}}{bh} = \frac{3}{2}\frac{F_{S}}{A} \tag{12 - 14}$$

说明矩形截面上的最大切应力是其平均切应力的 1.5 倍。

二、工字型截面梁的切应力

如图 12 - 12（a）所示，工字形截面中间的矩形称为腹板，上、下两个矩形称为翼缘。腹板上的切应力沿腹板高度也按抛物线规律分布，在腹板与翼缘的连接处切应力最小，但并不为零。当腹板的厚度远小于翼缘宽度时，$\tau_{\max}$ 与 $\tau_{\min}$ 很接近，因此腹板上的切应力可近似视为均匀分布。结果表明，腹板承担了 95% 以上的剪力。因此，工字型截面梁的最大切应力近似等于剪力在腹板面积上的平均值，即

$$\tau_{\max} = \frac{F_{S}}{(h - 2t)d} = \frac{F_{S}}{A} \tag{12 - 15}$$

通常，翼缘上的切应力远小于腹板上的切应力，可以不必考虑。

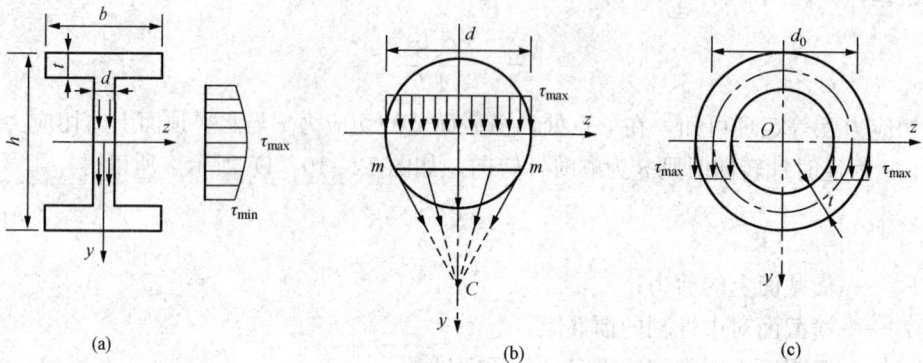

图 12 - 12

三、圆形及薄壁圆环截面梁的切应力

在圆形截面上，任一平行于中性轴的横线 m—m 两端处，切应力的方向必切于圆周，并相交于 y 轴上的 C 点。因此，横线上各点切应力方向是变化的。但在中性轴上各点切应力的方向皆平行于剪力 F_{S}，设为均匀分布，如图 12 - 12（b）所示，其值最大

$$\tau_{\max} = \frac{4}{3}\frac{F_{S}}{\pi d^{2}/4} = \frac{4}{3}\frac{F_{S}}{A} \tag{12 - 16}$$

即圆形截面梁的最大切应力是平均切应力的 4/3 倍。

对于薄壁圆环截面梁 ［图 12 - 12（c）］，最大切应力仍发生在中性轴上，大小为

$$\tau_{max} = 2\frac{F_S}{\pi d_0 t} = 2\frac{F_S}{A} \qquad (12-17)$$

即薄壁圆环截面梁的最大切应力是平均切应力的 2 倍。

四、梁的切应力强度条件

在选择梁的截面时，必须同时满足正应力和切应力强度条件。通常先按正应力选出截面，再按切应力进行强度校核。梁的强度大多由正应力控制，按正应力强度条件选好截面后，一般并不需要再按切应力进行强度校核。对于某些特殊情形，如①梁的跨度较小或在支座附近有较大的载荷时，梁的弯矩较小而剪力较大；②铆接或焊接的薄壁截面梁，当腹板的厚度与高度之比小于型钢的相应比值，也就是腹板既薄又高时，此时腹板的切应力可能很大；③木梁的顺纹方向或胶合梁的胶合层，其抗剪强度低。这些情况需要进行弯曲切应力强度校核。等截面直梁的最大切应力 τ_{max} 一般发生在 F_{Smax} 截面的中性轴上，此处弯曲正应力为零，微元体处于纯剪切应力状态，故**梁的切应力强度条件**为

$$\tau_{max} = \frac{F_{Smax}S^*_{zmax}}{bI_z} \leqslant [\tau] \qquad (12-18)$$

式中　$[\tau]$——材料的剪切容许应力。

【例 12-6】　图 12-13 所示工字形截面梁由三块等厚度钢板焊接而成，钢板的厚度 $t=$ 8mm。许用应力 $[\sigma]=140$MPa，$[\tau]=70$MPa。试按弯曲正应力强度条件确定腹板的高度和翼板的宽度，并校核梁的剪切强度。

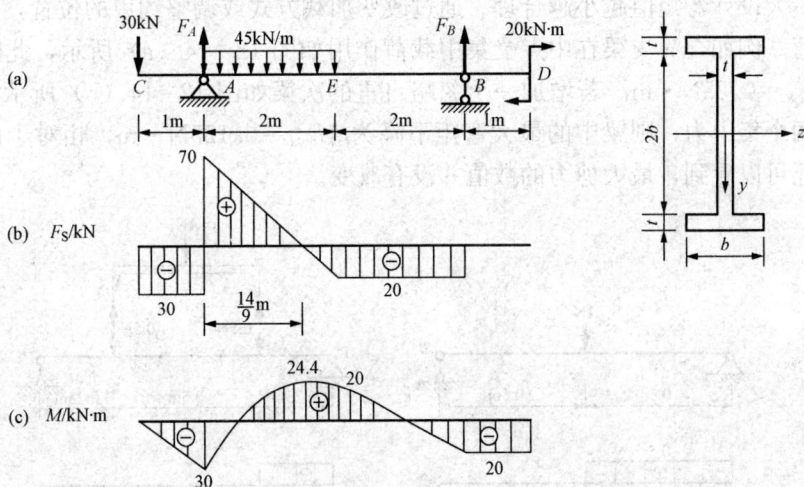

图 12-13

解　(1) 首先求支座约束反力。由平衡方程 $\sum M_A(F)=0$ 和 $\sum M_B(F)=0$，可得

$$F_A = 100\text{kN} \quad F_B = 20\text{kN}$$

(2) 作剪力图和弯矩图如图 12-13（b）、(c) 所示。可以看出，A 截面为危险截面，最大剪力和最大弯矩的数值分别为

$$F_{Smax} = 70\text{kN} \quad M_{max} = 30\text{kN}\cdot\text{m}$$

(3) 计算截面的惯性矩和抗弯截面模量

$$I_z = 2\left[\frac{b\times 8^3}{12} + 8\times b\times(4+b)^2\right] + \frac{8\times(2b)^3}{12} = 21b^3 + 128b^2 + 341b$$

$$W_z = \frac{21b^3 + 128b^2 + 341b}{8 + b} \tag{a}$$

根据弯曲正应力强度条件，梁的抗弯截面模量必须满足

$$W_z \geqslant \frac{M_{max}}{[\sigma]} = \frac{30 \times 10^3}{140 \times 10^6} = 2.14 \times 10^{-4} \text{m}^3 = 2.14 \times 10^5 \text{mm}^3$$

令式（a）等于 $2.14 \times 10^5 \text{mm}^3$，可取翼板的宽度为 102mm，腹板的高度为 204mm。据此，截面对中性轴的惯性矩

$$I_z = 2.354 \times 10^7 \text{mm}^4$$

（4）剪切强度校核

$$\tau_{max} = \frac{F_{Smax} S_{zmax}^*}{I_z t} = \frac{70 \times 10^3 \times (8 \times 102 \times 106 + 8 \times 102 \times 51) \times 10^{-9}}{2.354 \times 10^{-5} \times 8 \times 10^{-3}}$$

$$= 47.6(\text{MPa}) < [\tau]$$

此梁满足剪切强度条件。

第 4 节　梁的合理强度设计

一、载荷及支座的合理配置

一般，梁的强度主要由最大正应力控制，而正应力与弯矩有关，所以在保证梁的承载力的前提下，最大设计弯矩值越小越合理。通过改变加载方式或调整约束的位置，可以降低梁的最大弯矩值。例如，简支梁在中点受集中载荷作用如图 12 - 14（a）所示，此时梁中的最大弯矩值 $M_{max} = 0.25\text{N} \cdot \text{m}$。若增加一个忽略自重的次梁如图 12 - 14（b）所示，将一个集中力分散为两个集中力，则梁中的最大弯矩下降为 $M_{max} = 0.125\text{N} \cdot \text{m}$，相对于前者下降了 50%。同时还可以看到，最大剪力的数值并没有改变。

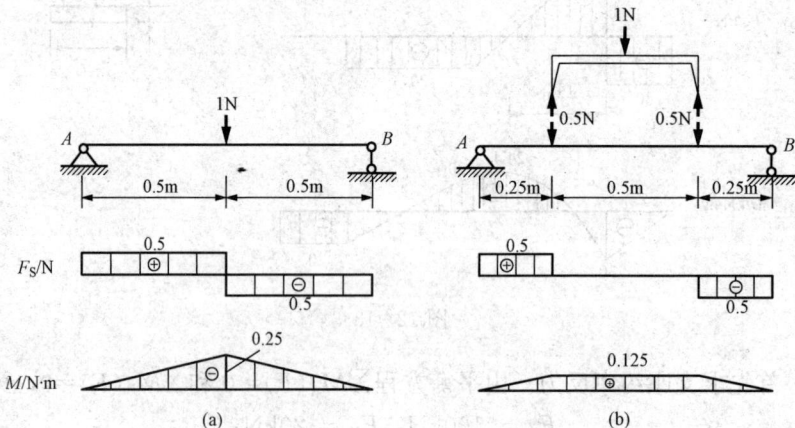

图 12 - 14

又例如，简支梁受分布集度为一个单位的满均布载荷作用如图 12 - 15（a）所示。此时，梁中的最大弯矩为 $M_{max} = 0.125\text{N} \cdot \text{m}$。若将两个支座向内移动十分之一跨长如图 12 - 15（b）所示，则梁中的最大弯矩降为 $M_{max} = 0.12\text{N} \cdot \text{m}$，相对于前者下降了 4%。同时，最大剪力下降了 20%。

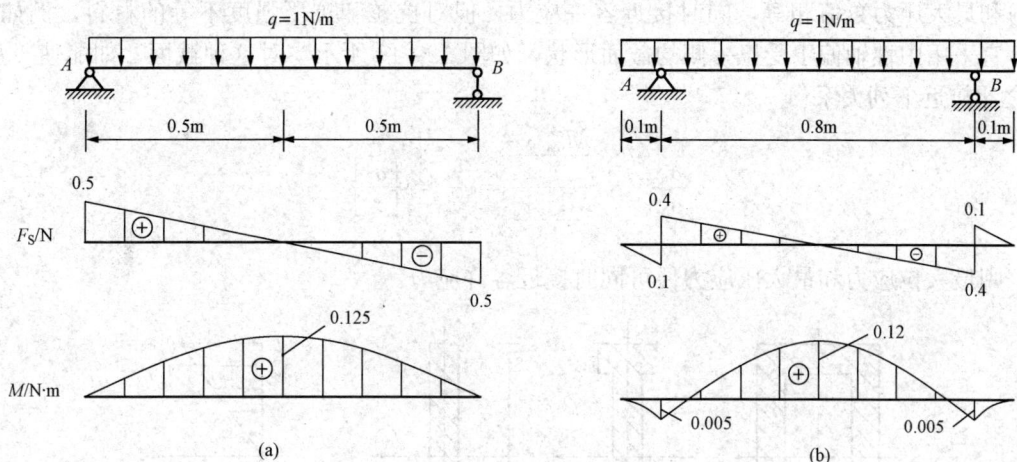

图 12 - 15

另外，利用以上方法还可以设计最佳配置方案，使得正应力和切应力同时达到容许值，即所谓弯、剪等强度。

二、梁的合理截面设计

一根钢梁最大弯矩 $M_{max}=35kN\cdot m$，容许应力 $[\sigma]=140MPa$，它所要求的抗弯截面模量为 $W_z=250\,000mm^3$。如果采用圆形、矩形、薄壁管和工字形截面，它们所需要的尺寸及其相应的比值 W_z/A 列于表 12-1 中。

表 12 - 1　　　　　　　不同截面形状的尺寸及相应的比值 W_z/A

截面形状	要求的 W_z/mm^3	所需尺寸/mm	截面面积 A/mm^2	比值 $W_z/A/mm$
圆形	250 000	$d=137$	14 800	16.9
矩形	250 000	$b=72$, $h=144$	10 400	24
薄壁管	250 000	$D=174$, $d=145$	7270	34.4
工字形	250 000	20b 号工字钢	3950	63.3

仅考虑构件的强度，则在满足同样强度条件的前提下，横截面面积越小，材料用量越省，也就越经济、合理。从此例计算结果可以看出：工字形截面最好，其次是薄壁管、矩形截面，圆截面最差。原因在于其截面面积更多的分布于中性层附近，而按弯曲应力分布规律知，在中性轴附近应力较小，材料未能充分发挥作用。

从弯曲正应力强度条件可知，给定载荷后，梁的抗弯能力决定于其抗弯截面系数 W_z，W_z 越大，工作应力就越小，安全性就越高。一般，W_z 与截面高度的平方成正比，所以可以通过增加高度减少宽度来提高 W_z。所谓截面的合理性是指：在保持截面面积不变的条件下提高 W_z；或者在保证 W_z 不变的前提下，尽可能减小截面的面积。例如矩形截面，可以增加高度减小宽度来提高 W_z。另外，要尽可能使截面的面积分布得远离中性层，例如将矩形变形为工字形，圆形变形为圆管形等。

应该指出，合理的截面形状还要与材料特性相适应。对抗拉和抗压强度相等的材料，例如碳钢，宜采用对中性轴对称的截面，如圆形、矩形、工字形等。这样可使截面上的最大拉应力和最大压力数值相等，同时接近容许应力。但对抗拉和抗压强度不等的材料，例如铸铁，宜采用中性轴偏于受拉一侧的截面形状，如图 12 - 16 所示。对这种截面，如能使 y_t 和 y_c 之比接近下列关系：

$$\frac{\sigma_{tmax}}{\sigma_{cmax}} = \frac{\dfrac{M_{max}y_t}{I_z}}{\dfrac{M_{max}y_c}{I_z}} = \frac{y_t}{y_c} = \frac{[\sigma_t]}{[\sigma_c]}$$

则最大拉应力和最大压应力便可同时接近容许应力。

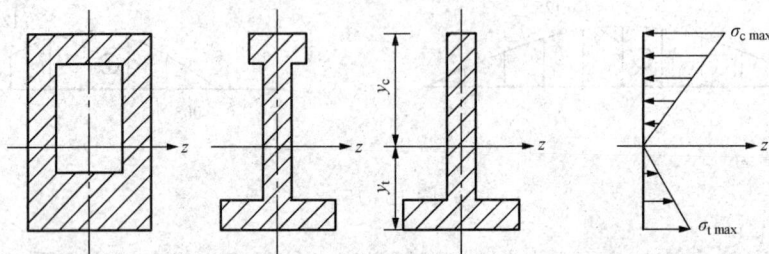

图 12 - 16

三、合理设计梁的外形

一般，梁各个截面上的内力（剪力和弯矩）不相同，若根据最大弯矩设计截面的尺寸，那么除危险截面外，其他横截面上的工作应力都小于材料的容许应力，这显然是不合理的。为了充分利用材料、节约材料的用量、减轻构件的自重，在功能和工艺允许的条件下，应当尽量采用变截面等强度设计。

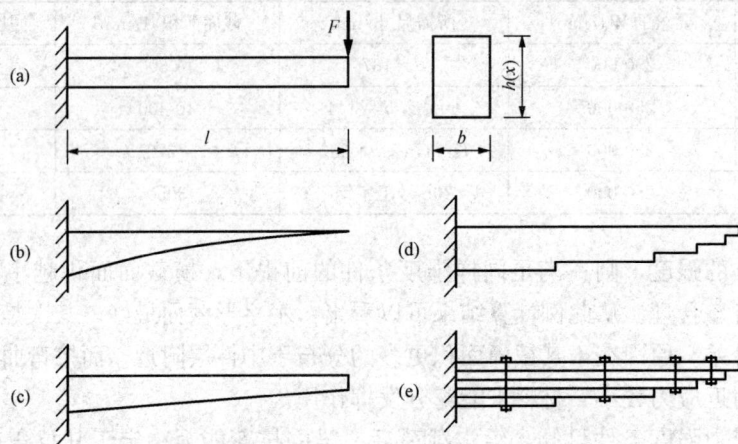

图 12 - 17

以矩形截面悬臂梁为例，如图 12 - 17（a）所示，若设定宽度 b 不变，高为变量 $h(x)$，根据正应力强度条件

$$\sigma_{max} = \frac{M(x)}{W(x)} = \frac{Fx}{\dfrac{bh^2(x)}{6}} \leqslant [\sigma]$$

取等号，得

$$h(x) = \sqrt{\frac{6Fx}{b[\sigma]}}$$

理论上讲，梁的外形设计成抛物线最合理。如图 12-17 (b) 所示，但考虑到加工的难度及可能性，可以设计成楔形如图 12-17 (c) 所示或阶梯性如图 12-17 (d) 所示；也可以设计成阶梯组合截面如图 12-17 (e) 所示，但须用螺栓将各层紧密连接以抵抗层间剪切。按等强度条件设计的梁称为**等强度梁**。

习 题

12-1 图 12-18 所示矩形截面悬壁梁，试求梁中的最大正应力。

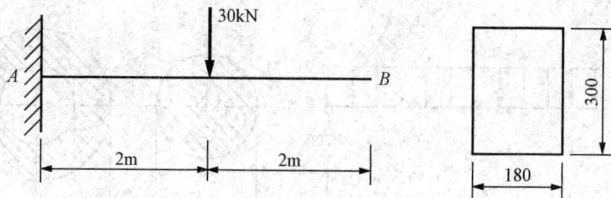

图 12-18

12-2 如图 12-19 所示右端外伸梁，截面为矩形，所受载荷如图12-19所示，试求梁中的最大拉应力，并指明其所在的截面和位置。

12-3 如图 12-20 所示两端外伸梁由 No.25a 号工字钢制成，其跨长 $l=6$m，承受满均布载荷 q 的作用。若要使 C、D、E 三截面上的最大正应力均为 140MPa，试求外伸部分的长度 a 及载荷集度 q 的数值。

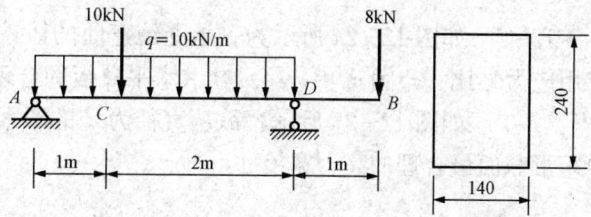

图 12-19

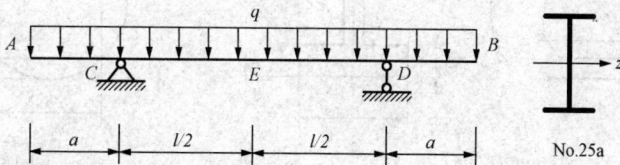

图 12-20

12-4 当载荷 F 直接作用在梁跨中点时，梁内的最大应力超过容许值 30%。为了消除这种过载现象，可配置如图 12-21 所示的次梁 CD，试求次梁的最小跨度 a。

12-5 如图 12-22 所示，用 No.20 槽钢做纯弯实验，槽钢水平放置并绕 z 轴弯曲。若测得底部纵向线上相距 100mm 的两点 A、B 之间距的改变量为 $\Delta l = 4.7 \times 10^{-4}$mm，钢

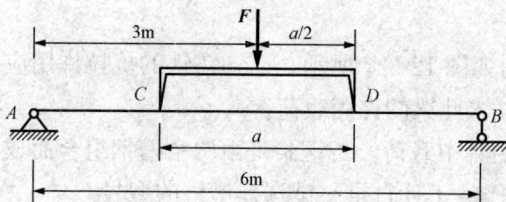

图 12-21

材的 $E=2.0\times10^5$ MPa，试求梁所受的弯矩。

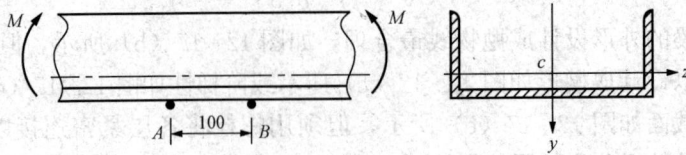

图 12 - 22

12 - 6　简支梁承受均布载荷如图 12 - 23 所示，若分别采用截面面积相等的实心和空心圆截面，且 $D_1=40$ mm，$d_2/D_2=3/5$，$q=2$ kN/m，$l=2$ m。试分别计算它们的最大正应力。并问空心截面比实心截面的最大正应力减小了百分之几？

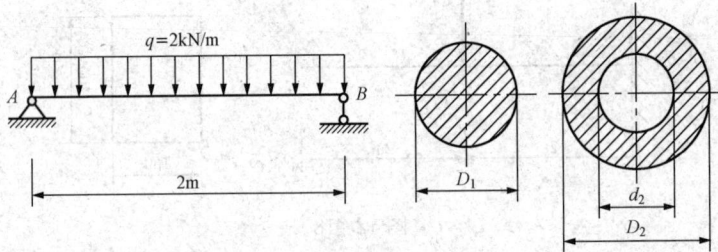

图 12 - 23

12 - 7　如图 12 - 24 所示为一承受纯弯曲的铸铁梁，其截面为⊥型，材料的拉伸和压缩许用应力之比 $[\sigma_t]/[\sigma_c]=1/4$。试求水平翼板的合理宽度 b。

12 - 8　如图 12 - 25 所示，欲从直径为 d 的圆木中截取一矩形截面梁，试从强度角度求出矩形截面最合理的高、宽尺寸。

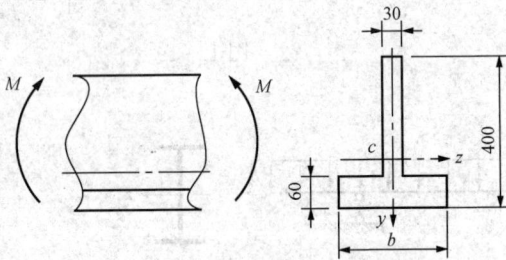

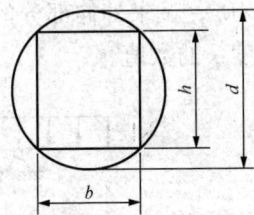

图 12 - 24　　　　　　　　　　　　图 12 - 25

12 - 9　截面为⊥型的铸铁悬臂梁，尺寸及载荷如图 12 - 26 所示。若材料的抗拉许用应力 $[\sigma_t]=40$ MPa，抗压许用应力 $[\sigma_c]=160$ MPa，$I_z=10\ 180$ cm^4，$h_1=9.64$ cm，求此梁的许用载荷 $[F]$。

12 - 10　上下不对称工字形截面铸铁梁受力如图 12 - 27 所示，已知铸铁的抗拉许用应力 $[\sigma_t]=30$ MPa，抗压许用应力 $[\sigma_c]=80$ MPa，试求此梁的许用载荷。

12 - 11　简支梁 AB 承受如图 12 - 28 所示的集中载荷，若钢梁是由两个槽钢组合而成的工字形截面梁，钢材的许用正应力 $[\sigma]=170$ MPa。不计自重，试选择槽钢的型号。

12 - 12　如图 12 - 29 所示简支梁，试求其 D 截面上 a、b、c 三点处的切应力。

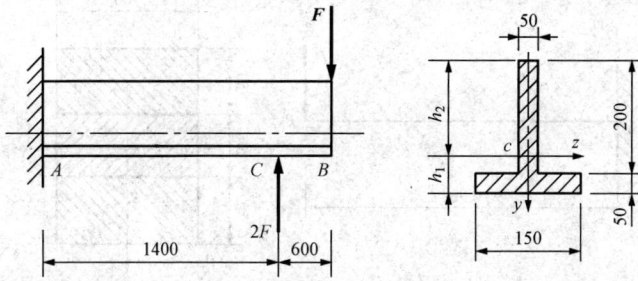

图 12 - 26

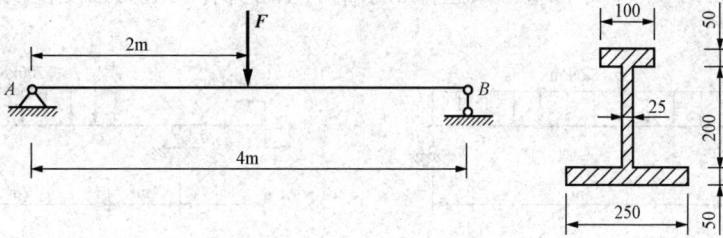

图 12 - 27

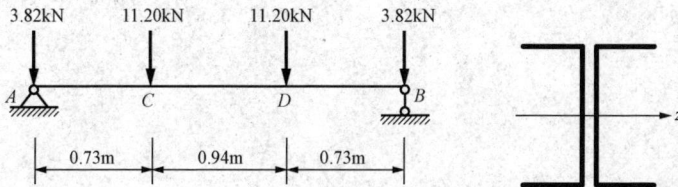

图 12 - 28

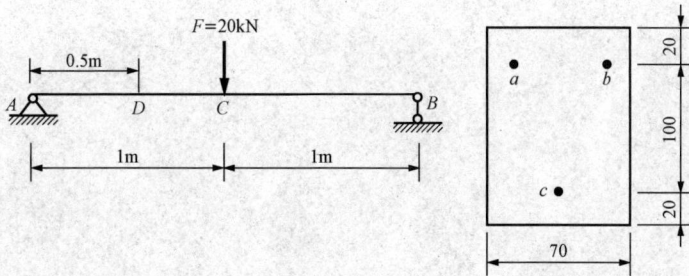

图 12 - 29

12-13 如图 12-30 所示悬臂梁由三块截面为矩形的木板胶合而成，胶合缝的许用切应力 $[\tau]=0.35\text{MPa}$，试按胶合缝的剪切强度求此梁的许用载荷 $[F]$。

12-14 如图 12-31 所示左端外伸梁由圆木制成，已知圆木的直径 $d=145\text{mm}$，所受载荷如图所示，试求梁中的最大切应力。

12-15 端外伸梁承受载荷如图 12-32 所示，钢材的许用正应力 $[\sigma]=170\text{MPa}$、许用

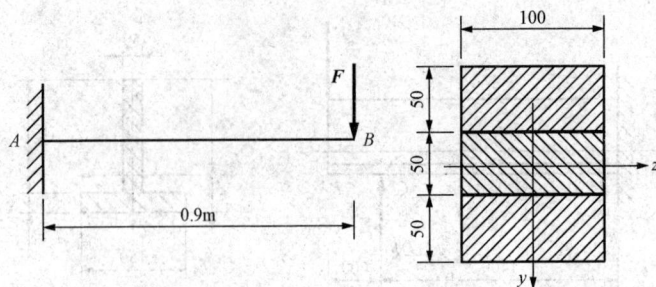

图 12 - 30

切应力 $[\tau]=100\mathrm{MPa}$。不计自重，试选择工字钢的型号并作切应力强度校核。

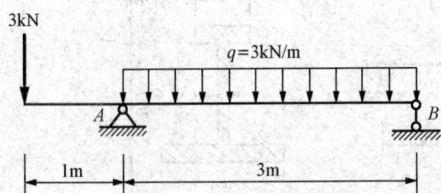

图 12 - 31

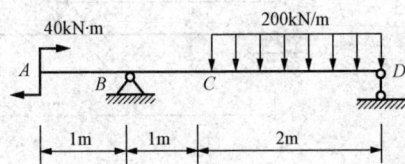

图 12 - 32

第13章 弯 曲 变 形

第1节 弯曲变形的基本概念

工程上，对于受弯构件不仅要求其有足够的强度，而且根据实际工作的需要，还要对其变形给予必要的限制，即要求构件具有足够的刚度。

例如，图13-1所示机床的齿轮轴，变形过大时，会影响齿轮间的正常啮合以及轴和轴承的配合，加速齿轮和轴承的磨损，产生噪声，影响其加工精度。再以吊车梁为例，当变形过大时，将使梁上小车行走困难，出现爬坡现象，还会引起较严重的振动。所以，若变形超过允许数值，即使仍然是弹性的，也被认为是一种失效现象。

工程中虽然经常是限制弯曲变形，但在另外一些情况下，常常又利用弯曲变形达到某种要求。例如，车辆的叠板弹簧，采用板条叠合结构，应有较大的变形，才可以更好地起缓冲减震作用。

弯曲变形计算除用于解决弯曲刚度问题外，还用于求解超静定问题和压杆稳定问题。

由上章可知，如果作用在梁上的外力均位于梁的同一纵向对称面内，且垂直于梁轴线，则梁变形后的轴线变为一条连续光滑的平面曲线，并位于该对称面内。这条曲线称为梁的**挠曲线**或**挠曲轴**，如图13-2所示。

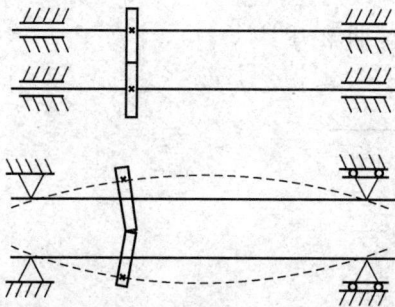

图13-1

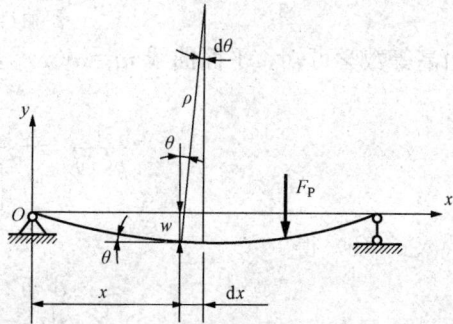

图13-2

细长梁的变形主要与弯矩有关，剪力对其变形的影响很小，一般可忽略不计。因此，当梁发生弯曲变形时，仍可假设各横截面保持为平面，且与梁轴正交，并绕中性轴转动，因此，梁的变形位移可用横截面形心的线位移及截面的角位移描述。

当梁弯曲时，横截面的形心在垂直于梁轴方向的横向线位移，称为**挠度**，并用 w 表示。由于梁轴的长度保持不变，因此，截面形心也存在轴向线位移，但在小变形的条件下，截面形心的轴向线位移远小于其横向线位移，因而可以忽略不计。

不同截面的挠度一般不同，如果沿变形前的梁轴建立坐标轴 x，则 $w=w(x)$ 就代表了挠曲线的解析表达式，称为**挠曲线方程**。

横截面绕形心轴的角位移称为**转角**，并用 θ 表示。如上所述，由于忽略剪力对变形的影响，梁弯曲时横截面仍然保持平面并与挠曲线正交。因此，任意横截面的转角 θ 也等于挠曲线在该截面处的切线与 x 轴的夹角，如图 13-2 所示。

在实际工程中，θ 一般很微小，故可认为

$$\theta \approx \tan\theta = \frac{\mathrm{d}w}{\mathrm{d}x}$$

即

$$\theta(x) = w'(x)$$

由以上讨论可以看出，**挠曲线方程在任一截面 x 处的函数值，等于该截面的挠度；挠曲线上任一点切线的斜率（即挠曲线方程在该点处的一阶导数）等于该点处横截面的转角。**可见，如能求得梁的挠曲线方程 $w = w(x)$，就很容易求得梁的挠度和转角，因此计算梁的变形，关键在于挠曲线方程。

第2节 梁弯曲变形的基本方程

一、梁的挠曲线微分方程

在推导纯弯曲梁的正应力公式时，曾导出梁轴线上任意点处曲率与弯矩关系式

$$\frac{1}{\rho} = \frac{M}{EI}$$

当梁的跨度远大于横截面高度时，则剪力对梁变形的影响甚微，故上式也可用于一般横力弯曲。在这种情况下，由于弯矩 M 与曲率半径 ρ 均为 x 的函数，上式变为

$$\frac{1}{\rho(x)} = \frac{M(x)}{EI} \tag{a}$$

由高等数学可知，平面曲线 $w = w(x)$ 上任一点的曲率为

$$\frac{1}{\rho(x)} = \pm \frac{\dfrac{\mathrm{d}^2 w}{\mathrm{d}x^2}}{\left[1 + \left(\dfrac{\mathrm{d}w}{\mathrm{d}x}\right)^2\right]^{\frac{3}{2}}}$$

将其代入式（a）得

$$\frac{\dfrac{\mathrm{d}^2 w}{\mathrm{d}x^2}}{\left[1 + \left(\dfrac{\mathrm{d}w}{\mathrm{d}x}\right)^2\right]^{\frac{3}{2}}} = \pm \frac{M(x)}{EI} \tag{13-1}$$

式（13-1）称为**挠曲线微分**方程，它是一个二阶非线性常微分方程。显然，求解这样的方程是相当困难的，但在工程实际中，梁的转角一般均很小，$(\mathrm{d}w/\mathrm{d}x)^2$ 之值远小于 1，所以，式（13-1）可简化为

$$\frac{\mathrm{d}^2 w}{\mathrm{d}x^2} = \pm \frac{M(x)}{EI} \tag{13-2}$$

式（13-2）称为**挠曲线近似微分方程式**。它已简化为一个二阶线性常微分方程。实践表明，由此方程求得的挠度与转角，对于工程应用已足够精确。

至于方程式（13-2）中的符号，应由坐标系的选取和弯矩的符号来确定。如果选用 w 轴向上的坐标系，当梁段承受正弯矩时，挠曲线下凹，$\mathrm{d}^2 w/\mathrm{d}x^2$ 为正，如图 13-3（a）所示；反之，当梁段承受负弯矩时，挠曲线上凹，$\mathrm{d}^2 w/\mathrm{d}x^2$ 为负，如图 13-3（b）所示。可

见，弯矩 M 与 d^2w/dx^2 恒为同号，式（13-2）的右端应取正号，故挠曲线近似微分方程为

$$\frac{d^2w}{dx^2} = \frac{M(x)}{EI}$$

即

$$w'' = \frac{M(x)}{EI} \tag{13-3}$$

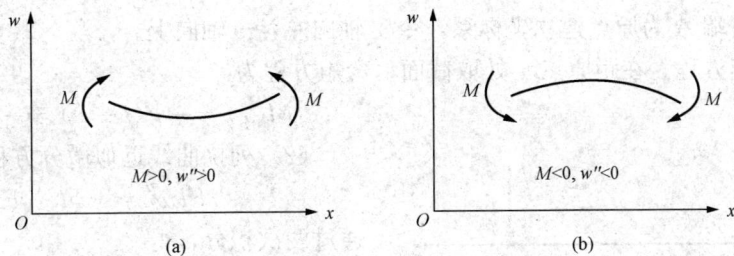

图 13-3

应该指出，由于 x 轴的方向既不影响弯矩的正负，也不影响 d^2w/dx^2 的正负，所以，式（13-3）同样适用于 x 轴向左的坐标系。

二、位移边界条件与连续条件

将挠曲线近似微分方程式（13-3）相继积分两次，得

$$EIw'(x) = EI\theta(x) = \int M(x)dx + C \tag{13-4}$$

$$EIw(x) = \iint M(x)dxdx + Cx + D \tag{13-5}$$

式中 C、D——积分常数，由梁的位移边界条件和连续条件确定。

所谓**位移边界条件**是指梁上的某些截面的位移已知，一般由梁的支承条件提供。例如，在固定端处，横截面的挠度与转角均为零，即

$$w = 0 \quad \theta = 0$$

在铰支座处，横截面的挠度为零，即

$$w = 0$$

所谓**位移连续条件**是指挠曲线方程为分段函数时，在分段交界处挠曲线应满足连续光滑的条件。当梁上作用集中力、集中力偶或间断分布载荷时，弯矩方程需分段列出，相应梁段的挠曲线方程和转角方程也随之而异，但相邻梁段交界处为同一截面，所以，相邻梁段交界处的挠度和转角必须对应相等，即

$$w_1 = w_2 \quad \theta_1 = \theta_2$$

积分常数确定后，将其代入式（13-4）与式（13-5），即可得到梁的挠曲线方程

$$w = w(x)$$

和转角方程

$$\theta = \theta(x) = \frac{dw(x)}{dx} = w'(x)$$

由此可求出任一横截面的挠度与转角。

由以上分析可以看出，梁的位移不仅与梁的弯曲刚度及弯矩有关，而且与梁位移的边界条件及连续条件有关。

三、计算梁变形的积分法

按式（13-4）和式（13-5）进行积分，再根据梁的位移边界条件和连续条件确定积分常数，可得到挠曲线方程和转角方程，这种方法称为**积分法**。

【例 13-1】 悬臂梁 AB，在自由端作用一集中力 F，如图 13-4 所示。试求梁的转角和挠曲线方程，并确定最大转角 $|\theta|_{max}$ 和最大挠度 $|w|_{max}$。

解 以梁左端 A 为原点建立坐标系，令 x 轴向左，w 轴向上。

（1）列弯矩方程。在距原点 x 处取截面，弯矩方程为

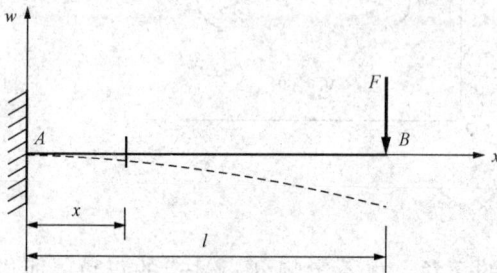

$$M(x) = -F(l-x) = -Fl + Fx \quad (a)$$

（2）列挠曲线近似微分方程并积分

$$EIw'' = -Fl + Fx \quad (b)$$

通过两次积分，得

$$EIw' = -Flx + \frac{F}{2}x^2 + C \quad (c)$$

$$EIw = -\frac{Fl}{2}x^2 + \frac{F}{6}x^3 + Cx + D \quad (d)$$

图 13-4

（3）确定积分常数。悬臂梁在固定端处的转角和挠度均等于零，即

$$\theta_A = w'(0) = 0 \quad w_A = w(0) = 0$$

将这两个边界条件代入式（c）和式（d），得

$$C = 0 \quad D = 0$$

（4）确定转角方程和挠度方程。将求得的积分常数 C 和 D 代入式（c）和式（d），得到梁的转角方程和挠度方程

$$\theta = w' = \frac{1}{EI}\left(-Flx + \frac{F}{2}x^2\right) = -\frac{Fx}{2EI}(2l-x) \quad (e)$$

$$w = \frac{1}{EI}\left(-\frac{Fl}{2}x^2 + \frac{F}{6}x^3\right) = -\frac{Fx^2}{6EI}(3l-x) \quad (f)$$

（5）求最大转角和最大挠度。由图 13-4 可以看出，自由端 B 处的转角和挠度最大，以 $x=l$ 代入式（e）和式（f），可得

$$\theta_B = -\frac{Fl^2}{2EI}(\circlearrowright)，即 |\theta|_{max} = \frac{Fl^2}{2EI}$$

$$w_B = -\frac{Fl^3}{3EI}(\downarrow)，即 |w|_{max} = \frac{Fl^3}{3EI}$$

所得结果中，转角为负值，说明横截面绕中性轴作顺时针转动；挠度为负值，说明 B 点的位移向下。

【例 13-2】 简支梁在集中力作用下，如图 13-5 所示。试求该简支梁的最大挠度。设弯曲刚度 EI 为常数。

解 建立挠曲线近似微分方程并积分。由平衡方程得 A 与 B 端的支座约束反力分别为

$$F_{Ay} = \frac{Fb}{l}, \quad F_{By} = \frac{Fa}{l}$$

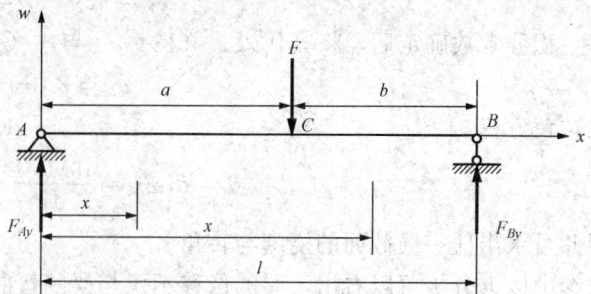

图 13-5

由于 AC 与 CB 段的弯矩方程不同，因此，挠曲线近似微分方程应分段建立，并分别进行积分。

AC 段（$0 \leqslant x \leqslant a$）：

$$EIw''_1 = \frac{Fb}{l}x$$

$$EIw'_1 = \frac{Fb}{2l}x^2 + C_1 \tag{a}$$

$$EIw_1 = \frac{Fb}{6l}x^3 + C_1 x + D_1 \tag{b}$$

CB 段（$a \leqslant x \leqslant l$）

$$EIw''_2 = \frac{Fb}{l}x - F(x-a)$$

$$EIw'_2 = \frac{Fb}{2l}x^2 - \frac{F(x-a)^2}{2} + C_2 \tag{c}$$

$$EIw_2 = \frac{Fb}{6l}x^3 - F\frac{(x-a)^3}{6} + C_2 x + D_2 \tag{d}$$

积分后一共出现四个积分常数，需要四个已知的变形条件才能确定。

简支梁的边界条件有两个，即

$$w_A = w_1(0) = 0,\ w_B = w_2(l) = 0$$

分段处的连续条件有两个，即

$$w_1(a) = w_2(a),\ w'_1(a) = w'_2(a)$$

用这两个边界条件和两个连续条件可以确定这四个积分常数：

$$D_1 = D_2 = 0$$

$$C_1 = C_2 = \frac{Fb}{6l}(b^2 - l^2)$$

将所得积分常数值代入式（b）和式（d），即得 AC 与 CB 段的挠度方程分别为

$$w_1 = \frac{Fbx}{6lEI}(x^2 - l^2 + b^2) \qquad (0 \leqslant x \leqslant a) \tag{e}$$

$$w_2 = \frac{Fbx}{6lEI}(x^2 - l^2 + b^2) - \frac{F}{6EI}(x-a)^3 \qquad (a \leqslant x \leqslant l) \tag{f}$$

如果 $a > b$，则最大挠度发生在 AC 段内，且最大挠度处的转角为零。于是，由式（e）并令

$$\frac{\mathrm{d}w_1}{\mathrm{d}x} = \frac{Fb}{6lEI}(3x^2 - l^2 + b^2) = 0$$

得最大挠度所在截面的横坐标为

$$x_0 = \sqrt{\frac{l^2 - b^2}{3}} \tag{g}$$

将上述 x_0 值代入式（e），于是得到梁的最大挠度为

$$\delta = \frac{Fb(l^2 - b^2)^{\frac{3}{2}}}{9\sqrt{3}lEI_z}(\downarrow) \tag{h}$$

特殊情况下，当集中力 F 作用在跨中时，即 $a=b=l/2$ 时，则由式（g）与式（h）可知，梁的最大挠度也发生在梁的跨度中点，其值为

$$\delta = \frac{Fl^3}{48EI}(\downarrow)$$

第 3 节　计算梁变形的叠加法

积分法是计算梁变形的基本方法，但在工程实际中，梁上一般都同时作用若干个载荷，此时若用上述积分法计算，其计算工作量大且计算过程繁琐。基于小变形条件下力的独立作用原理和位移是变形累加结果的概念，用叠加法计算梁的变形就相对简便。

显然，应用叠加法有个前提条件：即单个载荷作用下梁的位移是已知的，只有这样，才显示出叠加法的优越性。表 13-1 列出了几种简单载荷作用下梁的转角和挠度，以便于应用。

表 13-1　　　　　　　　　　　梁的挠曲线方程及挠度和转角

梁的简图	挠曲线方程	挠度和转角
	$w=\dfrac{Fx^2}{6EI}\,(x-3l)$	$w_B=-\dfrac{Fl^3}{3EI}$ $\theta_B=-\dfrac{Fl^2}{2EI}$
	$w=\dfrac{Fx^2}{6EI}\,(x-3a)\;(0\leqslant x\leqslant a)$ $w=\dfrac{Fa^2}{6EI}\,(a-3x)\;(a\leqslant x\leqslant l)$	$w_B=-\dfrac{Fa^2}{6EI}\,(3l-a)$ $\theta_B=-\dfrac{Fa^2}{2EI}$
	$w=\dfrac{qx^2}{24EI}\,(4lx-6l^2-x^2)$	$w_B=-\dfrac{ql^4}{8EI}$ $\theta_B=-\dfrac{ql^3}{6EI}$
	$w=-\dfrac{M_e x^2}{2EI}$	$w_B=-\dfrac{M_e l^2}{2EI}$ $\theta_B=-\dfrac{M_e l}{EI}$

梁的简图	挠曲线方程	挠度和转角
	$w=-\dfrac{M_{e}x^2}{2EI}$ $(0\leqslant x\leqslant a)$ $w=-\dfrac{M_{e}a}{EI}\left(\dfrac{a}{2}-x\right)$ $(a\leqslant x\leqslant l)$	$w_B=-\dfrac{M_{e}a}{EI}\left(l-\dfrac{a}{2}\right)$ $\theta_B=-\dfrac{M_{e}a}{EI}$
	$w=-\dfrac{Fx}{12EI}\left(x^2-\dfrac{3l^2}{4}\right)$ $\left(0\leqslant x\leqslant\dfrac{l}{2}\right)$	$w_C=-\dfrac{Fl^3}{48EI}$ $\theta_A=-\theta_B=-\dfrac{Fl^2}{16EI}$
	$w=\dfrac{Fbx}{6lEI}(x^2-l^2+b^2)$ $(0\leqslant x\leqslant a)$ $w=\dfrac{Fa(l-x)}{6lEI}(x^2+a^2-2lx)$ $(a\leqslant x\leqslant l)$	$\delta=-\dfrac{Fb(l^2-a^2)^{\frac{3}{2}}}{9\sqrt{3}lEI}$ (位于 $x=\sqrt{\dfrac{l^2-b^2}{3}}$ 处) $\theta_A=-\dfrac{Fb(l^2-b^2)}{6lEI}$ $\theta_B=-\dfrac{Fa(l^2-a^2)}{6lEI}$
	$w=\dfrac{qx}{24EI}(2lx^2-x^3-l^3)$	$\delta=-\dfrac{5ql^4}{384EI}$ $\theta_A=-\theta_B=-\dfrac{ql^3}{24EI}$
	$w=\dfrac{M_{e}x}{6lEI}(l^2-x^2)$	$\delta=\dfrac{M_{e}l^2}{9\sqrt{3}EI}$ (位于 $x=l/\sqrt{3}$ 处) $\theta_A=\dfrac{M_{e}l}{6EI}$ $\theta_B=-\dfrac{M_{e}l}{3EI}$
	$w=\dfrac{M_{e}x}{6lEI}(l^2-3b^2-x^2)$ $(0\leqslant x\leqslant a)$ $w=\dfrac{M_{e}(l-x)}{6lEI}(3a^2-2lx+x^2)$ $(a\leqslant x\leqslant l)$	$\delta_1=\dfrac{M_{e}(l^2-3b^2)^{\frac{3}{2}}}{9\sqrt{3}lEI}$ (位于 $x=\dfrac{\sqrt{l^2-3b^2}}{\sqrt{3}}$ 处) $\delta_2=-\dfrac{M_{e}(l^2-3a^2)^{\frac{3}{2}}}{9\sqrt{3}lEI}$ (位于 $x=\sqrt{l^2-3a^2}/\sqrt{3}$ 处) $\theta_A=\dfrac{M_{e}(l^2-3b^2)}{6lEI}$ $\theta_B=\dfrac{M_{e}(l^2-3a^2)}{6lEI}$ $\theta_C=\dfrac{M_{e}(l^2-3a^2-3b^2)}{6lEI}$

一、载荷叠加法

在小变形的条件下，且当梁内应力不超过比例极限时，挠曲线近似微分方程是线性的，而梁内任一横截面的弯矩又与载荷成线性齐次关系。因此，当梁上同时作用几个载荷时，挠曲线近似微分方程的解，必等于各载荷单独作用时挠曲线近似微分方程的解的线性组合，由此求得的挠度与转角也一定与载荷成线性齐次关系。

根据以上分析，几个载荷共同作用于梁上所产生的变形就等于每一载荷单独作用时所产生的变形的叠加。这就是计算梁变形的**载荷叠加法**。

如图 13-6 所示梁，若设载荷 q、F 与 M_e 单独作用时截面 A 的挠度分别为 w_q、w_F 与 w_{Me}，则当它们共同作用时该截面的挠度为

$$w = w_q + w_F + w_{Me}$$

【例 13-3】 图 13-7 所示简支梁，同时承受均布载荷 q 与集中载荷 F 作用，试用叠加法计算横截面 C 的挠度。设抗弯刚度 EI 为常值。

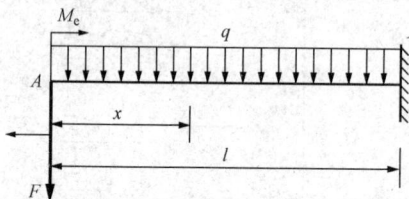

图 13-6

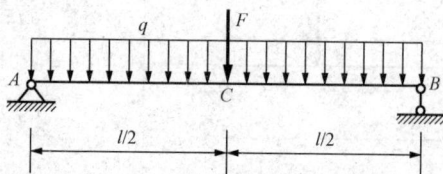

图 13-7

解 由表 13-1 可查得：当均布载荷 q 单独作用时，简支梁跨度中点截面 C 的挠度为

$$w_q = -\frac{5ql^4}{384EI}(\downarrow)$$

当集中力 F 单独作用时，该截面的挠度为

$$w_F = -\frac{Fl^3}{48EI}(\downarrow)$$

根据叠加法，当载荷 q 与 F 共同作用时，截面 C 的挠度为

$$w = w_q + w_F = -\frac{5ql^4}{384EI} - \frac{Fl^3}{48EI}(\downarrow)$$

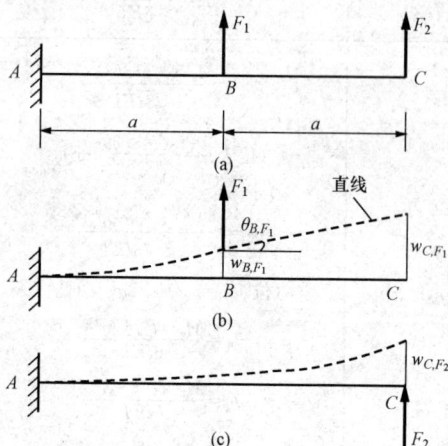

图 13-8

【例 13-4】 图 13-8 所示悬臂梁，同时承受 F_1 和 F_2 作用，试求自由端 C 的挠度。设抗弯刚度 EI 为常值。

解 由表 13-1 可知，当载荷 F_1 单独作用时，横截面 B 的挠度与转角分别为

$$\theta_{B,F_1} = \frac{F_1 a^2}{2EI}(\curvearrowright)$$

$$w_{B,F_1} = \frac{F_1 a^3}{3EI}(\uparrow)$$

可见，由于载荷 F_1 作用，截面 C 的挠度为

$$w_{C,F_1} = \theta_{B,F_1} \cdot a + w_{B,F_1} = \frac{F_1 a^2}{2EI} \cdot a + \frac{F_1 a^3}{3EI}$$

$$= \frac{5F_1 a^3}{6EI}(\uparrow) \tag{a}$$

当载荷 F_2 单独作用时，截面 C 的挠度为

$$w_{B,F_2} = \frac{F_2(2a)^3}{3EI} = \frac{8F_2a^3}{3EI}(\uparrow) \tag{b}$$

根据叠加原理，由式（a）和式（b）得截面 C 的挠度为

$$w_C = w_{C,F_1} + w_{C,F_2} = \frac{5F_1a^3}{6EI} + \frac{8F_2a^3}{3EI}(\uparrow)$$

二、逐段分析求和法

为了直接利用表 13 - 1 计算梁的变形，对于表中没有列出的某些类型的梁，可以把梁视为数个梁段构成，分别按表中公式计算在相同载荷作用下各梁段的变形在同一截面上引起的位移，然后逐段叠加，在计算各段梁的变形在待求处引起的位移时，除研究的梁段发生变形外，其余各梁段均视为刚体。因此，该方法称为**逐段分析求和法**。特别适用于外伸梁和变截面梁。

【例 13 - 5】 外伸梁承受载荷如图 13 - 9 所示，试计算外伸端 C 截面的挠度。已知 EI 为常数。

解 可将该梁看作是由简支梁 AB 与固定在横截面 B 上的悬臂梁 BC 所组成，当简支梁 AB 与悬臂梁 BC 变形时，均在截面 C 引起挠度，而其总和即为截面 C 的总挠度。

（1）简支梁 AB 的变形在截面 C 引起挠度。视梁段 BC 为刚体，将载荷平移到截面 B，得作用在该截面的集中力 F 与附加力偶 Fa，如图 13 - 9（b）所示，由于此时 BC 可视为刚性转动，故截面 C 的相应挠度为

$$w_1 = \theta_B \cdot a = -\frac{Fal}{3EI} \cdot a = -\frac{Fa^2l}{3EI}(\downarrow)$$

（2）悬臂梁 BC 的变形在截面 C 引起挠度，在载荷 F 作用下，如图 13 - 9（c）所示，悬臂梁 BC 的端点挠度为

$$w_2 = -\frac{Fa^3}{3EI}(\downarrow)$$

（3）截面 C 的总挠度

$$w_C = w_1 + w_2 = -\frac{Fa^2}{3EI}(a+l)(\downarrow)$$

需要指出的是载荷叠加法与逐段分析求和法都是综合应用已有的计算结果，在实际求解时，一般是将两种方法联合应用，所以又将二者通称为叠加法。

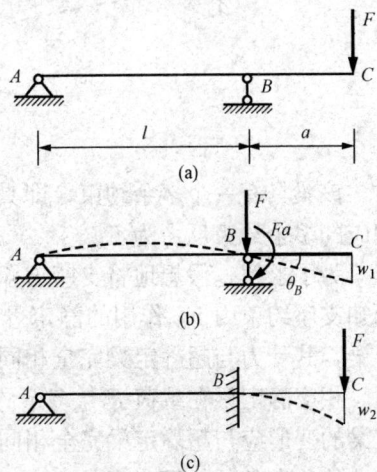

图 13 - 9

第 4 节 简 单 超 静 定 梁

第 11、12 章所讨论的梁都属于静定问题的梁，简称静定梁。在工程实际中，广泛使用的是属于超静定问题的梁，简称超静定梁。

所谓**简单超静定梁**，是指梁的外部支承约束多于维持梁的平衡和限制梁刚体位移所必需的约束，通常是在静定梁上附加约束，称之为**多余约束**，与其相应的约束反力称为**多余支反力**，多余约束反力的数目即为**超静定次数**。如图 13 - 10 所示梁便分别是一次和两次超静

定梁。

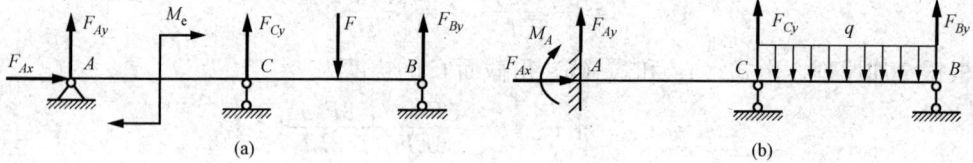

图 13-10

解超静定梁的方法很多，变形比较法是最基本的一种，为了求解超静定梁，除应建立平衡方程外，还应利用变形协调条件以及力与位移间的物理关系建立变形补充方程。现以图 13-11（a）所示梁为例，说明变形比较法的基本原理。

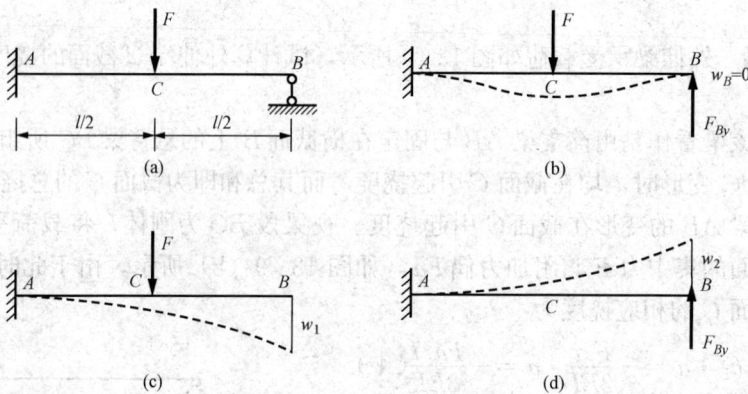

图 13-11

该梁具有一个多余约束，即具有一个多余约束反力。如果选择支座 B 为多余约束，则相应的多余约束反力为 F_{By}。

为了求解，假想地将支座 B 解除，以支座约束力 F_{By} 代替其作用，于是得到受载荷 F 与未知支座约束力 F_{By} 作用的静定悬臂梁，如图 13-11（b）所示。多余约束解除后所得的静定梁，其受力与超静定梁完全相同（即静力等效），称该静定梁为超静定的**相应静定梁**。

相应静定梁在载荷 F 与多余约束力 F_{By} 共同作用下产生变形，按等效替代原则，相应静定梁的变形应与超静定梁完全相同（即变形等效），多余约束处的位移必须符合超静定梁在该处的约束条件，即满足变形协调条件。在本例中，超静定梁在支座 B 处的位移约束条件为

$$w_B = 0$$

所以，相应静定梁在 F 与 F_{By} 共同作用下，B 处的挠度也等于零，如图 13-11（b）所示，即变形协调条件为

$$w_B = w_1 + w_2 = 0$$

由积分法或叠加法，易得

$$w_1 = -\frac{5Fl^3}{48EI}(\downarrow)$$

$$w_2 = \frac{F_{By}l^3}{3EI}(\uparrow)$$

将 w_1 和 w_2 代入变形协调条件，得变形补充方程

$$-\frac{5Fl^3}{48EI}+\frac{F_{By}l^3}{3EI}=0$$

求解补充方程得

$$F_{By}=\frac{5}{16}F(\uparrow)$$

所得结果为正，表明所设支座约束力 F_{By} 方向与其实际方向一致。

多余约束力确定后，作用在相应静定梁上的所有外力均为已知，由此即可通过相应静定梁计算超静定梁的支座反力、内力、应力和位移等。例如，由平衡条件易得固定端处的支座反力与反力偶分别为

$$F_{Ay}=\frac{11}{16}F(\uparrow)\quad M_A=\frac{3}{16}Fl(\circlearrowleft)$$

应该指出，只要不是维持梁的平衡和限制梁刚体位移所必需的约束，均可选作为多余约束。如对于上面的超静定梁，也可选固定端 A 的转动限制作为多余约束。若将该约束解除，用反力偶 M_A 代之，则超静定梁的相应静定梁如图13-12所示，相应的变形协调条件为

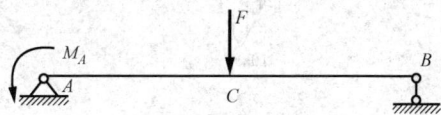

图 13 - 12

$$\theta_A=0$$

由此求得的支反力与支反力偶与上述解答完全相同。

以上分析表明，用变形比较法解超静定梁的思路是将超静定梁转换为静定梁进行分析，其关键是确定多余支反力。现将分析方法和步骤概述如下：

（1）根据支反力与有效平衡方程的数目，判断梁的超静定次数。

（2）选择相同数目的多余约束（维持梁平衡和限制梁刚体位移所必需的约束不在可选之列）。

（3）解除多余约束，并以相应多余约束反力代替其作用，得超静定梁的相应静定梁。

（4）计算相应静定梁在多余约束处的位移，并根据相应的变形协调条件建立变形补充方程，并由此解出多余约束反力。

（5）通过相应静定梁实现对超静定梁的约束反力、强度和刚度等计算。

【例 13 - 6】 图 13 - 13（a）所示，由两根槽钢焊接而成的三铰支梁，受均布载荷 $q=20\text{kN/m}$ 作用，已知梁长 $l=4\text{m}$，抗弯截面模量 $W=79.4\text{cm}^3$，材料的许用应力 $[\sigma]=160\text{MPa}$。试校核该梁的强度。

解 此梁有一个多余约束，故为一次超静定。

选取可动铰支座 C 为多余约束，解除该支座并以未知约束反力 F_C 代之，得相应静定梁，即简支梁 AB，如图 13 - 13（b）所示。

比较图 13 - 13（a）、（b）所示超静定梁和相应静定梁，相应静定梁在 C 处挠度必为零，得变形协调条件

$$w_C=0$$

对于简支梁 AB，由载荷叠加法查表得

$$w_C=w_{C,q}+w_{C,F_C}=-\frac{5ql^4}{384EI}+\frac{F_Cl^3}{48EI}$$

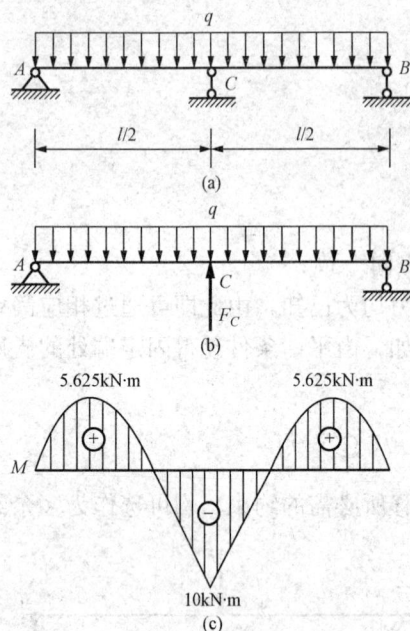

图 13 - 13

将其代入变形协调条件得变形补充方程

$$-\frac{5ql^4}{384EI} + \frac{F_C l^3}{48EI} = 0$$

解方程得

$$F_C = \frac{5}{8}ql = 50\text{kN}$$

对简支梁 AB 作出在载荷 q 和 F_C 共同作用下的弯矩图，如图 13 - 13（c）所示，即为超静定梁的弯矩图。由图 13 - 13（c）可知，支座 C 处的截面为危险截面，其弯矩值为

$$|M|_{max} = 10\text{kN} \cdot \text{m}$$

危险截面上的最大正应力

$$\sigma_{max} = \frac{|M|_{max}}{W} = \frac{10 \times 10^3}{79.4 \times 10^{-6}}$$

$$= 126\text{MPa} < [\sigma] = 160\text{MPa}$$

故满足强度条件。

第5节　刚度条件　提高弯曲刚度的措施

一、梁的刚度条件

工程上，对于弯曲构件，除了要满足强度条件外，有时还需要满足刚度要求，对其弯曲变形加以限制，即要求梁的最大挠度或最大转角或某一指定截面的挠度或转角不超过容许值，这就是**刚度条件**。一般刚度条件为

$$|w|_{max} \leqslant [\delta] \tag{13 - 6}$$

$$|\theta|_{max} \leqslant [\theta] \tag{13 - 7}$$

式中　$[\delta]$——许用挠度；

　　　$[\theta]$——许用转角。其值由具体工作条件来确定，对于不同的构件有不同的规定，可从相应的设计规范或手册中查到。

对于跨度为 l 的桥式起重机，其许用挠度为

$$[\delta] = \frac{l}{500} \sim \frac{l}{750}$$

对于一般用途的轴，其许用挠度为

$$[\delta] = \frac{3l}{10\,000} \sim \frac{5l}{10\,000}$$

在安装齿轮或滑动轴承处，轴的许用转角为

$$[\theta] = 0.001\text{rad}$$

在设计计算中一般是根据强度条件或构造上的需要，先确定构件的截面尺寸，然后再进行刚度校核。

【例 13 - 7】　简化电机轴的尺寸如图 13 - 14 所

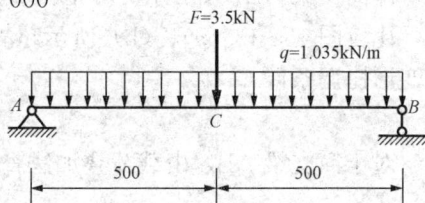

图 13 - 14

示，已知 $E=200\text{GPa}$，轴的直径 $d=130\text{mm}$，定子与转子的许用间隙为 $\delta=0.35\text{mm}$。试校核轴的刚度。

解 （1）用叠加法求轴的最大挠度

$$|w_{max}|=|w_C|=\left|-\frac{Fl^3}{48EI}-\frac{5ql^4}{384EI}\right|=\frac{64}{E\pi d^4}\left(\frac{Fl^3}{48}+\frac{5ql^4}{384}\right)$$

$$=\frac{64}{200\times10^9\times\pi\times0.13^4}\left(\frac{3.5\times10^3\times1^3}{48}+\frac{5\times1.035\times10^3\times1^4}{384}\right)$$

$$\approx0.031\times10^{-3}\text{m}$$

（2）刚度校核

$$|w_{max}|=0.031\text{mm}<\delta$$

轴的刚度足够。

二、提高弯曲刚度的措施

综合前述对梁变形的讨论结果，对其挠度和转角可统一地表示为如下形式

$$位移=\frac{载荷}{系数}\cdot\frac{l^n}{EI} \tag{13-8}$$

从式（13-8）可以看出，影响挠度和转角的主要因素有梁的长度、弯曲刚度和梁上作用载荷的类别及其分布状况。因此，提高梁的刚度，减少梁的变形，应从下述三个方面采取措施。

1. 缩短梁的长度，增加支承约束

式（13-8）中上角标 n 的值与载荷的类型有关，如位移为挠度，载荷类型分别为集中力偶、集中力和均布载荷时，n 分别为 2、3 和 4，可见，梁的跨度对于梁的变形影响较大。因此，如果条件允许，尽量减小梁的跨度可使梁的变形减小。

当梁的挠度过大时，可通过增加支承或约束以减小挠度。例如，在图 13-15（a）所示简支梁的跨中增设一个铰支座 C，如图 13-15（b）所示，其最大挠度仅为增设前的 2.5%。当然，增加支承或约束，减小了梁的变形，但也使梁变为超静定结构。

2. 增大梁的弯曲刚度，选用合理截面

梁的抗弯刚度 EI 与梁的变形成反比，因此，提高梁的抗弯刚度同样也可以减小梁的变形。由于各种钢材（包括各种普通碳素钢、优质合金钢）的弹性模量 E 的数值相差很小，故试图通过选择优质钢材来提高

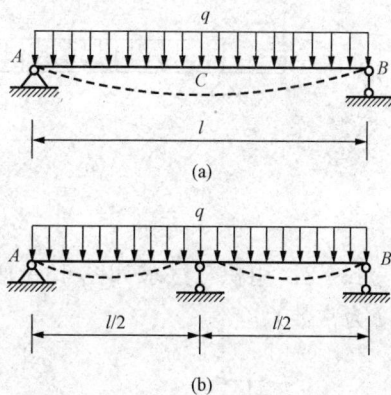

图 13-15

梁的弯曲刚度绝非明智之举。设法增大截面的惯性矩 I 才是提高梁的弯曲刚度的有效途径，即选用合理截面，以较小的截面面积取得较大的惯性矩。例如自行车架由圆管焊接而成，不仅增加了车架的强度，也提高了车架的弯曲刚度。

对一些原来刚度不足的构件，也可以通过增大惯性矩的措施减小其变形，如在工字梁上、下翼缘处加焊钢板等。

3. 调整加载方式，改善结构设计

通过调整加载方式，降低梁的弯矩值，也可减少梁的变形。例如，图 13-16（a）所示跨中受集中力作用的简支梁，将集中力改为作用在全梁上的均布载荷，如图 13-16（b）所

示，其最大挠度仅为调整前的 62.5%。

改善结构设计，合理安排支撑或约束，可大幅度降低弯矩值，从而使梁的变形得到显著减小。图 13-17（a）所示跨度为 l 的简支梁，承受均布载荷 q 作用，如果将梁两端的铰支座各向内移动 $l/4$，如图 13-17（b）所示，则其最大挠度仅为前者的 8.75%。

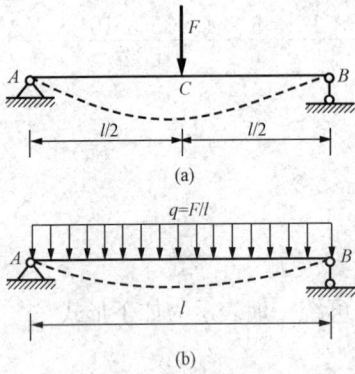

图 13-16

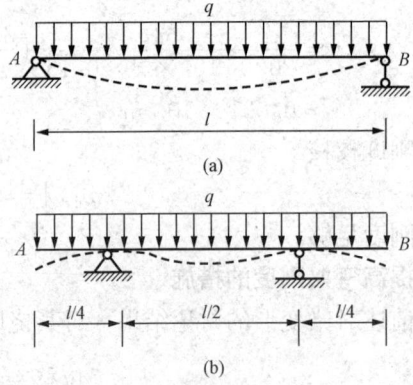

图 13-17

习　　题

13-1　写出如图 13-18 所示梁的位移边界条件和连续条件。

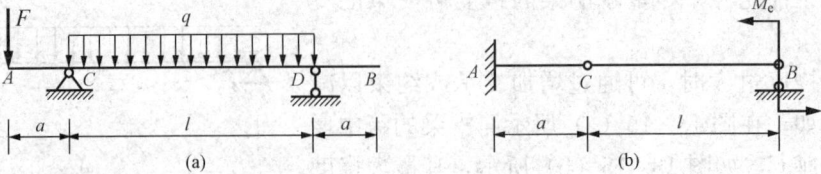

图 13-18

13-2　用积分法求如图 13-19 所示各梁的挠曲线方程，并求指定截面的转角和挠度（EI 为常数）。

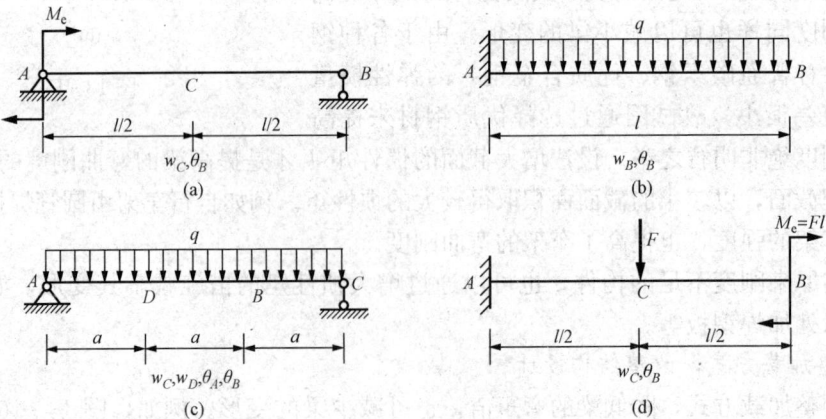

图 13-19

13 - 3　用叠加法求如图 13 - 20 所示各梁指定截面的转角和挠度（EI 为常数）。

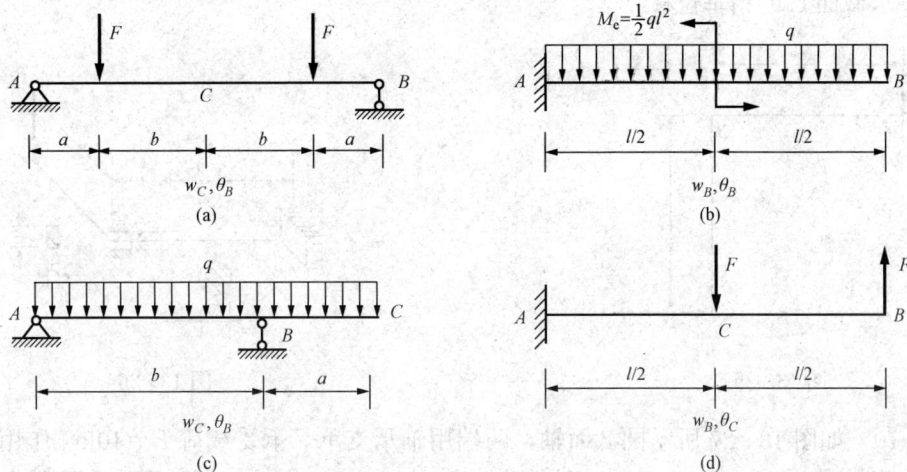

图 13 - 20

13 - 4　求如图 13 - 21 所示各梁中间铰 C 点的位移和 B 截面的转角（EI 为常数）。

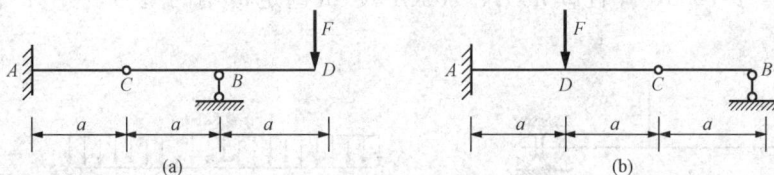

图 13 - 21

13 - 5　如图 13 - 22 所示外伸梁，两端承受载荷 F 作用，EI 为常数，试问：

（1）当 x/l 为何值时，梁跨中 C 的挠度与自由端的挠度数值相等？

（2）当 x/l 为何值时，梁跨中 C 的挠度最大？

13 - 6　悬臂梁如图 13 - 23 所示，有载荷 F 沿梁移动。欲使载荷移动时始终保持相同的高度，试问应将梁轴线预弯成怎样的曲线？设 EI 为常数。

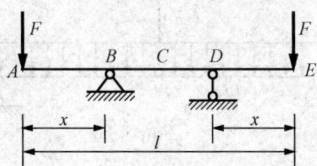

图 13 - 22

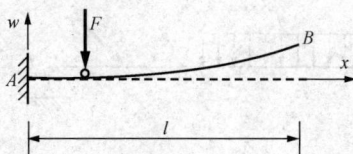

图 13 - 23

13 - 7　试用逐段求和法求如图 13 - 24 所示变截面梁自由端的转角和挠度。

13 - 8　求如图 13 - 25 所示直角折杆自由端 C 截面的铅垂位移和水平位移。设 EI 为常数。

13 - 9　位于水平面内的直角折杆 ABC，B 处为一轴承，允许 AB 轴的端截面在轴承内自

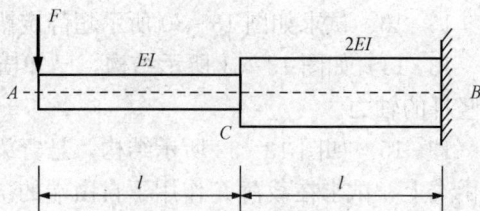

图 13 - 24

由转动，但不能上下移动。已知 $F=60\text{kN}$，$E=210\text{GPa}$，$G=0.4E$，折杆尺寸如图 13-26 所示，试求截面 C 的铅垂位移。

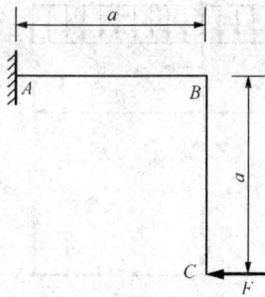

图 13-25

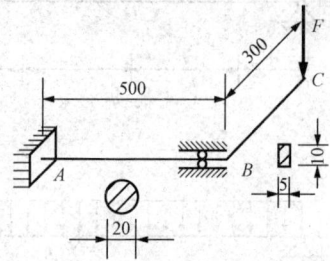

图 13-26

13-10　如图 13-27 所示圆截面轴，两端用轴承支承，承受载荷 $F=10\text{kN}$ 作用。若轴承处的许用转角 $[\theta]=0.05\text{rad}$，材料的弹性模量 $E=200\text{GPa}$，试根据刚度要求确定轴的直径。

13-11　由两根槽钢组成的简支梁如图 13-28 所示，已知其许用应力 $[\sigma]=100\text{MPa}$，许用挠度 $[\delta]=l/1000$，弹性模量 $E=206\text{GPa}$，试选定槽钢的型号，并对自重影响进行校核。

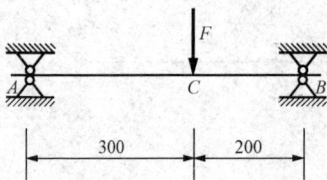

图 13-27

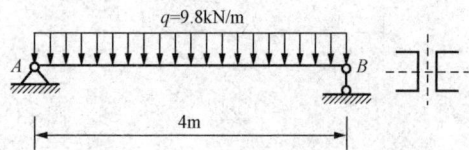

图 13-28

13-12　试判断如图 13-29 所示各梁为几次超静定？各可以选取出怎样的相应静定梁？与其对应的多余约束力和变形条件是什么？

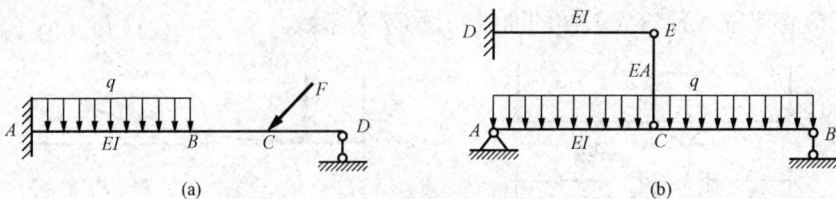

图 13-29

13-13　试求如图 13-30 所示超静定梁 B 支座的支反力。

13-14　如图 13-31 所示结构，已知横梁的弯曲刚度为 EI，竖杆的拉伸刚度为 EA，试求竖杆的轴力。

13-15　如图 13-32 所示结构，悬臂梁 AB 的自由端无间隙地搁放在另一悬臂梁 CD 的自由端上，试求在载荷 F 作用下自由端的挠度。设 EI 和 l 均为已知。

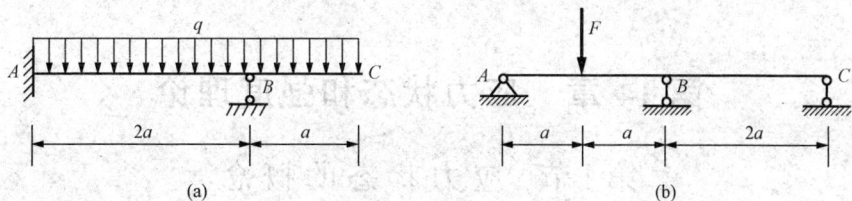

图 13 - 30

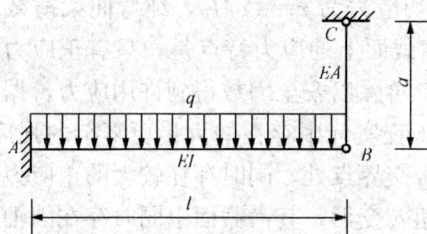

图 13 - 31

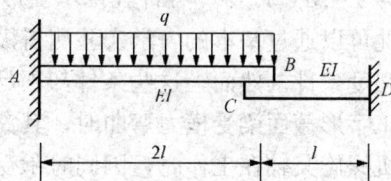

图 13 - 32

第 14 章　应力状态和强度理论

第 1 节　应力状态的概念

　　在前面章节中，导出了杆件在基本变形下横截面上的应力计算公式，如轴向拉压杆横截面上的正应力为 $\sigma = F_N/A$，受扭圆轴横截面上的切应力为 $\tau = T\rho/I_P$，纯弯曲梁横截面上的正应力为 $\sigma = My/I_z$ 等。杆件在基本变形条件下横截面上的应力特点是，只有正应力或切应力。因此可以通过基本的力学实验测得极限应力，再除以安全因数得到许用应力，据此建立相应的强度条件。然而，这些条件却不足以求解工程实际中存在的大量更复杂的强度问题。例如，工字形截面梁受横力弯曲时，其翼缘与腹板交界点处，同时存在较大的正应力和切应力；飞机螺旋桨轴在工作时，因同时承受拉伸和扭转变形，其横截面上同时存在因轴力引起的正应力和因扭转引起的切应力；传递动力的轴，其横截面上也常常同时存在因弯矩引起的正应力和因扭转引起的切应力，甚至还可能有其他内力引起的应力。显然，要求解这些构件的强度问题，就必须综合考虑正应力和切应力的影响。在观察铸铁试件压缩或扭转的破坏，不难看到其破坏发生在与轴线大约 45°的斜截面上。这说明斜截面上的应力与横截面上的不同，如果杆件承受斜截面上某种应力分量的能力较差，就有可能首先沿斜截面破坏。因此研究应力在不同截面上的分布及变化规律非常必要。一般而言，受力构件内不同截面上的应力分布不同；同一截面上不同点的应力不同，同一点不同方位的应力不同。

　　受力构件内一点处不同截面方位上应力的集合称为一点的应力状态。研究应力随截面方位变化的规律就要研究一点的应力状态。一点应力状态的研究，是解决构件在复杂受力情况下强度计算的基础，在材料的强度分析、实验应力分析、断裂力学等学科中都有广泛的应用。

　　研究一点的应力状态，通常的做法是围绕受力物体上研究的点截取一个微小的正六面体，称为**单元体**。在单元体上建立坐标系 $Oxyz$，单元体的边长分别用 $\mathrm{d}x$、$\mathrm{d}y$、$\mathrm{d}z$ 表示，如图 14 - 1 所示。单元体各面上的应力脚标标识规律，可分析图 14 - 2 所示法线为 x 方向的截面上 A 点的应力得知。法线为 x 方向截面上的 A 点，全应力为 p_x，将 p_x 沿法向及切向分解，得正应力分量 σ_x 和切应力分量 τ_x，再将 τ_x 沿 y 和 z 方向分解得 τ_{xy} 和 τ_{xz} 两个分量，即得到 A 点在该截面上的三个应力分量 σ_x、τ_{xy} 和 τ_{xz}。此处切应力的第一个脚标表示作用面的法线方向，第二个脚标表示应力本身的指向。围绕 A 点截取单元体，则单元体各面上应力的脚标都按此规律标注。因单元体三个方向的边长均取无穷小量，故可认为单元体所代表的仅是一个点，其各个侧面上的应力均匀分布，每一对相互平行平面上的同类应力大小相等、方向相反，所以单元体的三对面上一般共有九个应力分量。

　　以单元体任一边为轴列力矩平衡方程可得

$$\tau_{xy} = \tau_{yx} \quad \tau_{yz} = \tau_{zy} \quad \tau_{zx} = \tau_{xz}$$

　　此即前述的切应力互等定理。由此可见，单元体上独立的应力分量有六个：σ_x、σ_y、σ_z、τ_{xy}、τ_{yz} 和 τ_{zx}。如果这六个应力分量已知，就可求得过该点任意斜截面上的正应力和切应力，因而这六个应力分量可以完全确定一点的应力状态。要得到这六个应力分量，单元体通常应该通过应力已知的截面截取。

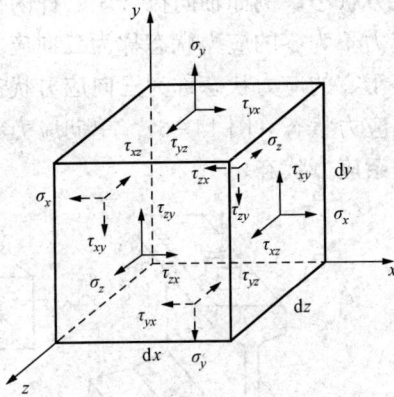
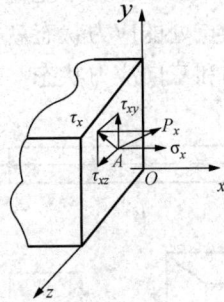

图 14 - 1　　　　　　　　　　　　　图 14 - 2

如图 14 - 3（a）所示为矩形截面简支梁，若在距梁的中性层为 y 的 A 点处截取单元体，取各面上的应力如图 14 - 3（b）所示。在左右两侧面上有正应力和切应力，可按弯曲正应力公式 $\sigma = \dfrac{M_z y}{I_z}$ 和切应力公式 $\tau = \dfrac{F_S S_z^*}{I_z b}$ 求得；由切应力互等定理可知，在上下两平面上有相等的切应力；而在前后两个平面上均无应力作用。单元体平面图如图 14 - 3（c）所示。同理，从 B、C 点处取出来的单元体如图 14 - 3（d）、图 14 - 3（e）所示。

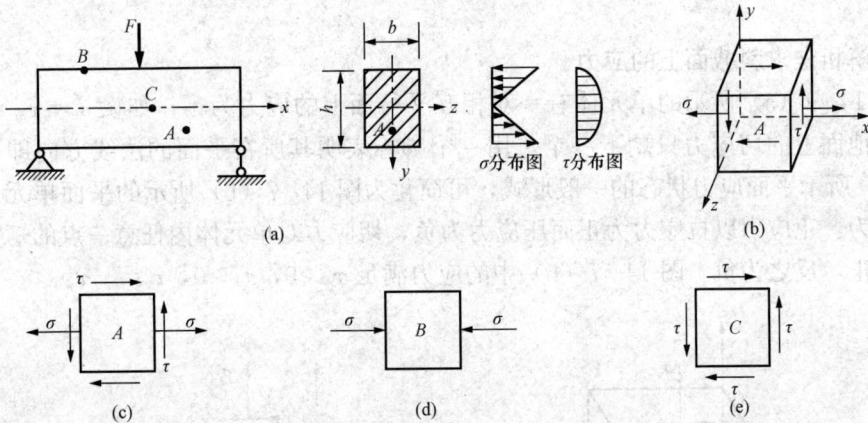

图 14 - 3

在一般情况下，在单元体的三个互相垂直的面上以及任一斜面上，既有正应力，又有切应力。若三个互相垂直的面上只有主应力而无切应力 ［图 14 - 3（d）］，这样的单元体称为**主单元体**，如图 14 - 4 所示。主单元体的各个侧面称为**主平面**，主平面上的正应力称为**主应力**，主平面的法线方向称为**主方向**。一般说，通过受力构件内任一点皆可找到三个互相垂直的主平面，因而每一点都有三个主应力，通常用 σ_1、σ_2 和 σ_3 代表该点三个主应力，下标按代数值的大小排列，即 $\sigma_1 \geqslant \sigma_2 \geqslant \sigma_3$。

一个点的应力状态可根据该点处的三个主应力来分类：只有

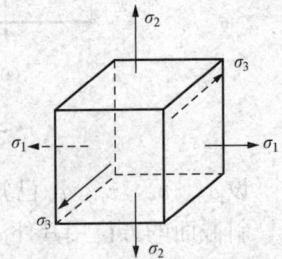

图 14 - 4

一个主应力不等于零的应力状态称为**单向应力状态**。例如轴向拉（压）杆内任一点的应力状态是单向应力状态（图 14 - 5）。有两个主应力不为零的应力状态称为**二向应力状态**或**平面应力状态** ［图 14 - 3 (c)］。三个主应力都不等于零的应力状态称为**三向应力状态**。例如钢轨的顶部与车轮接触点处的应力状态就属于三向应力状态（图 14 - 6）。单向应力状态又称为**简单应力状态**，二向和三向应力状态又统称为**复杂应力状态**。

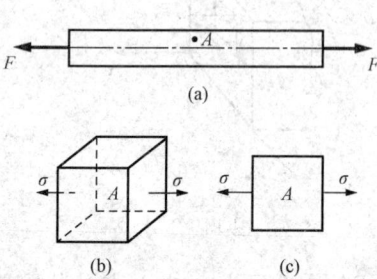

图 14 - 5

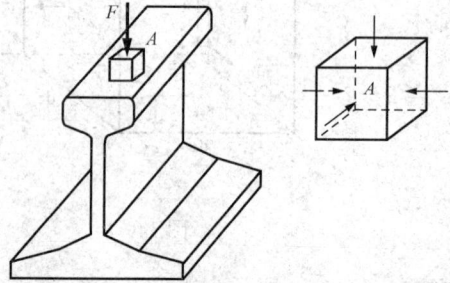

图 14 - 6

本章先讨论受力构件内一点处的应力状态，然后再研究关于材料破坏规律的强度理论。从而为在各种应力状态下的强度计算提供必要的依据。

第2节 平面应力状态分析

一、解析法求斜截面上的应力

若图 14 - 7 (a) 所示的单元体有一对相互平行面上的应力为零，如设 $\sigma_z = \tau_{zx} = \tau_{zy} = 0$，则这时其他面上的切应力只剩下一个，用一个脚标表明其所在平面的法线方向即可，则图 14 - 7 (a) 所示平面应力状态的一般形式，可简化为图 14 - 7 (b) 所示的平面单元。应力的符号规定为：正应力以拉应力为正而压应力为负，切应力对单元体内任意一点的矩为顺时针转向时为正，反之为负。图 14 - 7 (b) 中的应力满足 $\sigma_x > 0$，$\sigma_y > 0$，$\tau_x = -\tau_y$。

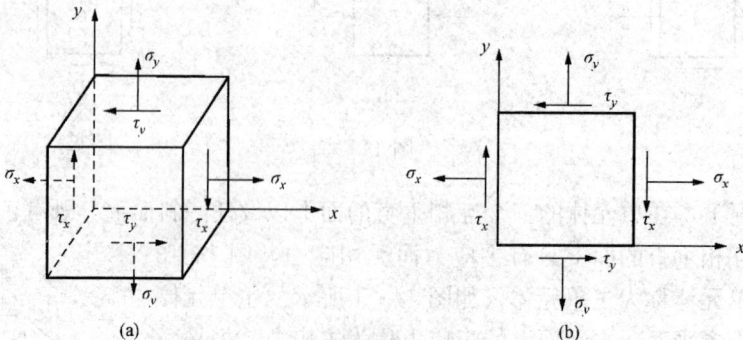

图 14 - 7

设 σ_x、σ_y、τ_x、τ_y 已知，求与 t 轴平行的任一斜截面 ef 上的应力 α 如图 14 - 8 (a) 所示，斜截面的方位用其外法线 n 与 x 轴的夹角 α 表示，α 的正负规定为：以 x 轴为基准，法线 n 沿逆时针方向转动形成的 α 角为正，反之为负。斜截面上的应力用 σ_α 和 τ_α 表示。

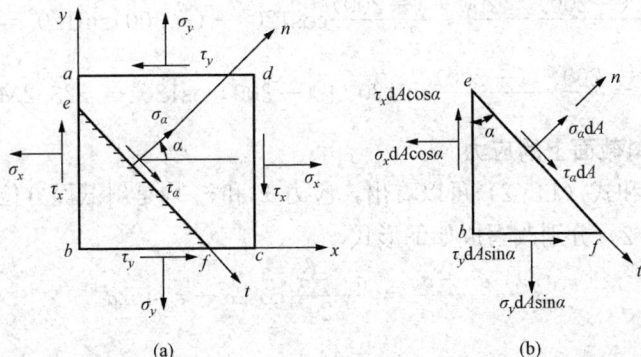

图 14 - 8

用截面法将微体沿截面 ef 切开，取三角形微体 ebf 为研究对象。设截面 ef 的面积为 $\mathrm{d}A$，则 eb 和 bf 的面积分别为 $\mathrm{d}A\cos\alpha$ 和 $\mathrm{d}A\sin\alpha$，微体 ebf 的受力如图 14 - 8（b）所示，分别列沿斜截面法向 n 和切向 t 的平衡方程为

$$\sum F_n = 0,\ \sigma_\alpha \mathrm{d}A - (\sigma_x \mathrm{d}A\cos\alpha)\cos\alpha + (\tau_x \mathrm{d}A\cos\alpha)\sin\alpha - (\sigma_y \mathrm{d}A\sin\alpha)\sin\alpha + (\tau_y \mathrm{d}A\sin\alpha)\cos\alpha = 0$$

$$\sum F_t = 0,\ \tau_\alpha \mathrm{d}A - (\sigma_x \mathrm{d}A\cos\alpha)\sin\alpha - (\tau_x \mathrm{d}A\cos\alpha)\cos\alpha + (\sigma_y \mathrm{d}A\sin\alpha)\cos\alpha + (\tau_y \mathrm{d}A\sin\alpha)\sin\alpha = 0$$

解得

$$\sigma_\alpha = \sigma_x \cos^2\alpha + \sigma_y \sin^2\alpha - (\tau_x + \tau_y)\sin\alpha\cos\alpha \tag{a}$$

$$\tau_\alpha = (\sigma_x - \sigma_y)\sin\alpha\cos\alpha + \tau_x \cos^2\alpha - \tau_y \sin^2\alpha \tag{b}$$

根据切应力互等定理，$\tau_y = \tau_x$，由三角函数关系有

$$\cos^2\alpha = \frac{1 + \cos2\alpha}{2}$$

$$\sin^2\alpha = \frac{1 - \cos2\alpha}{2}$$

$$\sin2\alpha = 2\sin\alpha\cos\alpha$$

将这些关系代入式（a）和式（b）得

$$\sigma_\alpha = \frac{\sigma_x + \sigma_y}{2} + \frac{\sigma_x - \sigma_y}{2}\cos2\alpha - \tau_x\sin2\alpha \tag{14 - 1}$$

$$\tau_\alpha = \frac{\sigma_x - \sigma_y}{2}\sin2\alpha + \tau_x\cos2\alpha \tag{14 - 2}$$

此即平面应力状态下求斜截面上应力的一般公式。由公式可见，只要知道 σ_x、σ_y、τ_x、τ_y，任意斜截面上的应力都可以求出，并且正应力和切应力都是截面方位角 α 的函数，随截面的方位不同而改变。

【例 14 - 1】　已知图 14 - 9 所示平面应力状态的单元体，试求指定斜截面上的应力。

解　由图可知，法线为 x 和 y 截面上的应力分别为 $\sigma_x = 200\mathrm{MPa}$，$\sigma_y = -200\mathrm{MPa}$，$\tau_x = -300\mathrm{MPa}$，待求应力的截面的方位角是 $\alpha = 60°$。

将这些数据分别代入式（14 - 1）和式（14 - 2），得

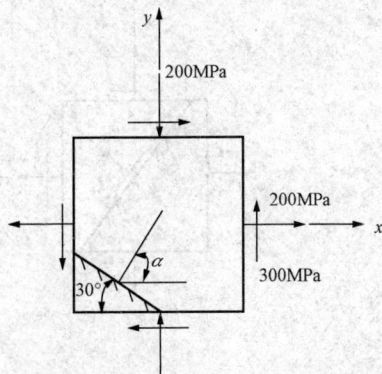

图 14 - 9

$$\sigma_{60°} = \frac{200 + (-200)}{2} + \frac{200 - (-200)}{2}\cos120° - (-300)\sin120° = 159.8\text{MPa}$$

$$\tau_{60°} = \frac{200 - (-200)}{2}\sin120° + (-300)\cos120° = 323.2\text{MPa}$$

二、图解法求斜截面上的应力

由式（14-1）和式（14-2）可以看出，应力 σ_a 和 τ_a 均是斜截面方位角 α 的函数，将式（14-1）和式（14-2）分别改写成如下形式

$$\sigma_a - \frac{\sigma_x + \sigma_y}{2} = \frac{\sigma_x - \sigma_y}{2}\cos2\alpha - \tau_x\sin2\alpha$$

$$\tau_a - 0 = \frac{\sigma_x - \sigma_y}{2}\sin2\alpha + \tau_x\cos2\alpha$$

两边各自平方后相加得

$$\left(\sigma_a - \frac{\sigma_x + \sigma_y}{2}\right)^2 + (\tau_a - 0)^2 = \left(\frac{\sigma_x - \sigma_y}{2}\right)^2 + \tau_a^2 \tag{14-3}$$

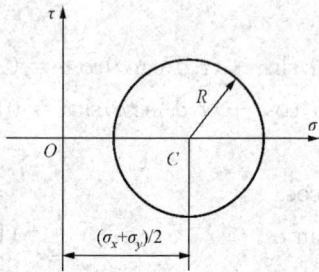

图 14-10

这方程表达了 σ_a 和 τ_a 之间的关系。从公式可以看出，若以 σ 为横坐标轴，τ 为纵坐标轴建立坐标系，则式（14-3）表达的是在 $\sigma-\tau$ 坐标系中的一个以 σ_a 和 τ_a 为变量的圆方程，如图 14-10 所示，圆心坐标为 $\left(\frac{\sigma_x + \sigma_y}{2}, 0\right)$，圆心坐标的 τ 值为零，说明圆心一定落在 σ 轴上。圆的半径为 $R = \sqrt{\left(\frac{\sigma_x - \sigma_y}{2}\right)^2 + \tau_x^2}$。圆上任一点的纵、横坐标 σ_a 和 τ_a 分别代表单元体相应截面上的正应力与切应力，此圆称为**应力圆**或**莫尔圆**。

下面以图 14-11 所示单元体为例介绍应力圆的绘制方法。

以 $\sigma-\tau$ 为坐标轴建立坐标系，在 $\sigma-\tau$ 平面，定出对应法向为 x 截面上应力的点 $D(\sigma_x, \tau_x)$ 和对应法向为 y 截面上的应力的点 $E(\sigma_y, \tau_y)$（设 $\sigma_x > \sigma_y$）。按切应力在单元体上的符号规定，τ_x 和 τ_y 总是一正一负且数值相等，故有 $\overline{DF} = \overline{EG}$，直线 DE 与 σ 轴交点 C 的横坐标为 $(\sigma_x + \sigma_y)/2$，即是应力的圆心。以 C 为圆心，CD 或 CE 为半径作圆，便得到对应图示单元体应力状态的应力圆。

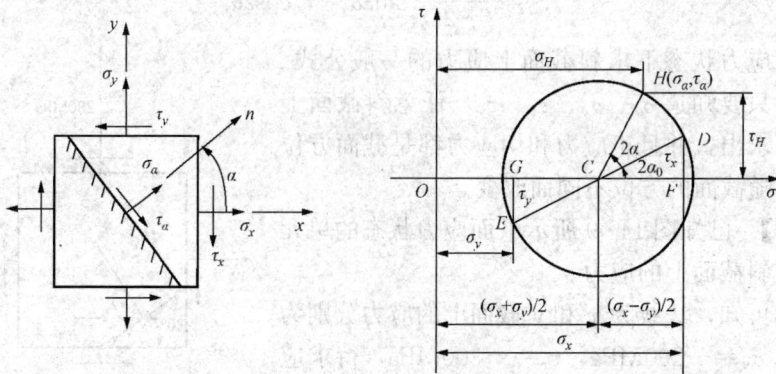

图 14-11

应力圆确定后，要求 α 截面上的应力，将半径线 CD 沿方位角 α 的转向旋转 2α 至 CH 处，则半径线与圆周线交点 H 的纵、横坐标，就分别代表 α 截面的切应力 τ_α 与正应力 σ_α。证明如下。

设 $\angle DCF$ 表示为 2α，则

$$\sigma_H = \overline{OC} + \overline{CH}\cos(2\alpha_0 + 2\alpha) = \overline{OC} + \overline{CD}\cos(2\alpha_0 + 2\alpha)$$
$$= \overline{OC} + \overline{CD}\cos2\alpha_0\cos2\alpha - \overline{CD}\sin2\alpha_0\sin2\alpha$$
$$= \frac{\sigma_x + \sigma_y}{2} + \frac{\sigma_x - \sigma_y}{2}\cos2\alpha - \tau_x\sin2\alpha = \sigma_\alpha$$

同理可证，$\tau_H = \tau_\alpha$。

上述证明也进一步说明应力圆与单元体应力之间存在对应关系为：点面对应，夹角两倍，转向相同。即应力圆上某个点的坐标对应单元体某截面上的正应力和切应力；应力圆上任意两点所引半径线的夹角为对应单元体两对应截面法线夹角的两倍；从应力圆某一半径线到另一半径线的转向与单元体两对应截面法向的转向相同。按此对应关系，应力圆上任一直径两端点的坐标对应着单元体上相互垂直的两个平面上的应力。利用应力圆与单元体的对应关系，再结合前面求应力的关系式，就可以根据单元体上已知截面上的应力方便地求出其他任意截面的应力。

【例 14 - 2】　图 14 - 12 所示的单元体，已知其上法线为 x 和 y 面的应力（单位 MPa），试用应力圆法求指定斜截面上的应力。

解　（1）建立 σ-τ 坐标系，选定应力值与坐标值的比例尺。

（2）绘应力圆。

根据应力值（-100，-60）确定 A 点，根据应力值（50，60）确定 B 点，连接 AB，交 σ 轴于 C 点，以 C 为圆心，以 CA 或 CB 为半径画圆，得与单元体对应的应力圆。

显然 C 点的坐标为 $[(-100+50)/2, 0]$，即（-25，0），而 CA 或 CB 的值为 $\sqrt{(50+25)^2 + 60^2} = 96.05$。

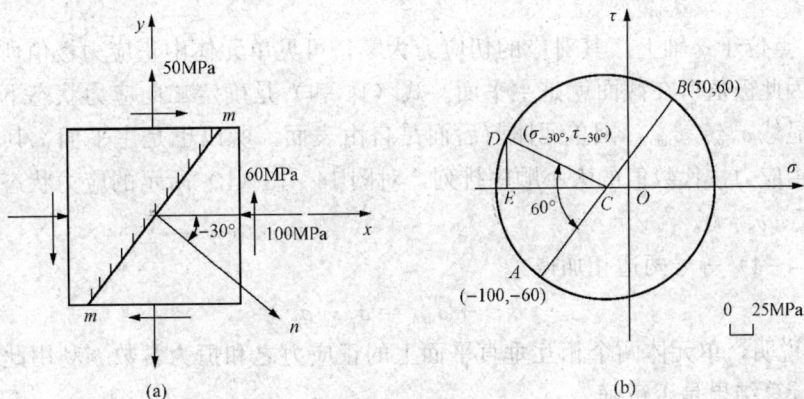

图 14 - 12

（3）求 m—m 截面上的应力。

注意到单元体是从 x 面顺时针方向转 $30°$ 到 m—m 面，所以应力圆上应从半径线 CA 处沿顺时针方向旋转 $60°$ 至 CD 处，所得 D 点即为截面 m—m 上对应的应力。

按选定的比例尺，量得 $\overline{OE} = -115$（负值说明是压应力），$\overline{ED} = 35$，即 $m—m$ 截面上的正应力与切应力分别为

$$\sigma_m = -115\text{MPa} \quad \tau_m = 35\text{MPa}$$

如果利用应力圆进行计算，先求出 $\angle ACE = \arctan \dfrac{60}{75} = 38.66°$，可得

$$\angle ECD = 60° - \arctan \frac{60}{75} = 21.34°$$

$$\overline{CE} = 96.05\cos 21.34° = 89.46$$

故得

$$\sigma_m = -89.46 - 25 = -114.46\text{MPa}$$

$$\tau_m = 96.05\sin 21.34° = 34.95\text{MPa}$$

此结果比直接量取的更精确。

利用应力圆分析点的应力状态，具有直观方便的特点，但单纯用作图的方法求解应力状态问题，需要精确作图，且会有误差。若理解了应力圆与单元体各面上应力的关系，利用应力圆的直观性进行分析，并结合公式进行计算，可以方便准确地求出结果，而且不必死记应力状态分析的相关计算公式。

第 3 节　平面应力状态的极值应力与主应力

应力圆几乎包含了应力状态的全部信息，所以由应力圆不仅可以方便地确定单元体任意方向上的应力，还可以求主应力、主方向，最大切应力等。如图 14 - 13（a）所示平面应力状态的应力圆，圆与坐标轴 σ 的交点是 A 与 B，分别表示图 14 - 7 所示单元体平行于 z 轴的各截面中最大与最小的正应力，显然，其值分别为

$$\left.\begin{array}{r}\sigma_{\max} \\ \sigma_{\min}\end{array}\right\} = \overline{OC} \pm \overline{CA} = \frac{\sigma_x + \sigma_y}{2} \pm \sqrt{\left(\frac{\sigma_x - \sigma_y}{2}\right)^2 + \tau_x^2} \qquad (14 - 4)$$

因 A 点和 B 点位于 σ 轴上，其对应的切应力为零，可见单元体中正应力极值所在截面的切应力为零，因此极值所在截面就是主平面。式（14 - 4）是确定二向应力状态下主应力大小的解析式。显然 $\sigma_{\max} > \sigma_{\min}$，因单元体前后面是自由表面，所以也是主平面，其上主应力为零。将三个主应力按代数值的大小顺序排列，对图 14 - 13（b）所示的应力状态，就有 $\sigma_1 = \sigma_{\max}$，$\sigma_2 = \sigma_{\min}$，$\sigma_3 = 0$。

将式（14 - 4）等号两边相加得

$$\sigma_{\max} + \sigma_{\min} = \sigma_x + \sigma_y \qquad (14 - 5)$$

式（14 - 5）说明，单元体两个相互垂直平面上的正应力之和恒为常数。利用此关系可以校核主应力的计算结果是否正确。

由图 14 - 13（a）可以看出，最大正应力所在截面的方位角 α_0 可由式（14 - 6）确定

$$\tan\alpha_0 = -\frac{\overline{DF}}{\overline{CF}} = -\frac{\tau_x}{\dfrac{\sigma_x - \sigma_y}{2}} = -\frac{2\tau_x}{\sigma_x - \sigma_y} \qquad (14 - 6)$$

利用圆心角是圆周角两倍的关系，主方向也可由直线 BD' 所示的方位确定，即

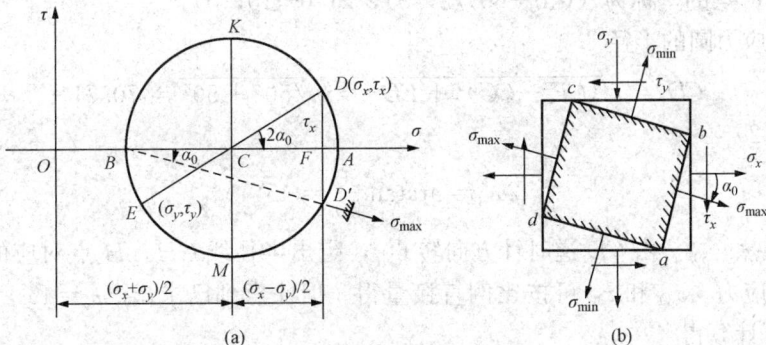

图 14 - 13

$$\tan\alpha_0 = -\frac{\overline{FD'}}{\overline{BF}} = -\frac{\tau_x}{\sigma_x - \sigma_{\min}} = -\frac{\tau_x}{\sigma_{\max} - \sigma_y} \tag{14 - 7}$$

式（14 - 7）中的负号表示由 x 截面至最大正应力作用面为顺时针方向。

因 A、B 两点在应力圆的同一直径线上，由夹角两倍的对应关系知，最大与最小正应力所在截面相互垂直，所以求出 α_0，加 90°就是最小正应力所在的截面方位。由应力圆也不难直接求得 $\sigma_{\min}$ 所在截面的方位。图 14 - 13（b）所示截面 ab、bc、cd 与 da 均为主平面，它们与前后两平面共同组成此应力状态的主单元体。

由图 14 - 13（a）还可以看出，应力圆上存在 K 和 M 两个切应力的极值点。这表明，在单元体平行于 z 轴的各截面中，最大与最小的切应力分别为

$$\begin{cases}\tau_{\max} \\ \tau_{\min}\end{cases} = \pm\sqrt{\left(\frac{\sigma_x - \sigma_y}{2}\right)^2 + \tau_x^2} \tag{14 - 8}$$

它们正好是应力圆的半径。其所在截面也相互垂直，并与正应力的极值截面成 45°夹角。

【例 14 - 3】 对图 14 - 14（a）所示单元体，试利用应力圆并结合解析法求：①法线为 n 面上的应力；②主应力的大小及方向；③最大切应力值。

解 （1）建立 σ-τ 坐标系，选定坐标值的比例尺。

（2）绘应力圆。根据应力值（40，-50）确定 D 点，根据应力值（-60，50）确定 D' 点，连接 DD'，交 σ 轴于 C 点，以 C 为圆心，以 CD 为半径画应力圆。

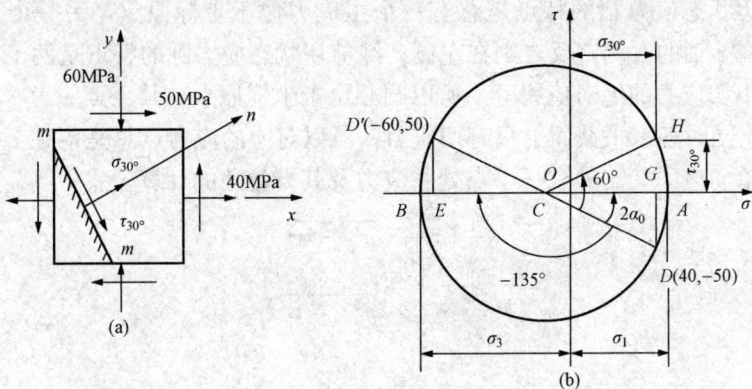

图 14 - 14

（3）计算 C 点的坐标为（$(40-60)/2$，0），即（-10，0）。

（4）计算应力圆的半径

$$CD = \sqrt{(OE-OC)^2 + ED'^2} = \sqrt{50^2 + 50^2} = 70.71$$

（5）计算 $2\alpha_0$

$$2\alpha_0 = \arctan \frac{50}{50} = 45°$$

（6）求 $\sigma_{30°}$ 和 $\tau_{30°}$。由 CD 逆时针方向转 $60°$，定出半径线 CH，H 点对应的应力就是法线为 n 面上的应力。$\sigma_{30°}$ 和 $\tau_{30°}$ 可按比例直接量得。但注意到已求出 $2\alpha_0 = 45°$，得 $\angle HCA = 15°$，所以也可计算得

$$\sigma_{30°} = CD\cos15° - OC = 70.71\cos15° - 10 = 58.3\text{MPa}$$

$$\tau_{30°} = CD\sin15° = 70.71\sin15° = 18.3\text{MPa}$$

（7）求主应力。由应力圆可见

$$\sigma_1 = CA - CO = 70.71 - 10 = 60.71\text{MPa}$$

$$\sigma_2 = 0$$

$$\sigma_3 = -CB - CO = -70.71 - 10 = -80.71\text{MPa}$$

$$\alpha_0 = 22.5°$$

（8）求最大切应力。最大切应力的值就等于应力圆的半径，所以

$$\tau_{\max} = 70.71\text{MPa}$$

【例 14-4】 图 14-15（a）所示矩形截面简支梁，受均布载荷作用，试绘出 m—m 从横截面上 a、b、c、d 和 e 各点处应力状态的单元体及对应的应力圆，并分析主应力情况。

解　求出截面 m—m 上的弯矩 M 和剪力 F_s 的值后，由公式 $\sigma = \dfrac{M_z y}{I_z}$ 和 $\tau = \dfrac{F_s S_z^*}{I_z b}$ 可求出各点的正应力和切应力。计算表明：截面上边缘的 a 点处于单向压应力状态；下边缘的 e 点处于单向拉应力状态；中性轴上的 c 点，除前后两个面无应力外，其余四个面只有切应力而无正应力，这样的应力状态称为纯剪切应力状态，这是一种特殊的二向应力状态；介于 ac 间的 b 点和 ce 间的 d 点，横截面方向同时存在正应力和切应力。各点的应力状态如图 14-15（b）所示，各点的主单元体如图 14-15（c）所示。

根据由横截面剖切而得的单元体和计算的应力值，绘出各点的应力圆如图 14-15（d）所示。单向应力状态应力圆的特点是总有一个主应力位于坐标原点，另一个主应力若是拉力，则应力圆在 τ 轴的右侧，反之则在左侧。纯剪切状态应力圆的特点是两个主应力的绝对值与最大和最小切应力的绝对值相等，所以圆心位于坐标原点。其余点应力状态对应的应力圆对称于 τ 轴，同时各水平截面上只有切应力，所以对应的应力点总是落在 τ 轴上。分析应力圆，可得除单向应力状态外求任一点处主应力及其方位角的计算公式

$$\sigma_1 = \frac{1}{2}(\sigma + \sqrt{\sigma^2 + 4\tau^2}) > 0$$

$$\sigma_3 = \frac{1}{2}(\sigma - \sqrt{\sigma^2 + 4\tau^2}) < 0$$

$$\sigma_2 = 0$$

$$\tan2\alpha_0 = -\frac{2\tau}{\sigma}$$

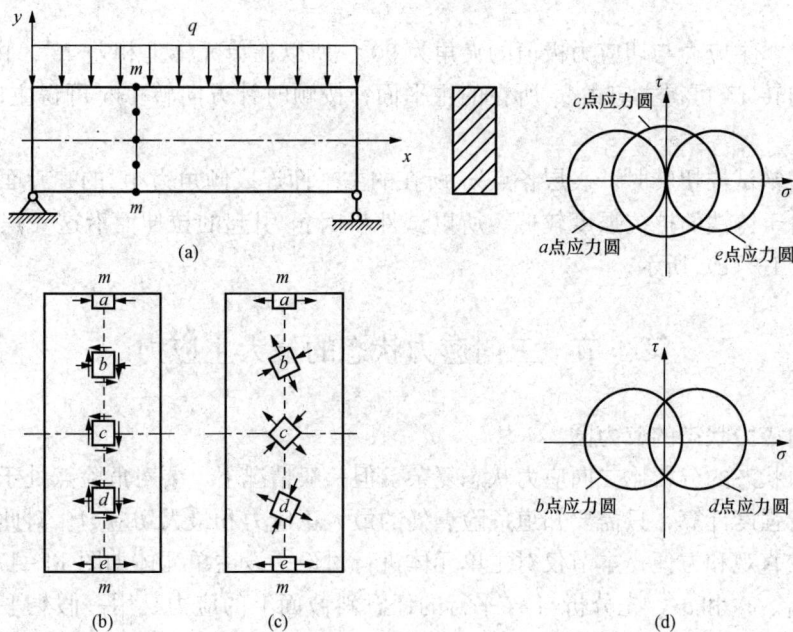

图 14 - 15

公式表明：梁内任一点处的两个主应力中，其一必为拉应力，而另一个必为压应力。

【例 14 - 5】　试分析圆轴扭转时的应力状态，并讨论铸铁试样受扭时的破坏现象。

解　圆轴受扭时，横截面边缘处的切应力最大，其值为

$$\tau = \frac{T}{W_t}$$

在圆轴的表面按图 14 - 16（a）所示取出单元体 *ABCD*，单元体各面上的应力如图 14 - 16（b）所示。

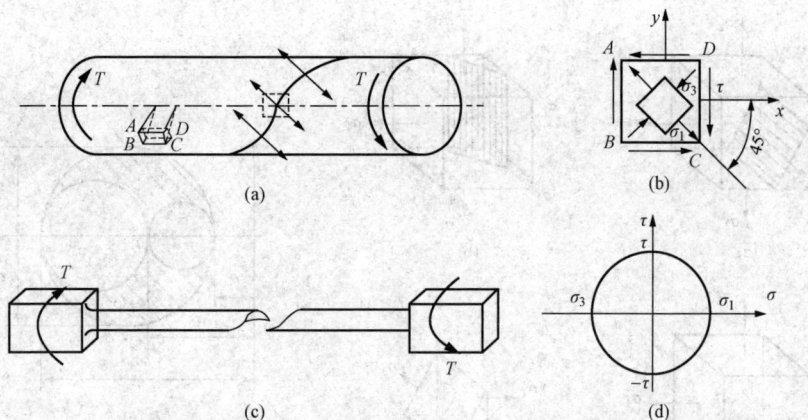

图 14 - 16

因　　　　　　　　　　　　$\sigma_x = \sigma_y = 0 \quad \tau_x = -\tau_y = \tau$

这就是［例 14 - 4］中讨论的纯剪切应力状态。由图 14 - 16（b）所示应力圆可得

$$\sigma_1 = \tau \quad \sigma_2 = 0 \quad \sigma_3 = -\tau$$

应力圆上，主应力与切应力极值的夹角为 90°。所以在单元体上相差 45°。由 x 轴量起，按顺时针方向转 45°可得主应力 σ_1 所在的主平面；按顺时针方向转 135°可得主应力 σ_3 所在的主平面。

圆截面铸铁试样扭转时，表层各点 σ_1 所在的主平面连成倾角为 45°的螺旋面如图 14 - 16（a）所示。由于铸铁的抗拉强度较低，所以试件将因 σ_1 引起的拉伸而沿这一螺旋面发生断裂，如图 14 - 16（c）所示。

第4节　三向应力状态的最大主应力

一、三向应力状态的应力圆

三向应力状态的分析比二向应力状态复杂，但一般情况下，要对危险点处于三向应力状态的构件进行强度计算，只需要知道危险点处的最大正应力和最大切应力。对此，用应力圆进行分析比较直观和方便。本节仅对主单元体进行讨论。设主单元体如图 14 - 17（a）所示，已知主应力 σ_1、σ_2 和 σ_3，先分析与 σ_3 平行的任意斜截面上的应力。用一假想平面将单元体沿与 σ_3 平行的任意截面截开，研究左边部分，如图 14 - 17（d）所示，因截割前的单元体平衡，截下这三角体上的力也应该满足平衡条件。这部分前后两个面上由 σ_3 产生的合力满足等值反向共线，总是能自行平衡，所以对斜截面上的应力没有影响，斜截面上的应力仅与主应力 σ_1 和 σ_2 有关，可以用分析二向应力状态的方法进行分析。在 σ-τ 平面内，与这类斜截面对应的点，必位于由 $\overline{BA}$ 为直径所确定的应力圆上，如图 14 - 17（e）所示。同理与主应力 σ_2 或 σ_1 平行的各截面，如图 14 - 17（b）或图 14 - 17（c）所示阴影面上的应力，由以 $\overline{CA}$ 为直径和以 $\overline{BC}$ 为直径所画的应力圆确定。每一个三向应力状态，都可以画出三个相应的应力圆，这样的应力圆就称为**三向应力圆**。可以证明，单元体上与三个主应力均不平行的任意斜截面上的应力由图 14 - 17（e）所示应力圆阴影区域内各点的坐标确定。

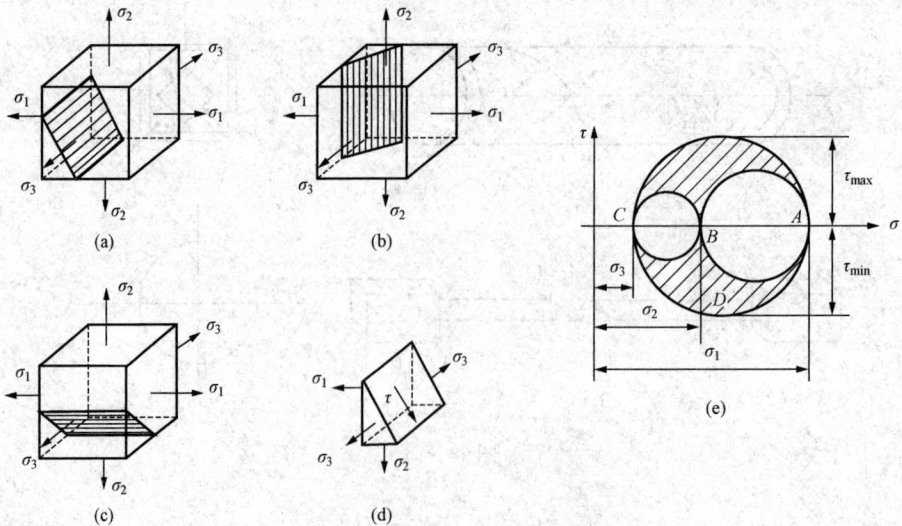

图 14 - 17

二、三向应力状态的应力圆

由三向应力圆可见，阴影区域各点的横坐标都小于 σ_1 大于 σ_3，各点的纵坐标都小于 τ_{max} 大于 τ_{min}。所以，对于三向应力状态，最大和最小正应力以及最大切应力分别为

$$\sigma_{max} = \sigma_1 \quad \sigma_{min} = \sigma_3 \quad \tau_{max} = \frac{\sigma_1 - \sigma_3}{2} \tag{14-9}$$

且最大切应力位于与 σ_1 和 σ_3 均成 45°的截面上。此结论同样适用于单向和二向应力状态。

【**例 14-6**】 图 14-18 （a）所示应力状态，应力 $\sigma_x = 80\text{MPa}$，$\tau_x = 35\text{MPa}$，$\sigma_y = 20\text{MPa}$，$\sigma_z = -40\text{MPa}$，试画三向应力圆，并求主应力、最大正应力与最大切应力。

解　（1）画三向应力圆。对图示应力状态，已知 σ_z 为主应力，其他两个主应力可由图 14-18 （b）所示的 σ_x、σ_y 和 τ_x 确定。

在 $\sigma-\tau$ 平面内如图 14-18 （c）所示，由坐标（80，35）和（20，-35）可分别定出 A 和 B 点，连接 $\overline{AB}$，取 $\overline{AB}$ 连线与 σ 轴的交点为圆心，AB 为直径画圆，圆与 σ 轴交于 C 和 D 点，其横坐标分别为

$$\sigma_C = 96.1\text{MPa} \quad \sigma_D = 3.9\text{MPa}$$

根据 σ_z 的值（-40，0）定出 E 点，再分别以 $\overline{ED}$ 及 $\overline{EC}$ 为直径画圆，即得三向应力圆。

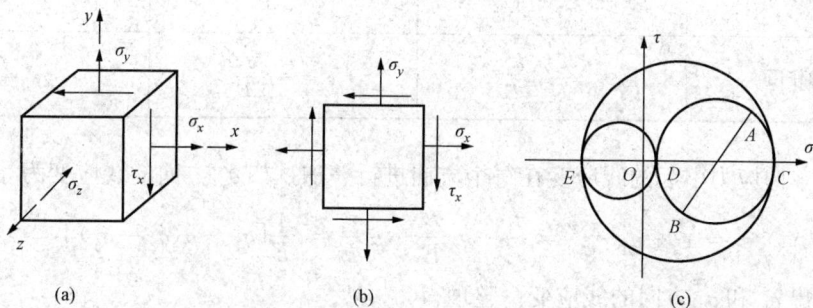

图 14-18

（2）求主应力、最大正应力和最大切应力。由上述分析可知，主应力为

$$\sigma_1 = \sigma_C = 96.1\text{MPa}$$
$$\sigma_2 = \sigma_D = 3.90\text{MPa}$$
$$\sigma_3 = \sigma_E = -40.0\text{MPa}$$

所以最大正应力与最大切应力分别为

$$\sigma_{max} = \sigma_1 = 96.1\text{MPa}$$
$$\tau_{max} = \frac{\sigma_1 - \sigma_3}{2} = \frac{96.1 + 40.0}{2} = 68.1(\text{MPa})$$

第5节　广义胡克定律

前面章节中曾得出杆件在单向拉伸或压缩情况下线弹性范围内正应力与应变的关系式

$$\sigma = E\varepsilon \quad \text{或} \quad \varepsilon = \frac{\sigma}{E}$$

这是拉压胡克定律。在扭转情况下，线弹性范围内切应力与切应变的关系为

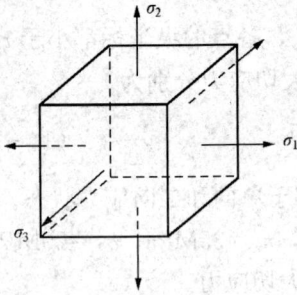

图 14 - 19

$$\tau = G\gamma \quad 或 \quad \gamma = \frac{\tau}{G}$$

这是剪切胡克定律。此外，轴向线应变 ε 会引起横向线应变 ε'，它们之间的关系为

$$\varepsilon' = -\mu\varepsilon = -\mu\frac{\sigma}{E}$$

对用主单元体表示的三向应力状态，如图 14 - 19 所示，有 σ_1、σ_2、σ_3 三个主应力，可以将它们看作是三组单向应力的组合。每个单向应力作用引起的纵向和横向的应力－应变关系如表 14 - 1 所示。

表 14 - 1   每个单向应力作用引起的纵向和横向的应力－应变关系

	σ_1 方向正应变	σ_2 方向正应变	σ_3 方向正应变
σ_1 单独作用	$\varepsilon_1' = \dfrac{\sigma_1}{E}$	$\varepsilon_2' = -\mu\dfrac{\sigma_1}{E}$	$\varepsilon_3' = -\mu\dfrac{\sigma_1}{E}$
σ_2 单独作用	$\varepsilon_1'' = -\mu\dfrac{\sigma_2}{E}$	$\varepsilon_2'' = \dfrac{\sigma_2}{E}$	$\varepsilon_3'' = -\mu\dfrac{\sigma_2}{E}$
σ_3 单独作用	$\varepsilon_1''' = -\mu\dfrac{\sigma_3}{E}$	$\varepsilon_2''' = -\mu\dfrac{\sigma_3}{E}$	$\varepsilon_3''' = \dfrac{\sigma_3}{E}$

将三个单向应力引起的线应变在每个方向进行叠加，如 σ_1 方向的线应变为

$$\varepsilon_1 = \varepsilon_1' + \varepsilon_1'' + \varepsilon_1''' = \frac{\sigma_1}{E} - \mu\frac{\sigma_2}{E} - \mu\frac{\sigma_3}{E} = \frac{1}{E}[\sigma_1 - \mu(\sigma_2 + \sigma_3)]$$

同样方法求出 σ_2 和 σ_3 方向的线应变。整理得

$$\left.\begin{array}{l} \varepsilon_1 = \dfrac{1}{E}[\sigma_1 - \mu(\sigma_2 + \sigma_3)] \\[2mm] \varepsilon_2 = \dfrac{1}{E}[\sigma_2 - \mu(\sigma_3 + \sigma_1)] \\[2mm] \varepsilon_3 = \dfrac{1}{E}[\sigma_3 - \mu(\sigma_1 + \sigma_2)] \end{array}\right\} \qquad (14 - 10)$$

这就是**广义胡克定律**，它给出了各向同性材料在线弹性范围内应力与应变之间的一般关系。式 (14 - 10) 中的 ε_1、ε_2、ε_3 分别对应 σ_1、σ_2、σ_3，称为**主应变**。应用式 (14 - 10) 时，σ_1、σ_2、σ_3 应以代数值代入，求出的 ε_1、ε_2、ε_3，正值表示伸长，负值表示缩短。单向和二向应力状态作为三向应力状态的特例，式 (14 - 10) 仍然适用。

若单元体的各个面上既有正应力，又有切应力时，研究表明，对各向同性材料，在弹性范围内，正应力只与正应变有关，而切应力只与切应变有关。因此广义胡克定律为

$$\left.\begin{array}{ll} \varepsilon_x = \dfrac{1}{E}[\sigma_x - \mu(\sigma_y + \sigma_z)] & \gamma_{xy} = \dfrac{\tau_{xy}}{G} \\[2mm] \varepsilon_y = \dfrac{1}{E}[\sigma_y - \mu(\sigma_z + \sigma_x)] & \gamma_{yz} = \dfrac{\tau_{yz}}{G} \\[2mm] \varepsilon_z = \dfrac{1}{E}[\sigma_z - \mu(\sigma_x + \sigma_y)] & \gamma_{zx} = \dfrac{\tau_{zx}}{G} \end{array}\right\} \qquad (14 - 11)$$

【例 14 - 7】 如图 14 - 20（a）所示的槽形刚体，开有宽度和深度同为 10mm 的槽，槽内紧密无隙地放置一边长 $a=10$mm 的立方铝块。铝块的顶面承受合力为 $F=8$kN 的均布压力作用。铝的弹性模量 $E=70$GPa，泊松比 $\mu=0.33$，试求铝块的三个主应力和相应的主应变。

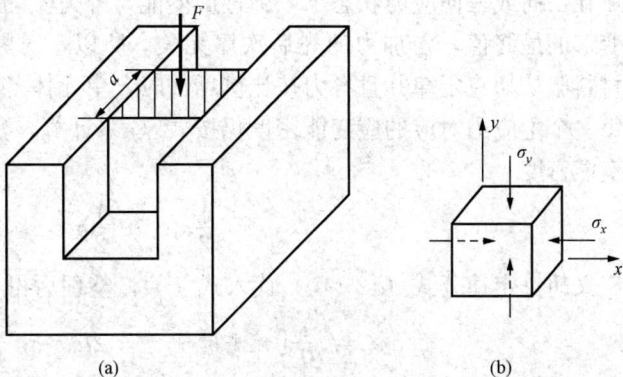

图 14 - 20

解 （1）应力分析。铝块在压力 F 的作用下，除顶面直接受压外，还因其侧向（x 方向）的变形受阻而引起侧向压应力 σ_x，如图 14 - 20（b）所示，所以铝块处于二向应力状态，而且

$$\varepsilon_x = 0 \qquad\qquad (a)$$

铝块顶面的压应力为

$$\sigma_y = -\frac{F}{a^2} = -\frac{8 \times 10^3}{10^2} = -80\text{MPa} \qquad\qquad (b)$$

根据广义胡克定律，有

$$\varepsilon_x = \frac{\sigma_x}{E} - \mu\frac{\sigma_y}{E}$$

将式（b）代入上式，再将上式代入式（a），解得

$$\sigma_x = \mu\sigma_y = 0.33 \times (-80) = -26.4\text{MPa}$$

因图 14 - 20 所示坐标平面上的切应力都等于零，所以其上的正应力就是主应力，按代数值排序得

$$\sigma_1 = 0 \quad \sigma_2 = -26.4\text{MPa} \quad \sigma_3 = -80\text{MPa}$$

（2）应变分析。根据广义胡克定律

$$\varepsilon_1 = \frac{1}{E}[\sigma_1 - \mu(\sigma_2 + \sigma_3)] = \frac{0.33}{70 \times 10^9}(26.4 \times 10^6 + 80 \times 10^6) = 5.02 \times 10^{-4}$$

$$\varepsilon_2 = \frac{1}{E}(\sigma_2 - \mu\sigma_3) = \frac{1}{70 \times 10^9}(-26.4 \times 10^6 + 0.33 \times 80 \times 10^6) = 0$$

$$\varepsilon_3 = \frac{1}{E}(\sigma_3 - \mu\sigma_2) = \frac{1}{70 \times 10^9}(-80 \times 10^6 + 0.33 \times 26.4 \times 10^6) = -1.02 \times 10^{-3}$$

第 6 节　三向应力状态的应变能

弹性体在外力作用下发生变形，同时在体内储存了能量，这种因变形而形成的能量称为**应变能**，用 v_ε 表示。轴向拉压时，利用应变能与外力功在数值上的相等的关系和材料服从胡克定律的条件，得到了单向应力状态下弹性应变能密度（单位体积内的应变能）的计算公式

$$v_\varepsilon = \frac{1}{2}\sigma\varepsilon \qquad\qquad (a)$$

在二向或三向应力状态下，弹性应变能与外力做的功在数值上相等，而且只取决于外力和变形的最终值，与加力的先后次序无关。所以，对图 14 - 21（a）所示的三向应力状态，当材料服从胡克定律并且各力按比例增加时，单元体各个方向的应力均与应变成正比，因而与每一个主应力对应的应变能密度仍按式（a）计算，然后进行叠加，得三向应力状态下的应变能密度

$$v_\varepsilon = \frac{1}{2}\sigma_1\varepsilon_1 + \frac{1}{2}\sigma_2\varepsilon_2 + \frac{1}{2}\sigma_3\varepsilon_3 \tag{b}$$

将广义胡克定律公式（12 - 10）代入式（b），整理后得

$$v_\varepsilon = \frac{1}{2E}[\sigma_1^2 + \sigma_2^2 + \sigma_3^2 - 2\mu(\sigma_1\sigma_2 + \sigma_2\sigma_3 + \sigma_3\sigma_1)] \tag{14 - 12}$$

一般单元体的变形可分为两种：①体积改变，即由原来的立方体变为较大或较小的立方体。②形状改变，即由原来的立方体变为体积相同的平行六面体。因此，图 14 - 21（a）所示的单元体受力可以分解为图 14 - 21（b）和（c）两种情况，图 14 - 21（b）所示的单元体各面上有大小相等的应力

$$\sigma_m = \frac{1}{3}(\sigma_1 + \sigma_2 + \sigma_3) \tag{14 - 13}$$

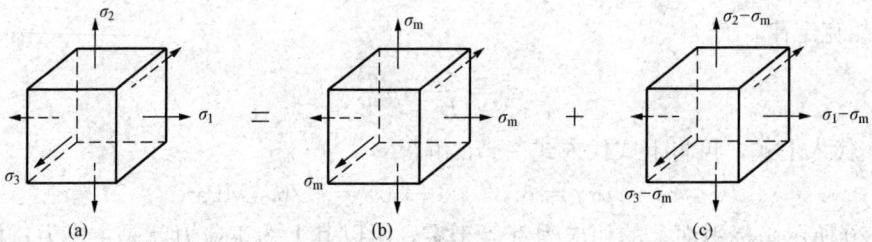

图 14 - 21

σ_m 是三个主应力的**平均应力**。相应三个方向上的应变相同，都等于**平均应变**

$$\varepsilon_m = \frac{\sigma_m}{E}(1 - 2\mu) \tag{14 - 14}$$

这种单元体只发生体积改变，不会发生形状改变。单元体因体积改变引起的应变能密度称为**体积改变能密度**，用 v_V 表示

$$v_V = \frac{1}{2}\sigma_m\varepsilon_m + \frac{1}{2}\sigma_m\varepsilon_m + \frac{1}{2}\sigma_m\varepsilon_m = \frac{3}{2}\sigma_m\varepsilon_m \tag{c}$$

$$v_V = \frac{1 - 2\mu}{6E}(\sigma_1 + \sigma_2 + \sigma_3)^2 \tag{14 - 15}$$

图 14 - 21（c）所示单元体上作用的三个主应力之和等于零，说明单元体只会发生形状改变，不会发生体积改变，单元体因形状改变引起的应变能密度称为**畸变能密度**，用 v_d 表示。因此，单元体总的应变能密度 v_ε 就由体积改变能密度 v_V 和畸变能密度 v_d 两部分组成，即

$$v_\varepsilon = v_V + v_d$$
$$v_d = v_\varepsilon - v_V$$

将式（14 - 12）和式（14 - 15）代入上式整理后得

$$v_d = \frac{1 - 2\mu}{6E}[(\sigma_1 - \sigma_2)^2 + (\sigma_2 - \sigma_3)^2 + (\sigma_3 - \sigma_1)^2] \tag{14 - 16}$$

第 7 节　强 度 理 论 及 其 应 用

一、强度理论概述

各种材料因强度不足引起的失效现象是不同的。根据前面的讨论，塑性材料，如普通碳钢，以发生屈服现象、出现塑性变形为失效的标志。脆性材料，如铸铁，失效现象是突然断裂。在单向受力情况下，出现塑性变形时的屈服极限 σ_s 和发生断裂时的强度极限 σ_b 可由实验测定，σ_s 和 σ_b 可统称为极限应力。以安全因数除极限应力，便得到许用应力，从而建立用最大工作应力与许用应力相比较的强度条件。实践证明这样建立的强度条件对于简单应力状态和纯剪应力状态的情况是合适的。但实际工程中的构件，其危险点的应力状态是多种多样的，如果仍用建立单向或纯剪切应力状态强度条件的方法来建立复杂应力状态的强度条件显然不行。这不仅是因为要实现二向或三向应力状态的试验本身比较复杂，而且三个主应力 σ_1、σ_2 和 σ_3 之间的数值组合有无数种，通过实验来得到极限应力是不现实的。我们需要知道：在一般应力状态下，构件会发生什么形式的失效？何时失效？如何建立强度条件？显然仅通过实验已不能回答这些问题。因而必须研究材料在复杂应力状态下的破坏或失效的规律，才能建立相应的强度条件。

大量强度破坏现象和试验表明，材料在常温、静载作用下的强度失效形式主要有两种，即断裂和屈服。例如，铸铁试件在拉伸和扭转时的破坏，就属于断裂；而低碳钢试件拉伸和压缩破坏时产生的塑性变形，则属于屈服等。长期以来，人们分析和研究了大量的破坏现象，发现材料失效是有规律的，根据这些失效规律提出的关于引起材料失效主要因素的种种假设或学说，就称为**强度理论**。强度理论的主要用途是根据材料失效的规律和原因，利用简单应力状态的实验结果来建立复杂应力状态的强度条件。

强度理论是推测材料失效原因的假说，其正确性必须经受试验和实践的检验。事实上，每种强度理论都有其局限性，往往适用于某种材料的强度理论，却并不适用于另一种材料，在某种受力和环境条件下适用的理论，对另一种受力和环境条件又不适用。如 17 世纪主要使用的是砖、石和铸铁等脆性材料，观察到的破坏现象也多属于脆性断裂，因此当时提出的强度理论主要适用于材料的脆性断裂。19 世纪以来，工程中大量使用低碳钢、铜及合金钢等塑性材料，这使人们对塑性机理有了较多的认识，才又提出以屈服或显著塑性变形为失效准则的强度理论。随着性能不同的各种新材料不断出现和使用，必然要有新的相应的强度理论被提出，所以这仍然是一个不断发展的领域。

作为对强度理论的初步了解和应用，本章介绍工程中常见的四个强度理论：最大拉应力理论、最大拉应变理论、最大切应力理论与畸变能理论。它们都是只适用于常温、静载条件和均匀、连续、各向同性材料的强度理论，但对强度失效的解释各有不同。

二、四种常用强度理论

（一）最大拉应力理论（第一强度理论）

最大拉应力理论认为：无论什么样的应力状态，最大拉应力是引起脆性材料无裂纹断裂破坏的主要因素。也就是说，只要发生脆性断裂，其共同的原因是由于危险点处的最大拉应力 σ_1 达到材料单向拉伸断裂时的最大拉应力极限值 σ_b。

根据这一理论，材料脆性断裂的条件为

$$\sigma_1 = \sigma_b$$

将强度极限 σ_b 除以安全因素 n，得许用应力 $[\sigma]$，所以按第一强度理论建立的强度条件是

$$\sigma_1 \leqslant \frac{\sigma_b}{n} = [\sigma] \tag{14-17}$$

铸铁、玻璃、石膏等脆性材料在单向、二向拉伸的应力状态下，实验结果与这一理论吻合较好。而当存在压应力时，只要最大压应力的值不超过最大拉应力的值或超过不多时，这一理论与试验结果也大致接近。在三向拉伸应力状态，不论是脆性材料还是塑性材料，试验结果与这一理论的值都相当接近，可见，最大拉应力理论不仅适用于脆性材料，而且还适用于塑性材料的三向拉伸应力状态。但是这一理论没有考虑其他两个主应力的影响。对没有拉应力的情况，如单向或两向压缩时不能运用。

（二）最大拉应变理论（第二强度理论）

最大拉应变理论认为：无论什么样的应力状态，最大伸长线应变是引起脆性材料无裂纹断裂破坏的主要因素。也就是说，不论何种应力状态，只要发生脆性断裂，其共同的原因是由于危险点处的最大伸长线应变 ε_1 达到材料单向拉伸断裂时的最大拉应变值 ε_{lu}。

根据这一理论，脆性断裂的条件为

$$\varepsilon_1 = \varepsilon_{lu} \tag{a}$$

对灰口铸铁等脆性材料，从开始受力直到断裂，其应力应变关系近似符合胡克定律，而材料在复杂应力状态下的最大拉应变为

$$\varepsilon_1 = \frac{1}{E}\big[\sigma_1 - \mu(\sigma_2 + \sigma_3)\big] \tag{b}$$

单向拉伸断裂时的最大拉应变为

$$\varepsilon_{lu} = \frac{\sigma_b}{E} \tag{c}$$

将式（b）和式（c）代入式（a），得到用主应力表示的脆性断裂的条件

$$\sigma_1 - \mu(\sigma_2 + \sigma_3) = \sigma_b$$

同样，将强度极限 σ_b 除以安全因素 n，得许用应力 $[\sigma]$，所以按第二强度理论建立的强度条件是

$$\sigma_1 - \mu(\sigma_2 + \sigma_3) \leqslant \frac{\sigma_b}{n} = [\sigma] \tag{14-18}$$

这一理论将主应力的某一综合值与材料单向拉伸时的许用应力进行比较，形式上比第一强度理论完善，但对脆性金属、砖、石等脆性材料所做的拉断试验却并不支持这一理论，而脆性材料在双拉一压的应力状态或是一拉二压且压应力值超过拉应力值时，试验结果与这一理论大致符合。石料、混凝土等脆性材料的试块受轴向压缩时，如在试验机与试块的接触面上添加润滑剂以减小摩擦力，则其断裂时会沿垂直于压力的方向开裂，也可用此理论进行解释。

一般说，最大拉应力理论适用于以拉应力为主的脆性材料，而最大拉应变理论适用于压应力为主的情况。

（三）最大切应力理论（第三强度理论）

最大切应力理论认为：无论何种应力状态，最大切应力是引起材料屈服的主要因素。也

就是说，不论何种应力状态，只要发生屈服，其共同的原因是由于危险点处的最大切应力 $\tau_{\max}$ 达到材料单向拉伸屈服时的最大切应力极限值 τ_s。

根据这一理论，材料的屈服条件为

$$\tau_{\max} = \tau_s \tag{d}$$

因材料在复杂应力状态下的最大切应力为

$$\tau_{\max} = \frac{\sigma_1 - \sigma_3}{2} \tag{e}$$

单向拉伸屈服时的最大切应力为

$$\tau_s = \frac{\sigma_s}{2} \tag{f}$$

将式（e）和式（f）代入式（d），得用主应力表示的屈服破坏条件为

$$\sigma_1 - \sigma_3 = \sigma_s$$

将屈服极限 σ_s 除以安全因素 n，得许用应力 $[\sigma]$，所以按第三强度理论建立的强度条件是

$$\sigma_1 - \sigma_3 \leqslant \frac{\sigma_s}{n} = [\sigma] \tag{14-19}$$

对塑性材料，这一理论与试验结果吻合较好，因此在工程中得到了广泛的应用。此理论的缺点是未考虑主应力 σ_2 的作用，而试验表明，σ_2 对材料的屈服确有一定的影响。

（四）最大畸变能理论（第四强度理论）

最大畸变能理论认为：无论什么样的应力状态，畸变能都是引起材料屈服的主要因素。即不论何种应力状态，只要发生屈服，其共同的原因都是危险点处的畸变能 v_d 达到材料单向拉伸屈服时畸变能的极限值 $(v_d)_s$。

根据这一理论，材料的屈服条件为

$$v_d = (v_d)_s \tag{g}$$

在复杂应力状态下

$$v_d = \frac{1+\mu}{6E} \left[(\sigma_1 - \sigma_2)^2 + (\sigma_2 - \sigma_3)^2 + (\sigma_3 - \sigma_1)^2 \right] \tag{h}$$

而在单向应力状态下，$\sigma_1 = \sigma_2 = 0$，有

$$(v_d)_s = \frac{1+\mu}{3E} \sigma_s^2 \tag{i}$$

将式（h）和式（i）代入式（g），得用主应力表示的屈服破坏条件为

$$\sqrt{\frac{1}{2} \left[(\sigma_1 - \sigma_2)^2 + (\sigma_2 - \sigma_3)^2 + (\sigma_3 - \sigma_1)^2 \right]} = \sigma_s$$

将屈服极限 σ_s 除以安全因素 n，得许用应力 $[\sigma]$，所以按第四强度理论建立的强度条件是

$$\sqrt{\frac{1}{2} \left[(\sigma_1 - \sigma_2)^2 + (\sigma_2 - \sigma_3)^2 + (\sigma_3 - \sigma_1)^2 \right]} \leqslant [\sigma] \tag{14-20}$$

这一理论是从能量角度建立材料的屈服破坏准则，而且综合考虑了三个主应力的影响。试验证明，对碳素钢、合金钢等塑性材料，这一理论比第三强度理论对试验结果的吻合更好。其他大量试验结果还表明这一理论能更好地描述铜、镍、铝等大量工程韧性材料的屈服

状态。

第三和第四强度理论在机械制造业都得到了广泛的应用。

这里要特别强调的是，不同的强度理论适用于不同的情况，具体应用时，首先应根据材料的力学性能及所处的应力状态确定其可能失效类型，再选用相应的准则。一般铸铁、石料、混凝土、玻璃等脆性材料，在常温常压下，常发生脆断破坏，宜采用第一或第二强度理论；而钢、铜、铝等塑性材料，则常发生塑性失效，宜采用第三或第四强度理论。脆性材料在三向压缩的应力状态下会出现塑性屈服，应采用第三或第四强度理论；塑性材料在三向拉伸应力状态下会出现脆性断裂，这时宜采用第一强度理论。

以上分析结果表明，根据强度理论建立构件的强度条件时，形式上是将主应力的某种组合与材料单向拉伸时许用应力进行比较，主应力的这种组合值称为**相当应力**。如果将各种强度理论的强度条件写成以下统一的形式

$$\sigma_{ri} \leqslant [\sigma] \quad (i = 1, 2, 3, 4) \tag{14-21}$$

则式中的 σ_{ri} 就是相当应力。对应第一至第四强度理论，σ_{ri} 的具体表达式如下

$$\sigma_{r1} = \sigma_1 \tag{14-22a}$$

$$\sigma_{r2} = \sigma_1 - \mu(\sigma_2 + \sigma_3) \tag{14-22b}$$

$$\sigma_{r3} = \sigma_1 - \sigma_3 \tag{14-22c}$$

$$\sigma_{r4} = \sqrt{\frac{1}{2}[(\sigma_1 - \sigma_2)^2 + (\sigma_2 - \sigma_3)^2 + (\sigma_3 - \sigma_1)^2]} \tag{14-22d}$$

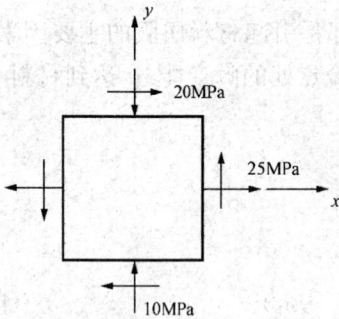

【例 14-8】 某铸铁构件危险点处的应力状态如图 14-22 所示，若许用拉应力为 $[\sigma] = 35\text{MPa}$，试校核其强度。

解 由图 14-22 可知

$$\sigma_x = 25\text{MPa} \quad \sigma_y = -10\text{MPa} \quad \tau_x = 20\text{MPa}$$

代入式（14-4）得

$$\left.\begin{array}{l}\sigma_{max}\\\sigma_{min}\end{array}\right\} = \frac{25-10}{2} \pm \sqrt{\left(\frac{25+10}{2}\right)^2 + 20^2} = \begin{cases}34.08\text{MPa}\\-19.08\text{MPa}\end{cases}$$

由计算结果知

$$\sigma_1 = 34.08\text{MPa} \quad \sigma_2 = 0 \quad \sigma_3 = -19.08\text{MPa}$$

图 14-22

主应力 σ_1 的绝对值大于主应力 σ_3 的绝对值，所以，可以采用最大拉应力理论进行强度校核，即

$$\sigma_{r1} = \sigma_1 < [\sigma]$$

显然构件的强度足够。

【例 14-9】 用低碳钢制成的蒸汽锅炉壁厚 $\delta = 10\text{mm}$，内径 $D = 1000\text{mm}$，蒸汽压力 $p = 3\text{MPa}$，如图 14-23（a）、（b）所示，许用应力 $[\sigma] = 160\text{MPa}$，试校核锅炉强度。

解 （1）计算蒸汽锅炉圆筒部分横截面上的应力 σ'。由圆筒及其受力的对称性可知，圆筒底部蒸汽压力的合力 F 的作用线与圆筒的轴线重合如图 14-23（c）所示。因此可认为圆筒横截面上各点处的正应力 σ' 相等，所以 σ' 可按轴向拉伸的公式求得

$$\sigma' = \frac{F}{A} \approx \frac{p\frac{\pi D^2}{4}}{\pi D\delta} = \frac{pD}{4\delta} = \frac{3 \times 1}{4 \times 10 \times 10^{-3}} = 75\text{MPa}$$

（2）计算蒸汽锅炉圆筒部分纵截面上的应力 σ''。为求出圆筒部分纵截面上的正应力 σ''，假想从圆筒上截取单位长的一段，再沿其纵向截分为两个相等的部分，取上半部分研究如图 14-23（d）所示。由于圆筒上、下部分的对称性，所以纵截面上没有切应力。对这种 $\delta \ll D$ 的薄壁圆筒，可以认为纵截面上各点处的正应力 σ'' 相等。由圆筒上半部分的平衡方程可求得

$$\sigma'' = \frac{pD}{2\delta} = \frac{3 \times 1}{2 \times 10 \times 10^{-3}} = 150 \text{MPa}$$

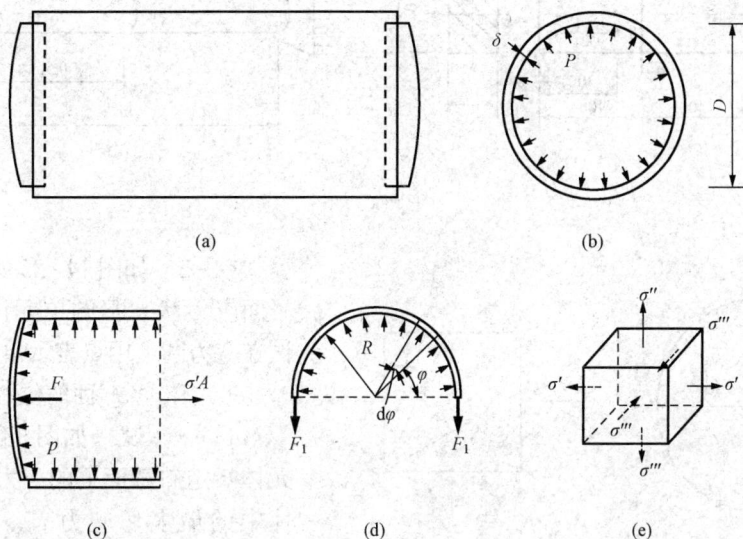

图 14-23

（3）求径向应力 σ'''。蒸汽锅炉的内表面上作用有压强为 p 的压力，因此内表面上任一点处沿半径方向的正应力为

$$\sigma''' = p$$

锅炉圆筒壁上任一点的应力状态如图 14-23（e）所示。显然 σ'、σ''、σ''' 都是主应力，对于薄壁圆筒（$\delta \leqslant D/20$），σ''' 是一个很小的量，故可以忽略 σ''' 而将单元体视为平面应力状态。

低碳钢是塑性材料，由第四强度理论，由

$$\sigma_{r4} = \sqrt{\frac{1}{2}\left[(\sigma_1 - \sigma_2)^2 + (\sigma_2 - \sigma_3)^2 + (\sigma_3 - \sigma_1)^2\right]}$$
$$= \sqrt{\frac{1}{2}\left[(150-75)^2 + (75-0)^2 + (0-150)^2\right]} = 130 \text{MPa} < [\sigma]$$

由第三强度理论，由

$$\sigma_{r3} = \sigma_1 - \sigma_3 = 150 - 0 = 150 \text{MPa} < [\sigma]$$

可见，此锅炉对第三和第四强度理论的强度条件都能满足。

习　　题

14-1　试从图 14-24 所示各构件中的 A 点和 B 点处取出单元体，并表明单元体各面上的应力。

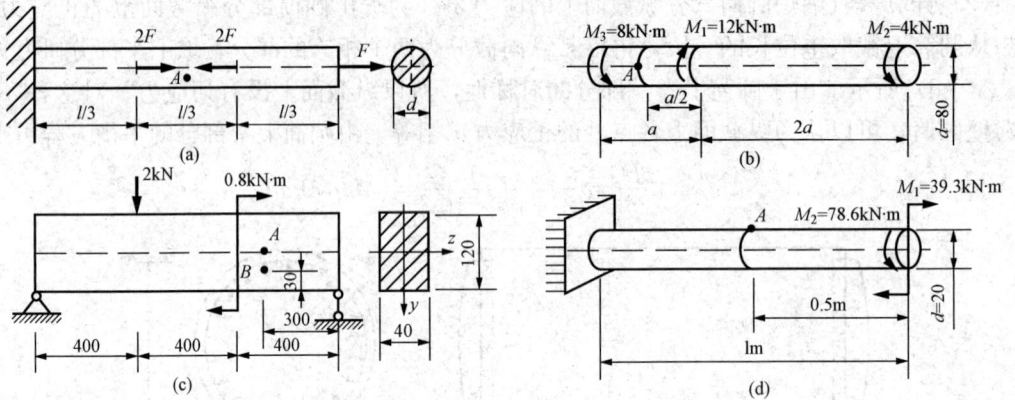

图 14 - 24

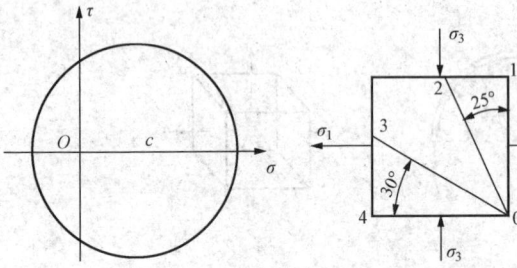

图 14 - 25

14 - 2　如图 14 - 25 所示为一个处于平面应力状态下的单元体及其应力圆，试在应力圆上用点表示单元体上 1-0，2-0，3-0，4-0 各截面的位置和应力。

14 - 3　试求如图 14 - 26 所示各单元体指定斜截面上的应力 σ_α、τ_α 及单元体中的最大切应力 τ_{max}（应力单位为 MPa）。

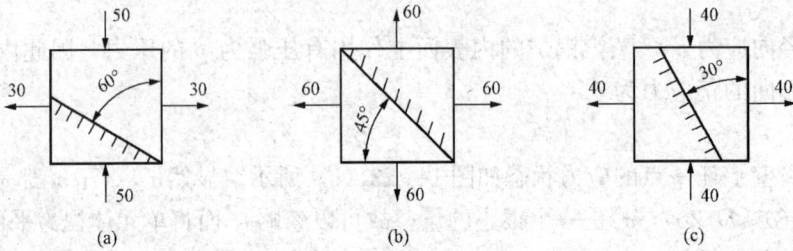

图 14 - 26

14 - 4　应力状态如图 14 - 27 所示，试计算各单元体指定斜截面上的正应力 σ_α 和切应力 τ_α（应力单位为 MPa）。

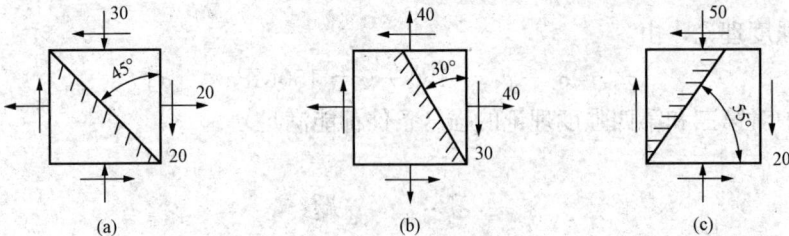

图 14 - 27

14-5　应力状态如图 14-28 所示，试计算各单元体的主应力大小及主平面方位，并在单元体上绘出主平面的位置和主应力方向（应力单位：MPa）。

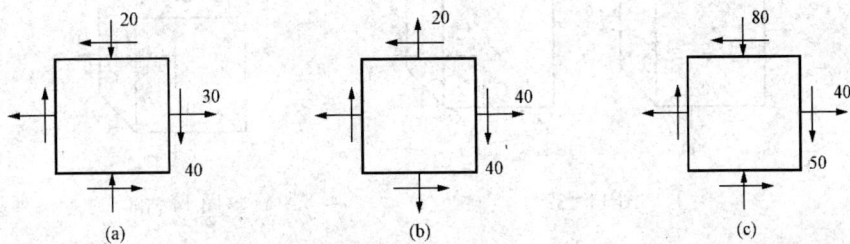

图 14-28

14-6　如图 14-29 所示矩形截面梁某截面上的弯矩和剪力分别为 $M=10$kN·m，$F_S=120$kN。试绘出截面上 1、2、3、4 各点的应力状态单元体，并求其主应力。

14-7　如图 14-30 所示二向应力状态，试作应力圆，并求主应力（应力单位：MPa）。

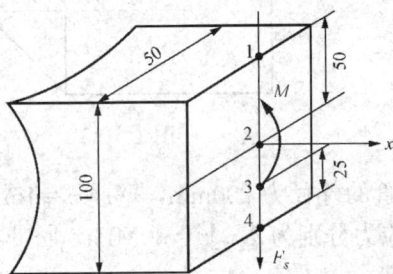

图 14-29

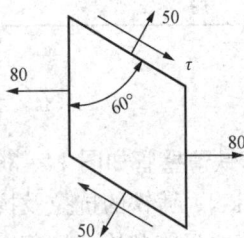

图 14-30

14-8　锅炉直径 $D=1$m，壁厚 $\delta=10$mm，内受蒸汽压力 $p=3$MPa，如图 14-31 所示。试求：①壁内主应力 σ_1，σ_2 及最大切应力 τ_{max}；②斜截面 ab 上的正应力及切应力。

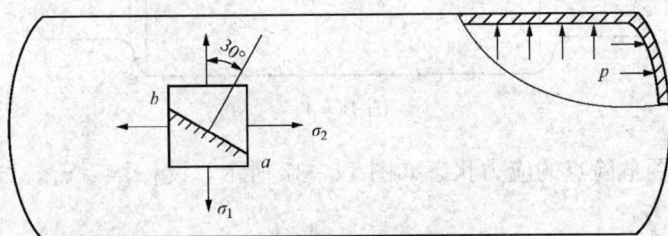

图 14-31

14-9　已知应力状态如图 14-32 所示，试画三向应力圆，并求主应力、最大主应力与最大切应力。（应力单位：MPa）

14-10　已知应力状态如图 14-33 所示，试求主应力的大小。（应力单位：MPa）

14-11　列车通过钢桥时，用应变仪测得钢桥横梁 A 点的应变为 $\varepsilon_x=0.0004$，$\varepsilon_y=-0.00012$。试求在 A 点 x 和 y 方向的正应力（图 14-34）。设 $E=200$GPa，$\mu=0.3$。

14-12　如图 14-35 所示，边长为 10mm 的立方铝块紧密无隙地放置于刚性模内，铝块上受 $F=6$kN 的压力作用，设铝块的泊松比 $\mu=0.33$，$E=70$GPa，试求铝块的三个主应力。

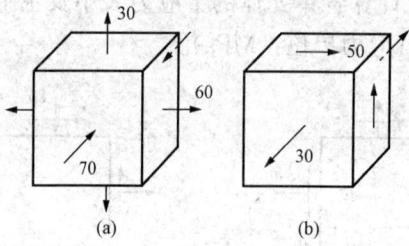

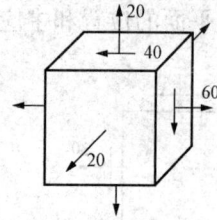

图 14 - 32

图 14 - 33

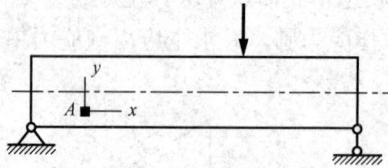

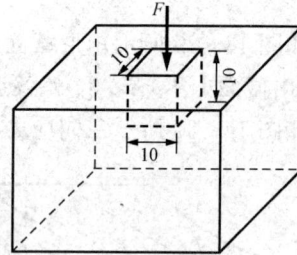

图 14 - 34

图 14 - 35

14 - 13 铸铁薄壁管如图 14 - 36 所示，管的外径为 200mm，壁厚 $\delta=15$mm，内压 $p=$ 4MPa，$F=200$kN。铸铁的抗拉及抗压许用应力分别为 $[\sigma_t]=30$MPa，$[\sigma_c]=120$MPa，$\mu=0.25$。试用第二强度理论校核薄壁管的强度。

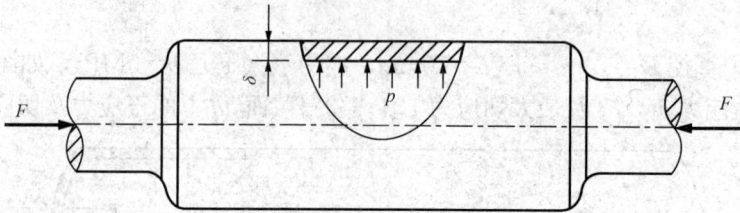

图 14 - 36

14 - 14 已知两危险点的应力状态如图 14 - 37 所示，设 $|\sigma|<|\tau|$，试写出第三和第四强度理论的相当应力。

14 - 15 已知危险点的应力状态如图 14 - 38 所示，测得该点处的应变 $\varepsilon_{0°}=\varepsilon_x=25\times 10^{-6}$，$\varepsilon_{-45°}=140\times10^{-6}$，材料的弹性模量 $E=210$GPa，$\mu=0.28$，$[\sigma]=70$MPa。试用第三强度理论校核强度。

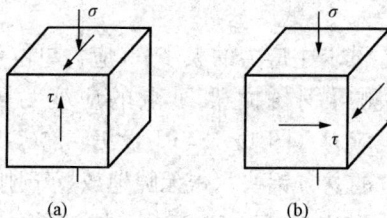

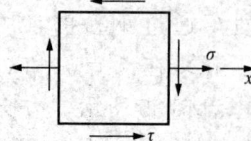

图 14 - 37

图 14 - 38

14 - 16　如图 14 - 39 所示，用 Q235 钢制成的实心圆截面杆，受轴向拉力 F 及扭转力偶矩 M_e 共同作用，且 $M_e = \dfrac{1}{10} Fd$。今测得杆表面点处沿图示方向的线应变 $\varepsilon_{30°} = 14.33 \times 10^{-5}$。已知杆直径 $d = 10$mm，材料的弹性常数 $E = 200$GPa，$\mu = 0.3$，试求载荷 F 及扭转力偶矩 M_e。若其许用应力 $[\sigma] = 160$MPa，试按第四强度理论校核杆的强度。

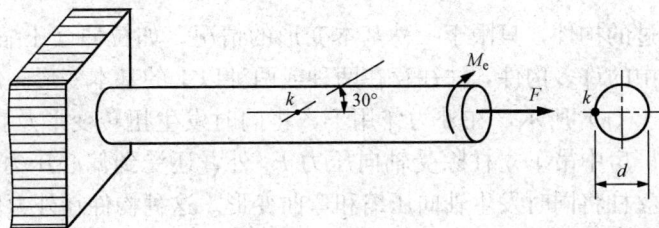

图 14 - 39

第15章 组 合 变 形

第1节 组合变形与叠加原理概述

前面章节研究过的构件，只限于一种基本变形的情况，如拉伸（压缩）、剪切、扭转和弯曲。在工程实际中的许多构件，往往存在两种或两种以上的基本变形。例如，机械中的齿轮传动轴如图 15 - 1（a）所示，在外力作用下，将同时发生扭转变形及在水平面和垂直面内的弯曲变形；厂房中吊车立柱除受轴向压力 F_1 外，还受到偏心压力 F_2 的作用，如图 15 - 1（b）所示，立柱将同时发生轴向压缩和弯曲变形。这种构件在外力作用下同时产生几种基本变形的情况称为**组合变形**。

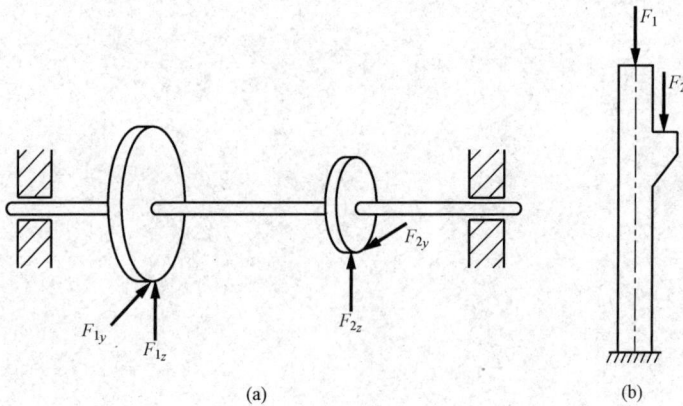

图 15 - 1

在一般情况下，当构件的变形在线弹性范围内，小变形条件下时，可以认为各载荷的作用彼此独立，互不影响，即任一载荷所引起的应力或变形不受其他载荷的影响。因此，对组合变形构件进行强度计算，可以应用**叠加原理**。其基本步骤为：

（1）将作用在构件上的载荷进行分解，可得到与原载荷等效的几组载荷，使构件在每组载荷作用下，只产生一种基本变形。

（2）分别计算构件在每种基本变形情况下的应力。

（3）将各基本变形情况下的应力叠加，然后进行强度计算。

当构件危险点处于单向应力状态时，可将上述应力进行代数相加；若处于复杂应力状态，则需求出其主应力，按强度理论来进行强度计算。需要指出，若构件的组合变形超出了线弹性范围，或虽在线弹性范围内但变形较大，则不能按其初始形状或尺寸进行计算，必须考虑各基本变形之间的相互影响，而不能应用叠加原理。

本章将讨论工程中经常遇到的几种组合变形问题。

第 2 节 斜 弯 曲

一矩形截面的悬臂梁，受力如图 15 - 2 所示。因外力不在对称平面内，不满足平面弯曲的条件，不能直接用平面弯曲的公式计算。因此，将力 F 向两个对称面内分解，得

$$F_y = F\cos\varphi \qquad F_z = F\sin\varphi$$

这时，F_y、F_z 将分别使构件产生以轴 z 及轴 y 为中性轴的两个平面弯曲变形。

一、斜弯曲时的变形

在 F_y 作用下，悬臂梁自由端在 y 方向的挠度为

$$w_y = -\frac{F_y l^3}{3EI_z} = -\frac{Fl^3\cos\varphi}{3EI_z}$$

在 F_z 作用下，悬臂梁自由端在 z 方向的挠度为

$$w_z = \frac{F_z l^3}{3EI_y} = \frac{Fl^3\sin\varphi}{3EI_y}$$

自由端的总挠度为

$$w = \sqrt{w_y^2 + w_z^2} = \frac{Fl^3}{3E}\sqrt{\frac{\cos^2\varphi}{I_z^2} + \frac{\sin^2\varphi}{I_y^2}} \qquad (15 - 1)$$

自由端的总挠度 w 与轴 y 的夹角为

$$\tan\beta = \frac{w_z}{w_y} = \frac{\sin\varphi I_z}{\cos\varphi I_y} = \tan\varphi \frac{I_z}{I_y} \qquad (15 - 2)$$

由式（15 - 2）可知，当 $I_y \neq I_z$ 时，$\beta \neq \varphi$，挠度 ω 方向与载荷 F 的作用线方向不一致，即构件弯曲以后的挠曲线不再是载荷作用平面内的一条平面曲线，如图 15 - 3 所示，这种弯曲称为**斜弯曲**。

图 15 - 2

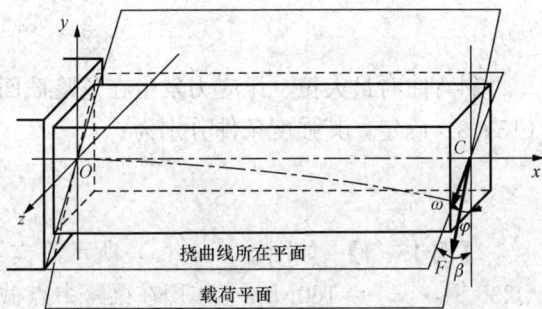

图 15 - 3

二、斜弯曲时的应力

设对图 15 - 4 所示右手坐标系，弯矩右螺旋矢量指向与坐标轴同向者为正，反之为负，则图 15 - 4 所示矩形截面梁的截面 $m—m$ 上由 F_z 及 F_y 引起的弯矩分别为

$$M_y = -F_z(l-x) = -F(l-x)\sin\varphi \qquad (a)$$
$$M_z = -F_y(l-x) = -F(l-x)\cos\varphi \qquad (b)$$

M_y、M_z 在该截面上任一点 A（y，z）处引起的应力分别为

$$\sigma' = -\frac{M_z y}{I_z} \qquad \sigma'' = \frac{M_y z}{I_y}$$

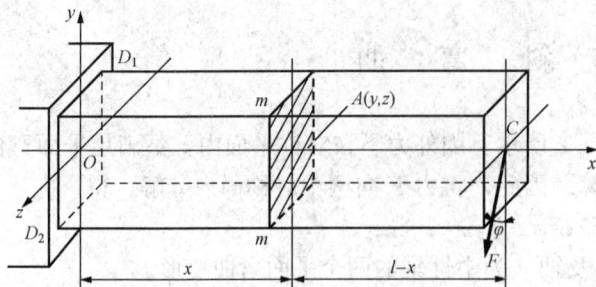

图 15 - 4

如图 15 - 5（a）、（b）所示，截面 m—m 上任一点 A 处总的正应力如图 15 - 5（c）所示为

$$\sigma = \sigma' + \sigma'' = -\frac{M_z y}{I_z} + \frac{M_y z}{I_y}$$

$$(15 - 3)$$

将式（a），式（b）代入式（15 - 3）得

$$\sigma = F(l - x)\left(\frac{y}{I_z}\cos\varphi - \frac{z}{I_y}\sin\varphi\right) \qquad (15 - 4)$$

从图 15 - 5（c）可见，若直线 ef 上的应力为零，则直线 ef 为梁斜弯曲时的中性轴。且距中性轴最远的点应力最大。设（y_0，z_0）为中性轴上的任一点，则由式（15 - 4）得

$$\frac{y_0}{I_z}\cos\varphi - \frac{z_0}{I_y}\sin\varphi = 0 \qquad (15 - 5)$$

式（15 - 5）即为中性轴方程。

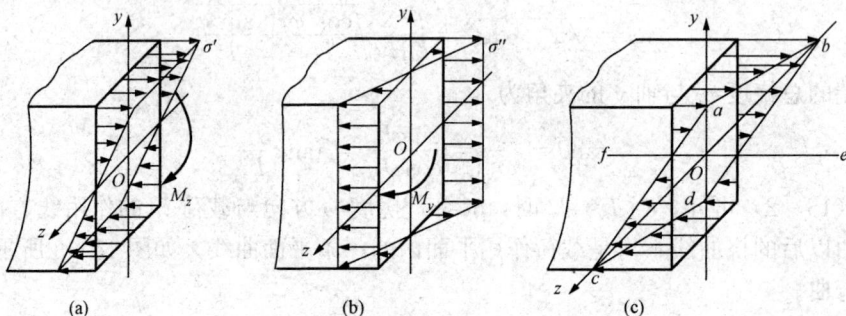

图 15 - 5

斜弯曲时最大拉、压应力发生在危险截面上距中性轴最远的点。其最大拉、压应力由式（15 - 3）确定，其强度条件分别为

$$\sigma_{tmax} \leqslant [\sigma_t] \qquad (15 - 6)$$

$$\sigma_{cmax} \leqslant [\sigma_c] \qquad (15 - 7)$$

【例 15 - 1】　如图 15 - 6（a）所示简支梁用 32a 号工字钢制成，跨距 $l = 4$m，材料为 Q235 钢，$[\sigma] = 160$MPa。作用在梁跨中点截面 C 的集中力 $F = 30$kN，力 F 的作用线与铅直对称轴 y 夹角 $\alpha = 15°$，试校核梁的强度。

解　首先分解载荷，将 F 沿 y 轴和 z 轴分解，有

$$F_y = -F\cos\alpha = -30\cos15° = -29\text{kN}$$

$$F_z = F\sin\alpha = 30\sin15° = 7.76\text{kN}$$

在平面 xy 上由 F_y 引起的梁中点 C 处最大弯矩的绝对值为

$$|M_{zmax}| = \left|\frac{F_y l}{4}\right| = \frac{29 \times 4}{4} = 29\text{kN} \cdot \text{m}$$

在平面 xz 上由 F_z 引起的梁中点 C 处最大弯矩的绝对值为

$$|M_{ymax}| = \left|\frac{F_z l}{4}\right| = \frac{7.76 \times 4}{4} = 7.76\text{kN} \cdot \text{m}$$

分析图 15 - 6（a）所示截面的 4 个角点 1，2，3，4 处的应力情况，可以发现 M_{zmax} 和 M_{ymax} 均在点 2 处产生极值拉应力，因而最大拉应力发生在梁跨度中点截面 C 的点 2 处。实际计算中，常常根据变形（受拉还是受压）确定应力正负后叠加。由附录型钢表中查得 32a 工字钢的两个抗弯截面模量分别为

$$W_y = 70.8 \text{cm}^3 , W_z = 692 \text{cm}^3$$

计算点 2 处的拉应力

$$\sigma_{(2)} = \frac{|M_{ymax}|}{W_y} + \frac{|M_{zmax}|}{W_z}$$

$$= \frac{7.76 \times 10^3}{70.8 \times 10^{-6}} + \frac{29 \times 10^3}{692 \times 10^{-6}}$$

$$= 152 \text{MPa} < [\sigma]$$

故此梁是安全的。

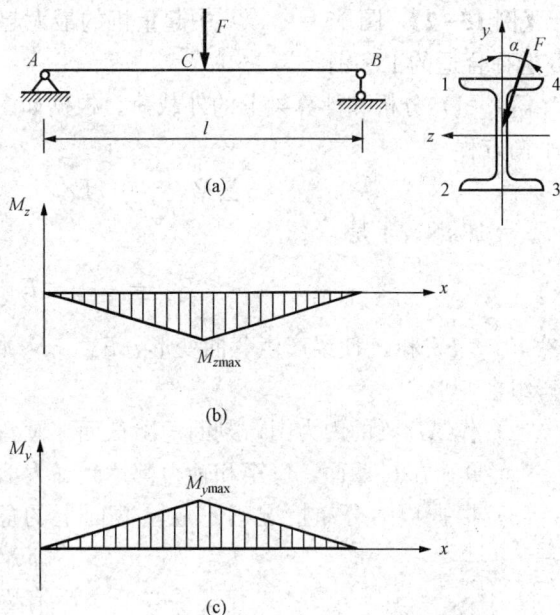

图 15 - 6

第 3 节　拉伸（压缩）与弯曲组合变形

拉伸（压缩）与弯曲的组合变形是工程中常见的一种组合变形。根据杆件的受力情况，通常又可分为轴向力和横向力同时作用引起的拉（压）与弯曲组合变形，以及因偏心拉伸或压缩引起的拉（压）与弯曲组合变形。图 15 - 7 所示的横梁 AC，在横向力 F、F_{Ay}、F_{Cy} 的作用下发生弯曲变形，同时在轴向力 $F_{Ax} = F_{Cx}$ 的作用下发生轴向压缩变形，所以 AC 梁承受轴向力和横向力同时作用引起的压弯组合变形。图 15 - 8 所示的钻床受钻孔力 F 的作用，因该力没有通过立柱的横截面形心，所以立柱承受偏心载荷作用，将此载荷向立柱的横截面形心简化后，得两个内力分量，一个是引起轴向变形的轴力，另一个是引起弯曲变形的弯矩，所以钻床立柱承受着偏心拉伸引起的拉弯组合变形。下面通过例题说明拉（压）弯组合变形的强度计算。

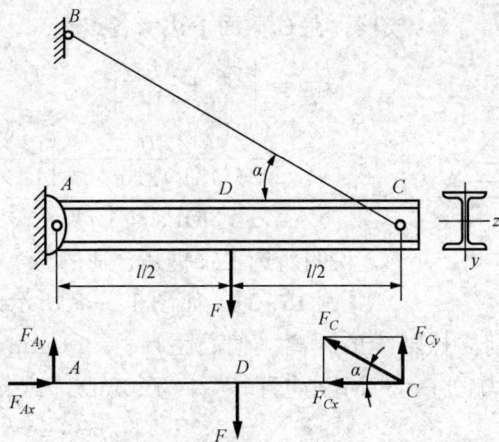

图 15 - 7

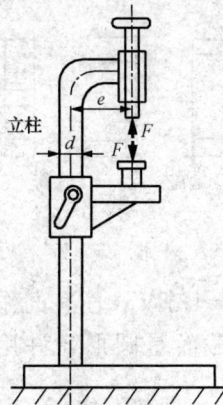

图 15 - 8

【例 15 - 2】　图 15 - 9 (a) 中起重机的最大起吊重 $F=12\text{kN}$，$[\sigma]=100\text{MPa}$。试为横梁 AB 选择合适的工字钢。

解　(1) 分析和计算梁上的外载荷。根据如图 15 - 9 (b) 所示为横梁 AB 的受力简图，由平衡方程

$$\sum M_A = 0 \quad F_{Cy} \times 2 - F \times 3 = 0$$

得 $F_{Cy}=18\text{kN}$，于是

$$F_{Cx} = \frac{2}{1.5} \times F_{Cy} = 24\text{kN}$$

显然 F_{Ay}、F_{Cy} 和 F 使梁产生弯曲变形，F_{Ax}、F_{Cx} 使梁 AC 段产生轴向压缩，所以梁 AC 段受压弯组合变形。

(2) 作 AB 梁的内力图，判断危险截面。画弯矩图和轴力图如图 15 - 9 (c) 所示。由图 15 - 9 可见，在 C 截面，弯矩和轴力都达到最大值，故 C 截面是危险截面。

(3) 根据应力分布情况确定危险截面上的危险点，进行强度计算。由图 15 - 9 (d)

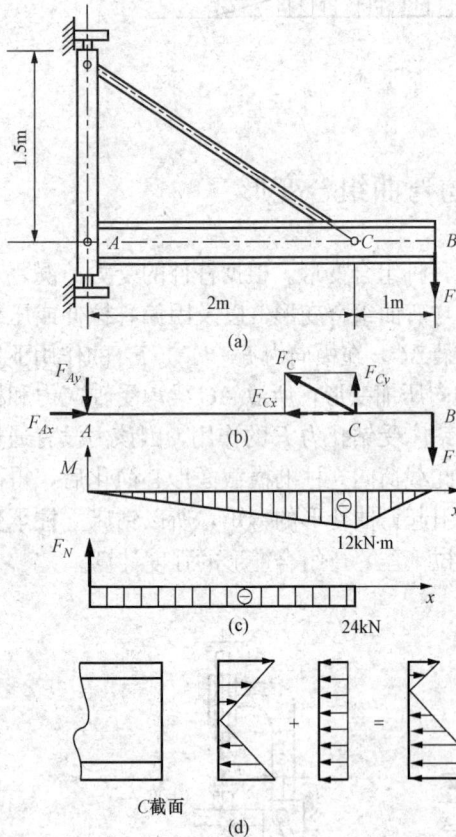

(a)

(b)

(c)

C 截面

(d)

图 15 - 9

所示 C 截面上的应力分布可知，C 截面左侧有因弯矩引起的按线性规律分布的弯曲正应力和因轴力引起的均匀分布的压应力，两者叠加后下边缘点的压应力变成最大，所以下边缘点是危险点。因题目要求的是选择截面尺寸，试算时可以先不考虑轴力的影响，只按弯曲强度条件确定工字钢的抗弯截面模量。这样

$$W \geqslant \frac{M_{\max}}{[\sigma]} = \frac{12 \times 10^3}{100 \times 10^6}$$
$$= 120 \times 10^{-6}\text{m}^3 = 120\text{cm}^3$$

查型钢表，选取 $W=141\text{cm}^3$ 的 No.16 工字钢，其截面面积为 $A=26.131\text{cm}^2$。初选定工字钢型号后，再按弯曲与压缩的组合变形进行校核。在 C 截面下边缘各点

$$\sigma_{\max} = \left| \frac{F_N}{A} + \frac{M_{\max}}{W} \right|$$
$$= \frac{24 \times 10^3}{26.131 \times 10^{-4}} + \frac{12 \times 10^3}{141 \times 10^{-6}}$$
$$= 94.3\text{MPa} < [\sigma]$$

说明所选工字钢是合适的。

【例 15 - 3】　如图 15 - 8 所示的钻床，已知钻孔力 $F=15\text{kN}$，力 F 的作用线到立柱轴线的距离（偏心距）$e=300\text{mm}$，立柱的材料是铸铁，截面是圆形，许用拉应力 $[\sigma]=32\text{MPa}$，直径 $d=120\text{mm}$，试校核立柱的强度。

解　(1) 分析立柱受力。将力 F 向立柱轴线简化，如图 15 - 10 (a) 所示，得到作用于立柱轴线的一个力 F 和一个力偶矩 $M=Fe$。F 使立柱受拉，M 使立柱受弯，所以立柱

承受拉弯组合变形，各横截面受力相同，都是危险截面。

（2）应力叠加，找出危险点，进行强度计算。轴向拉力在横截面上引起均匀拉应力，力偶矩在横截面引起线性分布的弯曲正应力，如图 15 - 10（b）所示。叠加结果，截面右边缘点承受最大拉应力，是单向应力状态

$$\sigma_{\max} = \frac{4F}{\pi d^2} + \frac{32Fe}{\pi d^3}$$

$$= \frac{4 \times 15 \times 10^3}{\pi \times 120^2 \times 10^{-6}} + \frac{32 \times 15 \times 10^3 \times 300 \times 10^{-3}}{\pi \times 120^3 \times 10^{-9}}$$

$$= 27.9 \text{MPa}$$

因为

$$\sigma_{\max} < [\sigma]$$

所以立柱的强度足够。

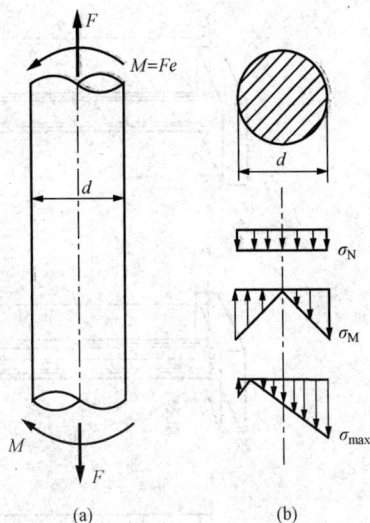

图 15 - 10

第 4 节　扭转与弯曲组合变形

以图 15 - 11（a）所示为例，分析 AB 段的强度问题。将力 F 由点 C 平移至点 B，同时附加一力偶 $M_x = Fa$，此时仅分析 AB 段，如图 15 - 11（b）所示。AB 段的弯矩图和扭转图分别如图 15 - 11（c）、（d）所示，若不考虑剪力的影响，此时 AB 段的变形为弯曲和扭转的组合变形。危险截面在截面 A 处，其内力值为

$$M = Fl \qquad T = Fa$$

横截面 A 在弯矩 M 的作用下，点 D_1 的正应力为最大拉应力，D_2 的正应力为最大压应力，如图 15 - 11（e）所示。在扭矩 T 的作用下，横截面 A 周边各点的扭转切应力均为最大，因而 D_1 和 D_2 为横截面 A 的两个危险点。D_1、D_2 两点的应力状态如图 15 - 11（f）所示。现以点 D_1 的应力状态为例，分析其强度条件。

点 D_1 的应力分别为

$$\sigma = \frac{M}{W_z}, \ \tau = \frac{T}{W_p} \tag{a}$$

点 D_1 的主应力分别为

$$\sigma_{1,3} = \frac{1}{2}(\sigma \pm \sqrt{\sigma^2 + 4\tau^2}), \ \sigma_2 = 0 \tag{b}$$

因轴类零件多是用塑性材料制成，所以应按第三或第四强度理论进行强度计算。按第三强度理论，其强度条件为

$$\sigma_{r3} = \sigma_1 - \sigma_3 \leqslant [\sigma]$$

将式（b）代入得

$$\sqrt{\sigma^2 + 4\tau^2} \leqslant [\sigma] \tag{15-8}$$

注意到圆截面的抗扭截面系数 W_p 是抗弯截面系数 W_z 的 2 倍，将式（a）代入式（15-8），得弯扭组合变形时按第三强度理论建立的圆轴强度条件

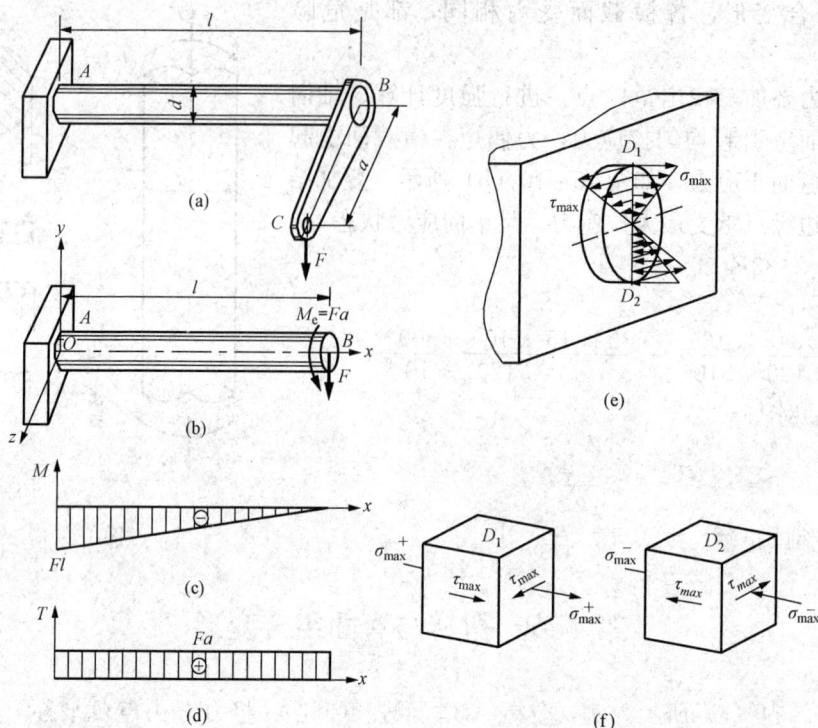

图 15 - 11

$$\frac{1}{W_z} \sqrt{M^2 + T^2} \leqslant [\sigma] \tag{15-9}$$

若按第四强度理论，其强度条件是

$$\sigma_{r4} = \sqrt{\frac{1}{2}\left[(\sigma_1 - \sigma_2)^2 + (\sigma_2 - \sigma_3)^2 + (\sigma_3 - \sigma_1)^2\right]} \leqslant [\sigma]$$

将式（b）代入，化简得

$$\sqrt{\sigma^2 + 3\tau^2} \leqslant [\sigma] \tag{15-10}$$

将式（a）代入式（15-10），得弯扭组合变形时按第四强度理论建立的圆轴强度条件

$$\frac{1}{W_z} \sqrt{M^2 + 0.75T^2} \leqslant [\sigma] \tag{15-11}$$

计算圆截面杆时，用式（15-9）或式（15-11）比较方便，但计算非圆截面杆及拉弯扭组合变形时，只能用式（15-8）或式（15-10）进行计算。

【例 15-4】 图 15-12（a）为一传动轴的示意图，轴的左端通过连轴器与电动机相连，电动机传递给轴的外力偶矩为 $M_e = 540$ N·m。将作用于齿轮 E 上的力分解为切于节圆的力 F_τ 和沿半径的力 F_n。F_n 的作用线与传动轴的轴线正交，$F_n = 7033$ N，$D = 400$ mm，$l = 1000$ mm，$a = 300$ mm，轴的许用应力 $[\sigma] = 80$ MPa，试按第三强度理论设计轴的直径。

解 （1）将各力向轴简化，图 15-12（b）为简化的受力模型，由平衡方程

$$\sum M_x = 0 \quad \frac{F_\tau D}{2} - M_e = 0$$

解得 $F_\tau = 2700$ N

由图 15 - 12 可见，外力偶矩 M_e 和 $F_\tau D/2$ 引起传动轴的扭转，同时 F_n 引起轴在 xz 平面内的弯曲，F_τ 引起轴在 xy 平面内的弯曲，所以轴受弯扭组合变形。

（2）根据轴的计算简图，分别绘出轴的扭矩图，铅直平面 xz 内的 M_y 弯矩图，水平平面 xy 内的 M_z 弯矩图，如图 15 - 12（c）所示。轴在 AE 段内各截面上的扭矩都相等，而 M_y 和 M_z 都在截面 E 上达到最大值，所以截面 E 是危险截面。对圆截面轴，因其具有极对称性，所以包含轴线的任意纵截面都是纵向对称面，可以将 $M_{y,max}$ 和 $M_{z,max}$ 按矢量合成，合

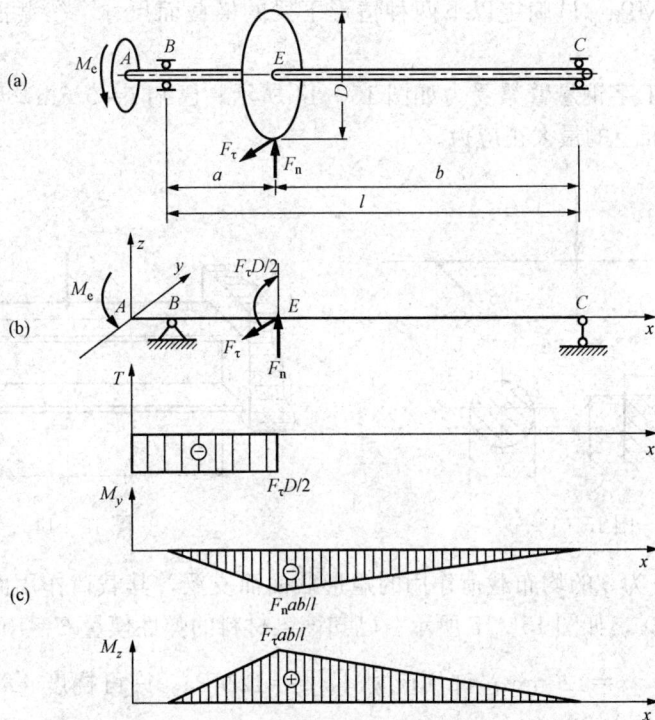

图 15 - 12

成弯矩的作用平面仍然是纵向对称面，仍可按平面弯曲计算。

$$M = \sqrt{M_{y,max}^2 + M_{z,max}^2} = \frac{ab}{l}\sqrt{F_\tau^2 + F_n^2} \tag{a}$$

（3）按第三强度理论建立圆轴的强度条件

$$\frac{1}{W_z}\sqrt{M^2 + T^2} \leqslant [\sigma]$$

因 $W_z = \dfrac{\pi d^3}{32}$，所以

$$d \geqslant \left(\frac{32\sqrt{M^2 + T^2}}{\pi[\sigma]}\right)^{\frac{1}{3}} \tag{b}$$

将式（a），$T = M_e$ 和有关数据代入式（b），解得

$$d \geqslant \left(\frac{32\sqrt{\dfrac{0.3^2 \times 0.7^2}{1^2}(7033^2 + 2700^2) + 540^2}}{\pi \times 80 \times 10^6}\right)^{\frac{1}{3}} = 0.0597 \mathrm{m}$$

轴的直径可取为 $d=60\text{mm}$。

习　题

15 - 1　如图 15 - 13 所示悬臂梁中，集中力 F_1 和 F_2 分别作用在铅垂对称面和水平对称面内，并且垂直于梁的轴线，如图 15 - 13 所示。已知 $F_1=800\text{N}$，$F_2=1600\text{N}$，$l=1\text{m}$，许用应力 $[\sigma]=160\text{MPa}$。试确定以下两种情形下梁的横截面尺寸：①截面为矩形，$h=2b$；②截面为圆形。

15 - 2　14 号工字钢悬臂梁受力如图 15 - 14 所示。已知 $l=0.8\text{m}$，$F_1=2.5\text{kN}$，$F_2=1\text{kN}$，试求危险截面上的最大正应力。

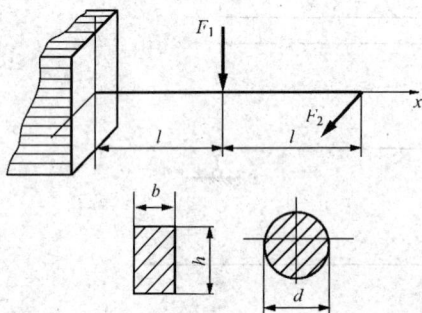

图 15 - 13

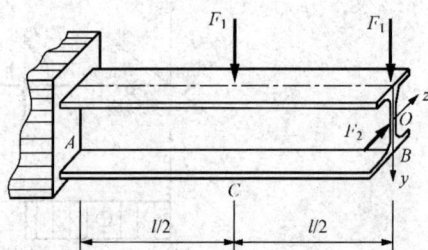

图 15 - 14

15 - 3　受集度为 q 的均布载荷作用的矩形截面简支梁，其载荷作用面与梁的纵向对称面间的夹角为 $\alpha=30°$，如图 15 - 15 所示。已知该梁材料的弹性模量 $E=10\text{GPa}$；梁的尺寸为 $l=4\text{m}$，$h=160\text{mm}$，$b=120\text{mm}$；许用应力 $[\sigma]=12\text{MPa}$；许可挠度 $[\delta]=\dfrac{l}{150}$。试校核梁的强度和刚度。

15 - 4　如图 15 - 16 所示，旋转式起重机由工字梁 AB 及拉杆 BC 组成，A，B，C 三处均可以简化为铰链约束。起重载荷 $F=22\text{kN}$，$l=2\text{m}$。已知 $[\sigma]=100\text{MPa}$。试选择 AB 梁的工字钢型号。

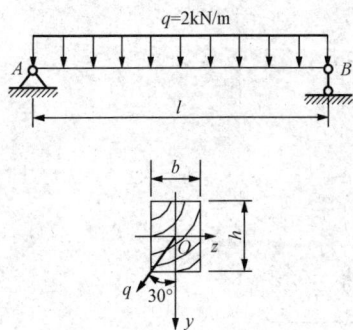

图 15 - 15

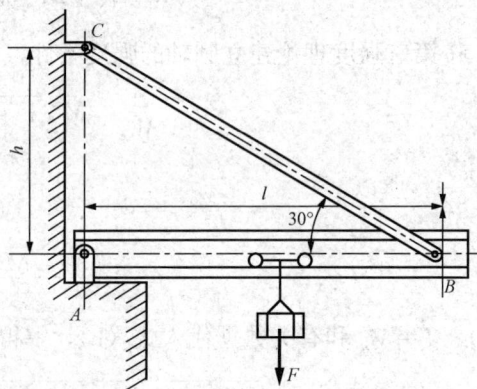

图 15 - 16

15-5 如图 15-17 所示立柱的横截面为正方形，边长为 a，顶部截面受一轴向压力 F 的作用，若在柱右侧的中部开一槽，槽深 $a/4$ 如图 15-17 所示，求：①开槽前后杆内最大压应力的值及其所在位置。②若在杆的左侧对称的再开一个槽，应力将如何变化？

15-6 如图 15-18 所示钻床的立柱由铸铁制成，$F=15\text{kN}$，许用拉应力 $[\sigma_t]=100\text{MPa}$。试确定立柱所需直径 d。

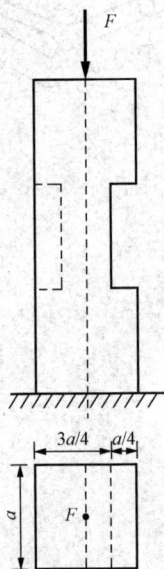

图 15-17

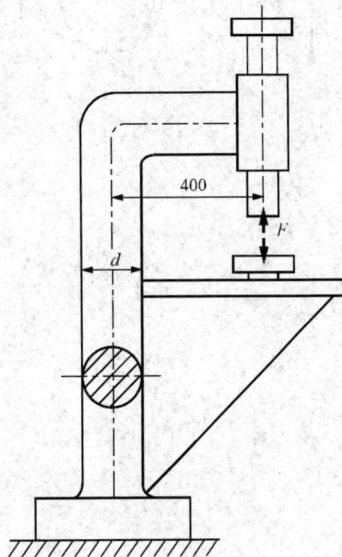

图 15-18

15-7 如图 15-19 所示直杆受偏心压力 F 作用，已知 $b=60\text{mm}$，$h=100\text{mm}$，$E=200\text{GPa}$，若测得 a 点竖直方向的线应变 $\varepsilon=-2\times10^{-5}$。试求力 F。

15-8 如图 15-20 所示手摇绞车轴的直径 $d=30\text{mm}$，材料为 Q235 钢，$[\sigma]=80\text{MPa}$，试按第三强度理论求绞车的最大起吊重量 F。

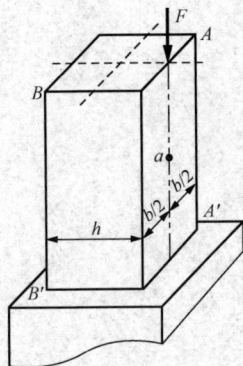

图 15-19

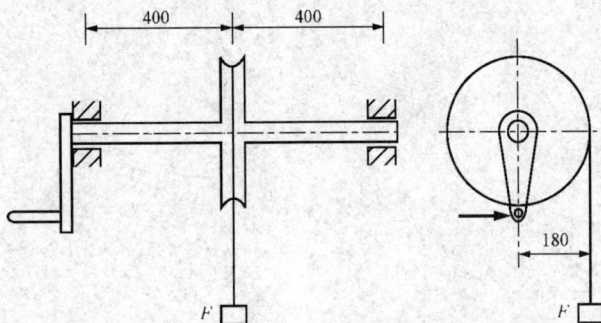

图 15-20

15-9 如图 15-21 所示轮轴，已知 $F=100\text{N}$，$D=0.5\text{m}$，$D_1=0.7\text{m}$，$[\sigma]=100\text{MPa}$。试按第三强度理论设计轴的直径 d。

15-10 如图 15-22 所示弯拐圆截面部分的直径 $d=50\text{mm}$，在自由端受 $F=3.2\text{kN}$ 力

作用。试求 A 截面危险点的主应力、最大切应力以及该点按第四强度理论的相当应力计算相当应力 σ_{r4}。

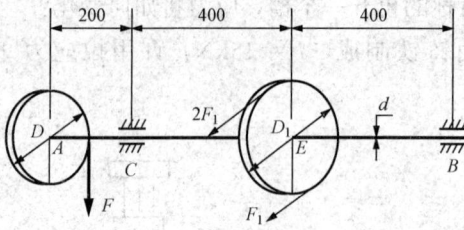

图 15 - 21

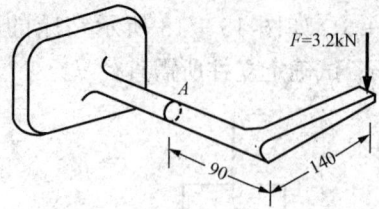

图 15 - 22

第16章 压杆稳定

第1节 压杆稳定的概念

构件在特定载荷的作用下，如果在某个位置保持平衡，则该平衡位置称为构件的**平衡构形**。当载荷超过某极限值而致使构件在平衡位置处发生破坏，这种破坏是**强度破坏**。如直杆的拉伸实验，当试件的应力达到屈服极限或强度极限时，就会出现塑性变形或断裂，这种破坏就是强度破坏。低碳钢短柱被压扁，铸铁短柱被压碎等也是强度破坏。工程实际中，认为这类直杆承受载荷时应维持直线状态的平衡构形，在此构形发生的破坏，通常是由于强度不够引起的。但细长杆件受到轴向压力时，却表现出全然不同的破坏现象，通常是作用力还远未达到强度破坏的极限值，杆件就因为不能维持直线的平衡构形而破坏了。可以做个简单的试验，取一块横截面尺寸为20mm×3mm、高为20mm的塑料板，按图16-1所示方向施加压力，显然，要想靠人力将其压坏是很困难的，但如果压的是材料相同，截面尺寸相同，长为500mm的细长杆，情况就不一样了，用不着施加太大

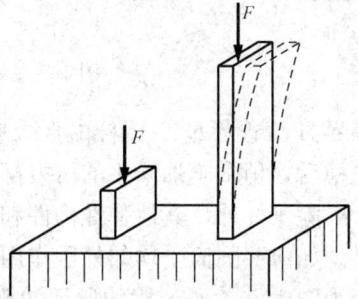

图 16 - 1

的力就可将其压弯，再增大力，杆就会被折断。可见，对细长受压的直杆（简称**细长压杆**），必须研究维持其直线平衡构形的承载能力。

工程结构中有很多细长受压的杆件，如图16-2所示千斤顶的丝杠，在加载时，就承受着压力；内燃机中的挺杆；建筑物中的立柱等都是较细长的受压杆。对于细长压杆，当作用于其上的轴向压力达到或超过某一极限时，杆件会突然产生侧向弯曲而失去原有的直线平衡，这种现象称为**压杆丧失稳定性**，简称**失稳**。对一般构件，当载荷增大时构件或结构不能保持原有的平衡构形而突然变化到另一种平衡构形的现象称为**失稳或屈服**。杆件失稳会产生

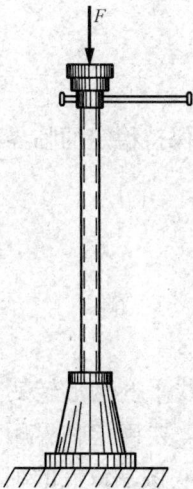

图 16 - 2

过大的变形，这将导致整个结构不能正常工作，历史上曾发生过多起因失稳引起的严重工程事故。如由法国著名设计师埃菲尔（E. G. Eifel）设计，在1891年建造的瑞士明汗斯太因铁路大桥在客车通过时由于桥梁桁架中的压杆失稳而发生坍塌，74人遇难，200人受伤；1904年和1916年美国584m长的奎比克大桥两次倒塌，经调查也是由斜撑（压杆）失稳而引起。工程中无数实例告诉我们，致使压杆失稳的极限值往往比强度破坏的极限值小，而且因稳定性丧失导致的结构失效具有突发性和整体性，常会造成灾难性后果。所以要保证细长压杆安全工作，重点应考虑其稳定性问题，对一般压杆，设计时也应该进行稳定性计算。

现以图16-3所示两端铰支的细长杆说明弹性杆件的平衡稳定性问题。设杆上所受的压力与杆件的轴线重合，当压力较小时，杆件保持直线形状的平衡构形如图16-3（a）所示，当压力逐渐增加，但小于某一极限值时，杆仍保持着直线形状的平衡，这时若施加一微小的侧向干扰

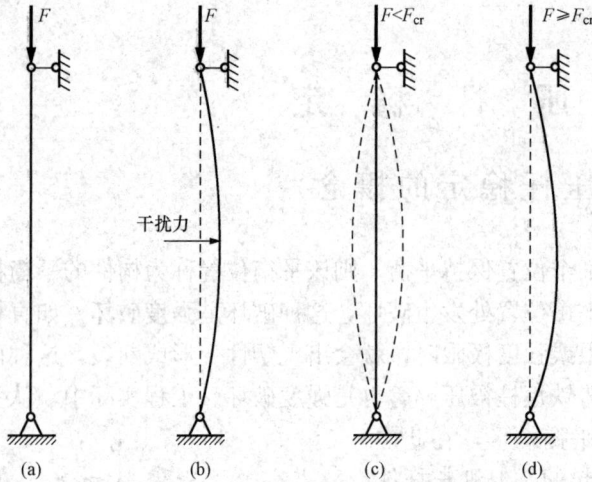

图 16 - 3

力使其暂时偏离直线平衡构形如图 16 - 3 （b） 所示，当干扰力撤除后，杆仍能恢复到直线平衡构形如图 16 - 3 （c） 所示，称这时压杆的直线平衡构形是稳定的。若压力继续增加到某一极限值时，再用微小的侧向干扰力使它偏离直线平衡构形，则当干扰力解除后，压杆不能再恢复其原有的直线形状，但能保持曲线形状的平衡如图 16 - 3 （d） 所示，则称此时压杆的直线平衡构形是**不稳定的**。使压杆由稳定的直线平衡构形过渡到不稳定平衡构形的极限压力值，称为**临界压力**或

临界力，记为 F_{cr}。压杆由直线平衡构形变为曲线平衡构形的过程就称为**失稳**或**屈服**。压杆失稳后，稍微施加微小的压力都将导致弯曲变形显著加大，说明此时压杆已丧失承载能力。

除压杆外，其他弹性构件和结构也存在失稳问题，其中轻型薄壁结构的失稳现象最为明显。如薄壁圆筒受均匀外压作用，当外压力达到某一临界值时，圆筒的横截面会由圆形突然变为图 16 - 4 （a） 虚线所示的椭圆形。板条或工字梁在最大抗弯刚度平面弯曲时，会因载荷达到临界值而发生侧向弯曲失稳，并伴随着扭转变形出现，如图 16 - 4 （b） 所示。薄壁圆管在扭矩作用下，也会因屈服而发生局部皱折。

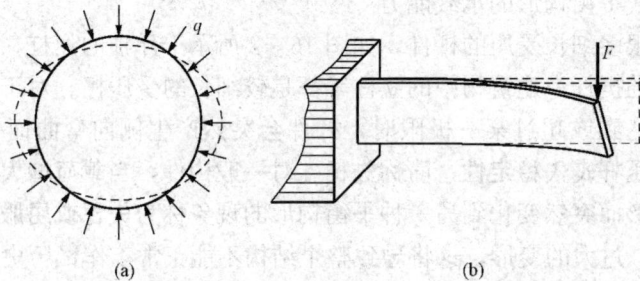

图 16 - 4

解决稳定问题的关键是确定临界载荷，只要控制构件的工作载荷小于保持稳定的临界载荷，则可保证构件不会失稳。本章讨论压杆的稳定性问题。

第 2 节   细长压杆的临界压力

一、两端铰支细长杆的临界压力

由以上分析可知，只有当轴向压力达到临界值 F_{cr} 时，压杆才会由直线平衡构形转变为曲线平衡构形，所以临界压力 F_{cr} 是使压杆保持微弯平衡构形的最小压力。要确定临界压力 F_{cr}，可从研究杆件在压力 F 作用下处于微弯的平衡构形入手。设一长为 l，两端铰支的细长杆如图 16 - 5 所示，杆件的材料均匀，初始轴线为直线，承受轴向压力 F 的作用。

　　如图 16-5 所示选取坐标系，设杆在微弯平衡构形时距杆端为 x 的任意横截面的挠度为 w，则该截面上弯矩 M 的绝对值为 $|Fw|$。若压力 F 只取绝对值，则 w 为正时挠曲线凸向上，弯矩 M 为负；而 w 为负时挠曲线凸向下，M 为正。即 M 与 w 的符号总是相反，故有

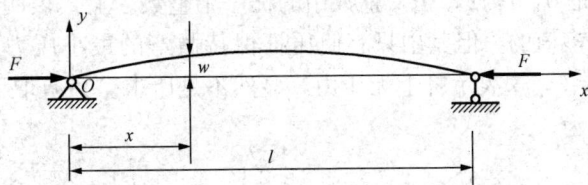

图 16-5

$$M(x) = -Fw \qquad\qquad (a)$$

　　当杆内应力不超过材料的比例极限时，压杆的挠曲线近似微分方程为

$$\frac{\mathrm{d}^2 w}{\mathrm{d}x^2} = \frac{M(x)}{EI} \qquad\qquad (b)$$

将式（a）代入式（b）得

$$\frac{\mathrm{d}^2 w}{\mathrm{d}x^2} = -\frac{Fw}{EI} \qquad\qquad (c)$$

因压杆两端的约束是球铰，允许压杆在任意纵向平面内发生弯曲变形。在轴向压力作用下，微弯一定发生在抗弯能力最弱的纵向平面内，所以式（c）中的 I 应是横截面最小的惯性矩，令

$$k^2 = \frac{F}{EI} \qquad\qquad (d)$$

代入并写为

$$\frac{\mathrm{d}^2 w}{\mathrm{d}x^2} + k^2 w = 0 \qquad\qquad (e)$$

式（e）是一个二阶齐次线性常微分方程，其通解为

$$w = A\sin kx + B\cos kx \qquad\qquad (f)$$

式中　A、B——积分常数，由压杆的位移边界条件确定。

　　两端铰支压杆的位移边界条件为

$$x = 0 \text{ 和 } x = l \text{ 处}, w = 0$$

代入式（f）可得

$$B = 0 \quad A\sin kl = 0$$

若要 $A\sin kl = 0$，必要有 $A = 0$ 或 $\sin kl = 0$。因 B 已等于零，如果 A 再等于零，则有 $w \equiv 0$，这意味着杆件轴线上任意点的挠度都为零，压杆保持为直线。而这与压杆失稳，轴线微弯的假设情形矛盾，所以只能是

$$\sin kl = 0$$

要满足这一条件，应有

$$kl = n\pi \quad (n = 1, 2, \cdots) \qquad\qquad (g)$$

由此求得

$$k = \frac{n\pi}{l}$$

将其代入式（d）得

$$F = \frac{n^2 \pi^2 EI}{l^2}$$

n 是 0，1，2，…，整数中的任一个整数。上式表明，使压杆保持曲线平衡的压力，理论上是多值的。但其中只有使压杆保持微弯的最小压力，才是临界压力 F_{cr}。若取 $n=0$，必有 $F=0$，这表示杆上无压力，显然不是所求。只有取 $n=1$，才是压力的最小值，所以临界压力为

$$F_{cr} = \frac{\pi^2 EI}{l^2} \tag{16-1}$$

这就是计算两端铰支细长杆临界压力的公式，常称为两端铰支细长压杆临界载荷的**欧拉公式**。当 $n=1$ 时，$k = \frac{\pi}{l}$，再注意到 $B=0$，于是式（f）简化为

$$w = A\sin\frac{\pi x}{l} \tag{16-2}$$

式（16-2）是两端铰支细长压杆的挠曲线方程。可见，压杆过渡到曲线平衡后，轴线变为半个正弦波曲线。A 是压杆中点（$x=l/2$）的挠度。

【例 16-1】 某型柴油机的挺杆是钢制空心圆管，外径和内径分别为 12mm 和 10mm，杆长 383mm，钢材的弹性模量 $E=210$GPa，简化为两端铰支的细长压杆，试计算挺杆的临界载荷。

解 挺杆横截面的惯性矩为

$$I = \frac{\pi}{64}(D^4 - d^4) = \frac{\pi}{64}(12^4 - 10^4) \times 10^{-12} = 527 \times 10^{-12} \text{m}^4$$

根据式（16-1）计算挺杆的临界压力为

$$F_{cr} = \frac{\pi^2 EI}{l^2} = \frac{\pi^2 \times 210 \times 10^9 \times 527 \times 10^{-12}}{(383 \times 10^{-3})^2} = 7446\text{N}$$

二、两端非铰支细长杆的临界压力

压杆两端的约束除了可以简化为铰支端外，还有其他情况。例如图 16-6 所示的千斤顶的丝杠，其下端可以简化为固定端，上端因能与顶起的重物共同作侧向位移，所以可以简化为自由端，这样就简化为下端固定上端自由的压杆。又如发动机的连杆，其两端的约束是如图 16-7 所示的柱状铰，在垂直于轴销的平面内（x—z 平面），轴销对杆的约束相当于铰支，所以连杆在这个平面内应简化为两端铰支的压杆；而在轴销平面内（x—y 平面），轴销对杆的约束接近于固定端，所以连杆在这个平面内应简化为两端固定的压杆。

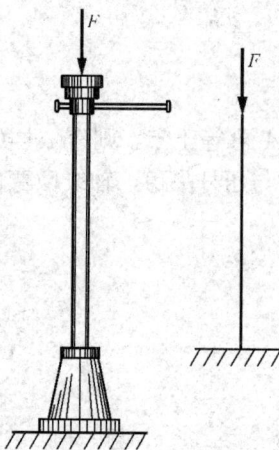

图 16-6

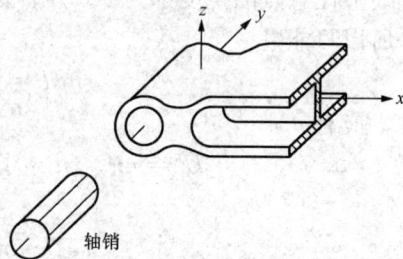

图 16-7

对各种不同杆端约束的理想细长压杆，其临界压力的计算公式可按上节相同的方法导

出，也可以用比较简单的类比法求出。如设一端固定一端自由的压杆在临界压力作用下的微弯平衡构形如图 16 - 8 所示，若将挠曲线对称的向下延伸一倍，如图中的点划线所示，将图 16 - 8 与图 16 - 5 比较可见，此压杆的挠曲线，相当于刚度相同，长为 $2l$ 但两端是铰支的细长压杆挠曲线的一半，两者的临界压力也相同，所以，一端固定一端自由，长为 l 的压杆的临界压力为

$$F_{cr} = \frac{\pi^2 EI}{(2l)^2} \qquad (16 - 3)$$

两端固定、长为 l 的细长压杆失稳时，其挠曲线的形状如图 16 - 9 所示。在距两端各为 $l/4$ 的 C、D 两截面处，挠曲线出现拐点，弯矩等于零，C、D 两截面间杆的受力和变形与两铰支细长压杆的相同，原压杆的临界压力也等于其能承受的临界压力，如此比较可得两端固定细长压杆临界压力的公式

$$F_{cr} = \frac{\pi^2 EI}{\left(\dfrac{l}{2}\right)^2} \qquad (16 - 4)$$

式（16 - 4）中 F_{cr} 虽然表示中间部分 CD 的临界压力，但因 CD 是压杆的一部分，杆件的部分失稳就意味着整体失稳，所以此处的 F_{cr} 即为整体杆件的临界压力。

对一端固定，另一端铰支的细长杆，失稳后微弯平衡构形的挠曲线如图 16 - 10 所示。分析表明，在 C 截面处存在拐点，类似比较可近似地将长度约为 $0.7l$ 的 BC 部分看作是两端铰支的压杆，得临界压力的计算公式为

$$F_{cr} = \frac{\pi^2 EI}{(0.7l)^2} \qquad (16 - 5)$$

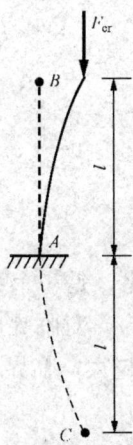
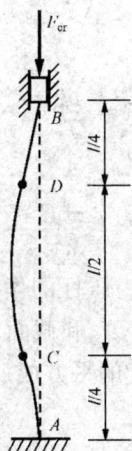
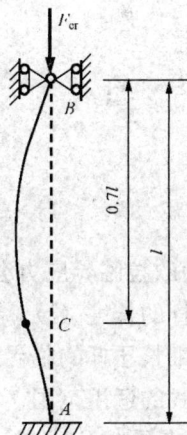

图 16 - 8　　　　　图 16 - 9　　　　　图 16 - 10

可以看出，前面分析的几种临界压力的计算公式相似，只是分母 l 前的系数不同，为方便记，写成统一的形式

$$F_{cr} = \frac{\pi^2 EI}{(\mu l)^2} \qquad (16 - 6)$$

式中　μl——折算成两端铰支杆的长度，称为**相当长度**或**有效长度**；

　　μ——**长度因数**，反映杆端约束对临界压力的影响。

式（16-6）称为**欧拉公式的普遍形式**。前面讨论的四种情况，长度因数分别为

两端铰支 $\mu=1$

一端固定一端自由 $\mu=2$

两端固定 $\mu=0.5$

一端固定一端铰支 $\mu=0.7$

第3节 欧拉公式的适用范围及临界应力总图

一、临界应力与柔度

压杆处于临界状态时横截面上的平均应力，称为压杆的**临界应力**，用 σ_{cr} 表示。前一节已得出计算临界压力的公式，将 F_{cr} 除以压杆的横截面面积 A，便得细长压杆临界应力的计算公式

$$\sigma_{cr} = \frac{F_{cr}}{A} = \frac{\pi^2 EI}{(\mu l)^2 A} \tag{a}$$

比值 I/A 仅与截面的形状及尺寸有关，用 i^2 表示。

$$i = \sqrt{\frac{I}{A}} \tag{16-7}$$

i 称为截面的惯性半径，是截面的一种几何量，具有长度的量纲。将式（16-7）代入式（a）得

$$\sigma_{cr} = \frac{\pi^2 E}{\left(\dfrac{\mu l}{i}\right)^2} \tag{b}$$

令

$$\lambda = \frac{\mu l}{i} \tag{16-8}$$

得

$$\sigma_{cr} = \frac{\pi^2 E}{\lambda^2} \tag{16-9}$$

式（16-9）称为**欧拉临界应力公式**，λ 称为压杆的**柔度**或**长细比**，是一个无量纲的量，它综合地反映了压杆的长度（l）、约束条件（μ）和截面几何性质（i）对临界应力的影响。式（16-9）表明，细长压杆的临界应力与柔度的平方成反比，柔度越大，临界应力越小。

二、欧拉公式的适用范围

式（16-9）是欧拉公式式（16-6）的另一种表达形式，两者并无实质上的差别。欧拉公式是由挠曲线近似微分方程导出的，材料服从胡克定律是此微分方程的基础，因此欧拉公式只适用于临界应力 σ_{cr} 不超过比例极限 σ_p 的情形，即欧拉公式的适用范围为

$$\sigma_{cr} = \frac{\pi^2 E}{\lambda^2} \leqslant \sigma_p \quad 或 \quad \lambda \geqslant \sqrt{\frac{\pi^2 E}{\sigma_p}} \tag{c}$$

由式（c）可见，只有当压杆的柔度 λ 大于或等于极限值 $\sqrt{\dfrac{\pi^2 E}{\sigma_p}}$ 时，欧拉公式才能使用。用 λ_p 表示这一极限值，即

$$\lambda_p = \sqrt{\frac{\pi^2 E}{\sigma_p}} \qquad\qquad (16\text{-}10)$$

则仅当 $\lambda \geqslant \lambda_p$ 时，欧拉公式才成立，这就是**欧拉公式的适用范围**。

式（16-10）表明，λ_p 与材料的力学性能有关，材料不同，λ_p 的数值也不同。例如 Q235 钢，其弹性模量为 $E = 200\text{GPa}$，比例极限 $\sigma_p = 200\text{MPa}$，代入式（16-10）得

$$\lambda_p = \sqrt{\frac{\pi^2 \times 200 \times 10^9}{200 \times 10^6}} \approx 100$$

所以，用 Q235 钢制成的压杆，只有当 $\lambda \geqslant 100$ 时，才能使用欧拉公式计算其临界压力或临界应力。而对 $E = 70\text{GPa}$，$\sigma_p = 175\text{MPa}$ 的铝合金，其

$$\lambda_p = \sqrt{\frac{\pi^2 \times 70 \times 10^9}{175 \times 10^6}} \approx 62.8$$

所以，用这类铝合金制成的压杆，只有当 $\lambda \geqslant 62.8$ 时，才能用欧拉公式。满足条件 $\lambda \geqslant \lambda_p$ 的压杆称为**大柔度压杆**。前面提到的细长杆，实际都是大柔度压杆。

三、临界应力总图

工程实际中，也有不少压杆的柔度小于 λ_p，其临界应力 σ_{cr} 超过材料的比例极限 σ_p。因这种压杆的失稳发生在应力超过比例极限后，所以属于非弹性稳定问题。对这类压杆的临界应力，工程计算中一般采用经验公式。而经验公式的依据是大量的实验与分析。常见的经验公式有直线公式和抛物线公式。

对由合金钢、铝合金、铸铁和松木等材料制作的非细长压杆，采用如下直线型经验公式计算临界应力

$$\sigma_{cr} = a - b\lambda \qquad\qquad (16\text{-}11)$$

式中　a，b——与材料性能有关的常数，MPa。

表 16-1 给出了几种常用材料的 a 和 b。

表 16-1　　　　　　　直线经验公式中几种常见材料的 a 和 b，λ_p 和 λ_0

材料（σ_b、σ_s 的单位为 MPa）		a/MPa	b/MPa	λ_p	λ_0
Q235 钢	$\sigma_b \geqslant 372$ $\sigma_s = 235$	304	1.12	100	61.4
优质碳钢	$\sigma_b \geqslant 471$ $\sigma_s = 306$	461	2.57	100	60
硅钢	$\sigma_b \geqslant 353$ $\sigma_s = 353$	577	3.74	100	60
铬钼钢		980	5.29	55	0
铸铁		332	1.45	80	
硬铝		372	2.14	50	0
松木		39	0.20	59	

对柔度很小的短杆，如压缩试验用的金属短柱或水泥块，受压时并不会出现大柔度杆那样的弯曲变形，不存在失稳问题，其破坏主要是因为压应力达到或超过强度破坏极限而造成，因此 σ_{cr} 应不大于材料压缩强度极限 σ_{cu}。例如，塑性材料的压缩极限应力为屈服应力 σ_s，

故应有

$$\sigma_{cr} = a - b\lambda \leqslant \sigma_s \quad 或 \quad \lambda = \frac{a - \sigma_s}{b}$$

取其极限，得

$$\lambda_0 = \frac{a - \sigma_s}{b} \tag{16-12}$$

λ_0 是使用直线型经验公式时所需最小的柔度值；若 $\lambda < \lambda_0$，则压杆不存在稳定性问题，应按压缩强度进行计算，即

$$\sigma_{cr} = \frac{F}{A} \leqslant \sigma_s$$

对脆性材料，只要将式中的 σ_s 改为 σ_b 即可。

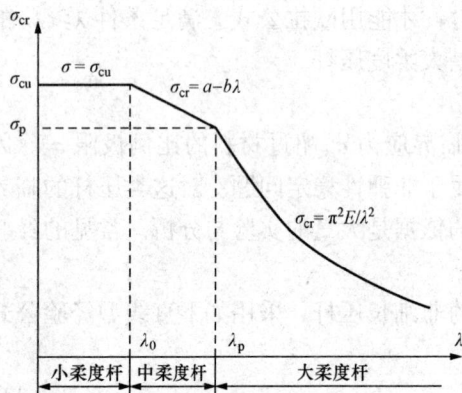

图 16-11

综上所述，压杆可以根据其柔度的大小分为三类，分别按不同的公式计算。$\lambda \geqslant \lambda_p$ 的压杆属于细长杆或**大柔度杆**，按欧拉公式计算其临界应力；$\lambda_0 \leqslant \lambda \leqslant \lambda_p$ 的压杆称为**中柔度杆**，按式（16-11）经验公式计算其临界应力；$\lambda < \lambda_0$ 的压杆属于短粗杆，也称为**小柔度杆**，应按强度问题处理。上述临界应力随柔度变化的关系曲线用图 16-11 表示，称为**临界应力总图**。

对结构钢、低合金结构钢等材料制作的非细长压杆。可用抛物线公式计算其临界应力，该公式的一般表达式为

$$\sigma_{cr} = a_1 - b_1\lambda^2 \tag{16-13}$$

式中　a_1，b_1——与材料性能有关的常数，MPa。

如对 Q235 钢，$a_1 = 235$MPa，$b_1 = 0.0068$MPa，对于 16Mn 钢，$a_1 = 343$MPa，$b_1 = 0.00161$MPa。我国在钢结构设计规范中，对中小柔度杆的临界应力，规定也按式（16-13）进行计算。仿照上面的分析，也可由欧拉公式和抛物线公式绘出临界应力总图。

【例 16-2】 图 16-12 所示连杆，用 Q235 钢制成，承受轴向压力，试确定连杆的临界载荷。并分析截面的合理性。

解 （1）失稳形式判断。在轴向压力的作用下，连杆在 x—y 和 x—z 平面内都有可能失稳。如果连杆在 x—y 平面内失稳（即横截面绕 z 轴转动），两端视为铰支，长度因数 $\mu = 1$，惯性半径

$$i_z = \sqrt{\frac{I_z}{A}} = \sqrt{\frac{bh^3/12}{bh}} = \frac{h}{2\sqrt{3}} = \frac{60}{2\sqrt{3}} = 17.32\text{mm}$$

柔度

$$\lambda_z = \frac{\mu l}{i_z} = \frac{1 \times 940}{17.32} = 54.3$$

如果连杆在 x—z 平面内失稳（即横截面绕 y 轴转动），连杆视为两端固定，长度因数 $\mu = 0.5$，惯性半径

$$i_y = \sqrt{\frac{I_y}{A}} = \sqrt{\frac{hb^3/12}{bh}} = \frac{b}{2\sqrt{3}} = \frac{25}{2\sqrt{3}} = 7.22\text{mm}$$

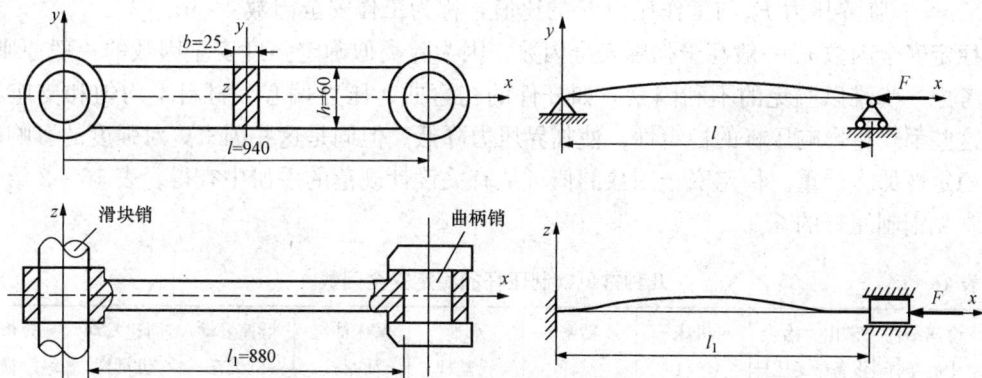

图 16 - 12

柔度
$$\lambda_y = \frac{\mu l_1}{i_y} = \frac{0.5 \times 880}{7.22} = 61 > \lambda_z$$

因 $\lambda_y > \lambda_z$，所以连杆将先在 x—z 面内失稳。

(2) 计算临界压力。根据以上计算和分析，应用 λ_y 求临界压力。查表 16 - 1 知，对 Q235 钢，$\lambda_0 < \lambda_y < \lambda_p$，可见此连杆属中柔度杆，临界应力为

$$\sigma_{cr} = a - b\lambda = 304 - 1.12 \times 61 = 235.7 \text{MPa}$$

所以临界压力为

$$F_{cr} = \sigma_{cr}A = 235.7 \times 25 \times 60 = 353.5 \text{kN}$$

(3) 截面合理性分析。此连杆横截面较合理的尺寸是满足在 x—y 和 x—z 平面内失稳时的临界力相等。这就要求 $\lambda_y = \lambda_z$，即 $\frac{l}{\sqrt{I_z/A}} = \frac{0.5l_1}{\sqrt{I_y/A}}$，因 l_1 与 l 相差不大，所以近似有 $I_z \approx 4I_y$。

第4节 压杆的稳定实用计算

压杆稳定计算，包括稳定性校核、截面尺寸设计和确定许用载荷三方面。具体有两种方法：安全因数法和折减系数法。通常稳定性校核和确定许用载荷用安全因数法，截面设计用折减系数法。

一、安全因数法

由前面的分析可知，保证压杆不失稳的关键是限制轴向压力的值。对于大柔度压杆，临界压力 F_{cr} 可用欧拉公式直接算出。对中柔度压杆，可由经验公式先求出临界压应力 σ_{cr}，再乘以压杆的横截面面积求得临界压力 F_{cr}。而小柔度压杆，则进行强度计算。用临界压力 F_{cr} 除以**稳定安全因数** n_{st} 得稳定许可压力 $[F]$。所以压杆的**稳定性条件**为

$$F \leqslant \frac{F_{cr}}{n_{st}} = [F] \tag{16 - 14}$$

此条件也可写成

$$n = \frac{F_{cr}}{F} \geqslant n_{st} \tag{16 - 15}$$

式中　n——临界压力 F_{cr} 与工作压力 F 的比值，称为**工作安全因数**。

稳定安全因数 n_{st} 一般高于强度安全因数。因为除类似确定强度安全因数的一般原则外，还要考虑一些难以避免的不利因素，如杆件的初弯曲、压力偏心、材料不均匀和支座缺陷等，这些都严重影响压杆的稳定性，使临界压力降低。但同是这些因素，对强度的影响就不像对稳定性那么严重。稳定安全因数的值可从有关设计规范的手册中查得。表 16 - 2 给出了几种常见钢制压杆的 n_{st}。

表 16 - 2　　　　　　　　　　　几种常见钢制压杆的稳定安全因数

实际压杆	金属结构中的压杆	矿山、冶金设备中的压杆	机床丝杠	精密丝杆	水平长丝杆	磨床油缸活塞杆	低速发动机挺杆	高速发动机挺杆	拖拉机转向纵、横推杆
n_{st}	1.8~3.0	4~8	2.5~4	>4	>4	2~5	4~6	2~5	>5

应当注意，压杆的稳定性取决于整体杆件的弯曲程度，而杆截面的局部削弱（如存在铆钉孔或油孔等）对整体变形影响很小，所以稳定性计算时仍可用未削弱横截面的面积和惯性矩。但对于受削弱的横截面，应进行强度校核。

用安全因数法进行压杆稳定计算的一般步骤是，计算压杆的柔度，判断属于哪一类压杆，然后选择对应的公式计算临界应力 σ_{cr}，再计算临界力 F_{cr}，最后用稳定性条件进行稳定性校核或确定许用载荷。

【例 16 - 3】　空气压缩机的活塞杆由 45 钢制成，材料的 $\sigma_s = 350MPa$，$\sigma_p = 280MPa$，$E = 210GPa$，杆长 $l = 703mm$，直径 $d = 45mm$，最大工作压力 $F_{max} = 41.6kN$，规定安全因数 n_{st} 在 8~10，试校核其稳定性。

解　(1) 计算柔度 λ，判断属于哪类压杆。由式（16 - 10）求出

$$\lambda_p = \sqrt{\frac{\pi^2 E}{\sigma_p}} = \sqrt{\frac{\pi^2 210 \times 10^9}{280 \times 10^6}} = 86$$

活塞杆两端可简化为铰支座，故 $\mu = 1$。活塞杆横截面为圆形，其惯性半径为

$$i = \sqrt{\frac{I}{A}} = \sqrt{\frac{\pi d^4/64}{\pi d^2/4}} = \frac{d}{4}$$

故柔度为

$$\lambda = \frac{\mu l}{i} = \frac{1 \times 703 \times 4}{45} = 62.5$$

因 $\lambda < \lambda_p$，所以不能用欧拉公式计算临界应力。由表 16 - 1 查得优质碳钢的 $a = 461MPa$，$b = 2.57MPa$。由式（16 - 12）

$$\lambda_0 = \frac{a - \sigma_s}{b} = \frac{461 - 350}{2.57} = 43.2$$

可见

$$\lambda_0 < \lambda < \lambda_p$$

活塞杆是中柔度压杆。

(2) 计算临界压力。活塞杆的临界应力由直线经验公式

$$\sigma_{cr} = a - b\lambda = 461 - 2.57 \times 62.5 = 300.4MPa$$

所以临界压力为

$$F_{cr} = \sigma_{cr}A = 300.4 \times \frac{\pi \times 45^2}{4} = 477\,726\text{N} = 478\text{kN}$$

（3）稳定校核。活塞杆的工作安全因数为

$$n = \frac{F_{cr}}{F_{max}} = \frac{478}{41.6} = 11.5$$

显然 $n > n_{st}$，活塞杆满足稳定性要求。

二、折减系数法

在起重机械、桥梁和房屋结构的设计和工程中，常采用折减系数法对压杆进行稳定性计算。其特点是以强度的许用应力作为基本的许用应力，同时考虑影响压杆稳定性的各种因素，用一个折减的系数与之相乘得到稳定许用应力，故这种方法称为**折减系数法**。对应的稳定性条件为

$$\sigma \leqslant \varphi[\sigma] \tag{16 - 16}$$

式中　　σ——压杆的工作用力；

$[\sigma]$——许用应力；

φ——一个小于 1 的系数，称为**稳定系数**或**折减系数**，其值与压杆的柔度和所用的材料有关。

各种轧制与焊接钢构件的稳定系数，可查阅《钢结构设计规范》（GBJ 17—88）。

对于木制压杆的稳定因数 φ 值，我国木结构设计规范按照树木的强度等级分别给出了两组计算公式：

树种强度等级为 TC17，TC15 及 TB20 时，

$$\lambda \leqslant 75 \quad \varphi = \frac{1}{1 + \left(\dfrac{\lambda}{80}\right)^2} \tag{16 - 17a}$$

$$\lambda > 75 \quad \varphi = \frac{3000}{\lambda^2} \tag{16 - 17b}$$

树种强度等级为 TC13，TC11 及 TB17 及 TB15 时，

$$\lambda \leqslant 91 \quad \varphi = \frac{1}{1 + \left(\dfrac{\lambda}{65}\right)^2} \tag{16 - 18a}$$

$$\lambda > 91 \quad \varphi = \frac{2800}{\lambda^2} \tag{16 - 18b}$$

在式（16 - 17）和式（16 - 18）中，λ 为压杆的柔度。关于树种强度等级，TC17 有柏木、东北落叶松等；TC15 有红杉、云杉等；TC13 有红松、马尾松等；TC11 有西北云杉、冷杉等；TB20 有栎木、桐木等；TB17 有水曲柳等；TB15 有栲木、桦木等；代号后的数字为树种的弯曲强度（MPa）。

第5节　提高压杆稳定性的措施

由以上分析可知，压杆的临界力或临界应力的大小反映了压杆的稳定性。而压杆的临界力或临界应力与压杆材料的力学性质、压杆的长度、约束条件、横截面的形状尺寸等因素有

关，其中后三个因素影响着压杆的柔度。因此，欲提高压杆的稳定性，就应从以下几个方面来考虑。

一、选择合理的截面形状

压杆的截面形状对临界力的数值有很大的影响。若截面形状选择合理，可以在不增加截面面积的情况下增加横截面的惯性矩 I，从而增大惯性半径 i，减小压杆的柔度 λ，起到提高压杆稳定性的作用。为此，应尽量使截面材料远离截面的中性轴。例如，空心圆管的临界力就要比截面面积相同的实心圆杆的临界力大得多。同理，经适当设计的工字形组合截面、由角钢或槽钢等组成的桥梁、桁架中的压杆或建筑物中的柱，都是把型钢分开放置如图 16 - 13 所示，以满足上述要求。

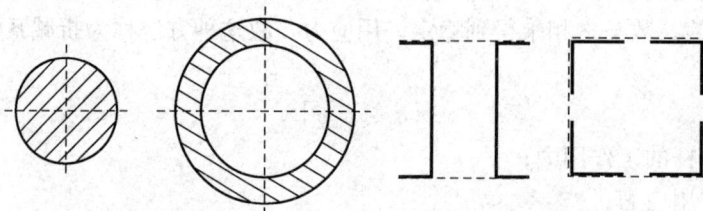

图 16 - 13

工程实际中，为使上述组合截面的压杆或组合柱能成为一个整体杆件工作，在各组成杆件之间，需采用缀板、缀条等连接如图 16 - 14 所示。至于缀板、缀条等的设计，在《钢结构设计规范》（GB 50017—2003）中有专门的规定。

二、合理选择压杆的约束并减小压杆的长度

因压杆的临界力与相当长度 μl 的平方成反比，所以，在结构许可的条件下，增强压杆的约束和尽量减少压杆长度，对于提高压杆的稳定性影响极大。如图 16 - 15 所示为一空气压缩机的结构示意图，如果将活塞和活塞杆在 A 处的固定支座改为通过 B 处的轴承传递，则受压长度可由 l 减为 l_1，从而大大提高活塞杆的抗失稳能力。

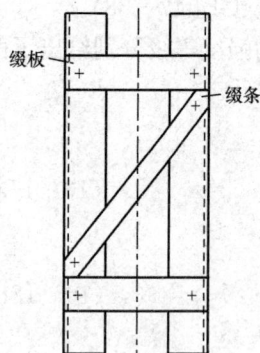

图 16 - 14

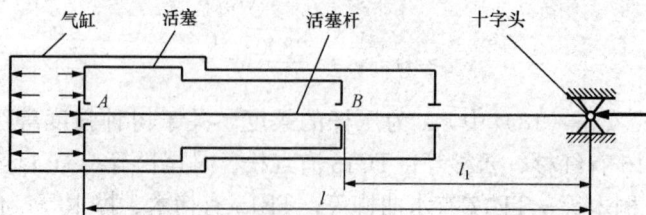

图 16 - 15

三、合理选择材料

细长压杆的临界应力，与材料的弹性模量 E 有关。显然，选择弹性模量较高的材料，可以提高细长杆的稳定性。然而，对钢材而言，由于各种钢的弹性模量大致相同，因此，如果仅从稳定性考虑，选用高强度钢作细长杆是不必要的。而中柔度杆的临界应力与材料的比例极限、压缩极限应力等有关，故强度高的材料，临界应力相应也高。所以，对中柔度杆应选用高强度的材料，有利于提高稳定性。

习　　题

16-1　如图 16-16 所示为支撑情况不同的圆截面细长杆，各杆直径和材料相同，哪个杆的临界力最大？

16-2　如图 16-17 所示两端球形铰支细长压杆，弹性模量 $E=200\text{GPa}$。试用欧拉公式计算其临界应力。①圆形截面，$d=30\text{mm}$，$l=1.2\text{m}$；②矩形截面，$h=2b=50\text{mm}$，$l=1.2\text{m}$；③No.16 工字钢，$l=2.0\text{m}$。

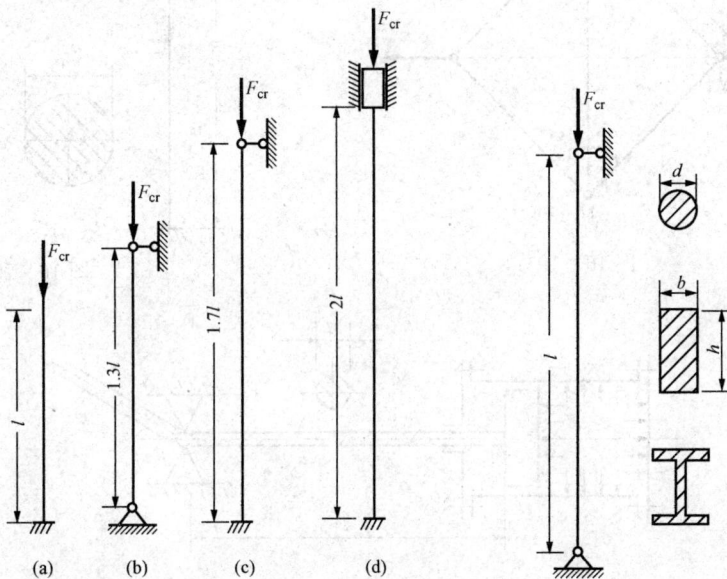

图 16-16　　　　　　　　　　图 16-17

16-3　飞机起落架中斜撑杆如图 16-18 所示。杆为空心圆管，外径 $D=52\text{mm}$，内径 $d=44\text{mm}$，$l=950\text{mm}$。材料为 30CrMnsiNiZA，$\sigma_b=1600\text{MPa}$，$\sigma_p=1200\text{MPa}$，$E=210\text{GPa}$。试求这一斜撑杆的 F_{cr} 和 σ_{cr}。

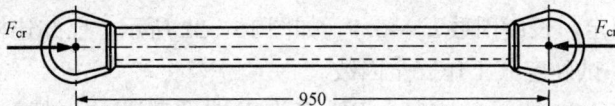

图 16-18

16-4　如图 16-19 所示正方形桁架，各杆截面的抗弯刚度均为 EI，且均为细长杆。试问当载荷 F 为何值时结构中的个别杆将失稳？如果将 F 的方向改为向内的压力，则使杆件失稳的载荷 F 又为何值？

16-5　如图 16-20 所示压杆，材料相同，横截面的形状有图 16-20 所示四种形式，但其横截面面积均为 $A=3.2\times10^3\text{mm}^2$，弹性模量 $E=70\text{GPa}$，$\lambda_p=50$，$\lambda_0=0$，中柔度杆的

临界应力公式为 $\sigma_{cr}=(382-2.18\lambda)$MPa，试计算它们的临界压力，并比较其稳定性。

16 - 6　一 No.28a 工字钢压杆，材料为 Q275 钢，$E=206$GPa，长度 $l=7$m，$\sigma_p=200$MPa，两端固定，规定稳定安全因数 $n_{st}=2$。试求此压杆的许可轴向载荷 $[F]$。

16 - 7　如图 16 - 21 所示蒸汽机活塞杆 AB 承受轴向压力 $F=120$kN，杆长 $l=1.8$m，杆的横截面为圆形，直径 $d=75$mm。材料为 Q275 钢，$E=210$GPa，$\sigma_p=240$MPa，$\sigma_s=306$MPa。规定稳定安全因数 $n_{st}=8$，试校核活塞杆的稳定性。

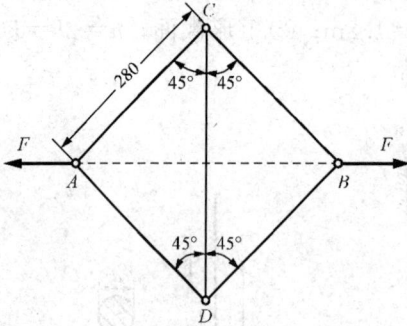

图 16 - 19

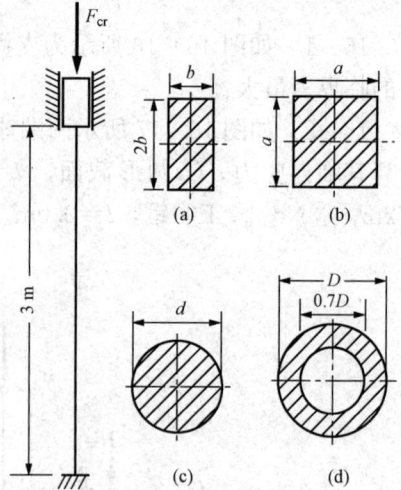

图 16 - 20

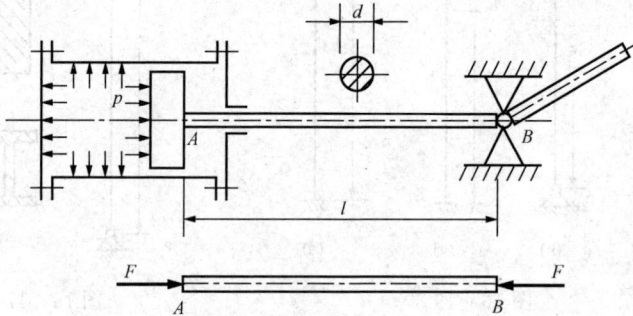

图 16 - 21

16 - 8　由 Q235 钢加工成的工字形截面连杆，两端为柱形铰，即在 x—y 平面内失稳时，杆端约束情况接近于两端铰支，长度因数 $\mu_z=1.0$；而在 x—z 平面内失稳时，杆端约束情况接近于两端固定，长度因数 $\mu_y=0.6$，如图 16 - 22 所示。已知连杆在工作时承受的最大压力为 $F=35$kN。试确定其工作安全因数。

16 - 9　如图 16 - 23 所示的支架，BD 杆为正方形截面的木杆，其材料强度等级为 TC17，其长度 $l=2$m，截面边长 $a=0.1$m，木材的许用应力 $[\sigma]=10$MPa。试从满足 BD 杆的稳定条件考虑，计算该支架能承受的最大载荷 F_{max}。

16 - 10　横截面如图 16 - 24 所示的立柱，由四根 80mm×80mm×6mm 的角钢组成，柱长 $l=6$m。立柱两端为铰支，承受 $F=450$kN 的轴向压力作用。角钢的材料是 Q235 钢，许用压应力 $[\sigma]=160$MPa，试确定横截面的边宽 a。

16 - 11　如图 16 - 25 所示结构，由横梁 AC 与立柱 BD 组成，横梁和立柱的材料均是低

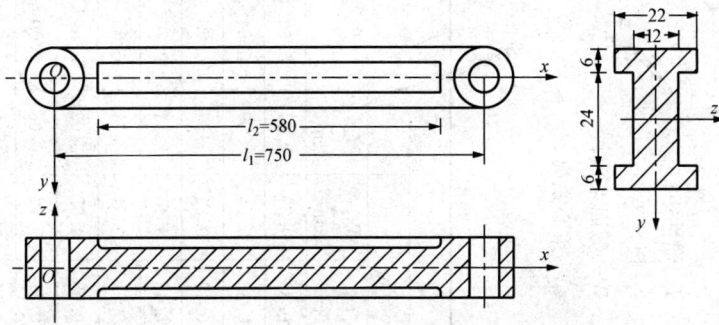

图 16 - 22

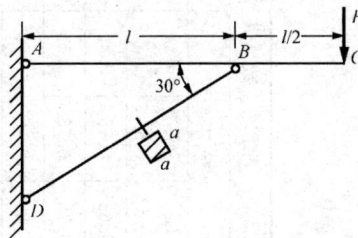

图 16 - 23

碳钢，弹性模量 $E=200\text{GPa}$，比例极限 $\sigma_p=200\text{MPa}$。试问当载荷集度 $q=20\text{N/mm}$ 时，截面 B 的挠度为何值？

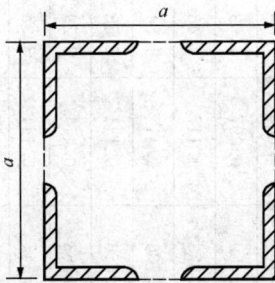

图 16 - 24

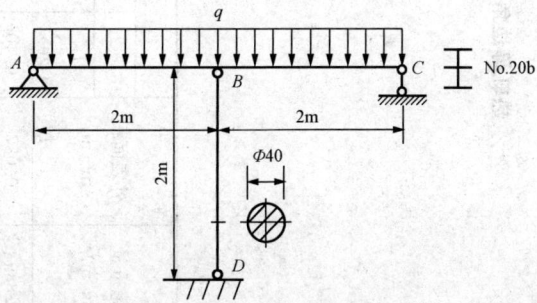

图 16 - 25

附　录　型　钢　表

热轧等边角钢 (GB 9787—88)

符号意义: b—边宽度; d—边厚度; r—内圆弧半径; r_1—边端内圆弧半径;
I—惯性矩; i—惯性半径; W—截面系数; z_0—重心距离。

附表 1

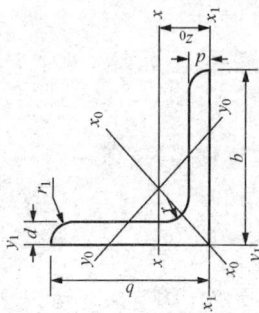

角钢号数	尺寸 (mm) b	d	r	截面面积 (cm²)	理论重量 (kg/m)	外表面积 (m²/m)	$x\text{-}x$ I_x (cm⁴)	i_x (cm)	W_x (cm³)	$x_0\text{-}x_0$ I_{x0} (cm⁴)	i_{x0} (cm)	W_{x0} (cm³)	$y_0\text{-}y_0$ I_{y0} (cm⁴)	i_{y0} (cm)	W_{y0} (cm³)	$x_1\text{-}x_1$ I_{x1} (cm⁴)	z_0 (cm)
2	20	3	3.5	1.132	0.889	0.087	0.40	0.59	0.29	0.63	0.75	0.45	0.17	0.39	0.20	0.81	0.60
		4		1.459	1.145	0.077	0.50	0.58	0.36	0.78	0.73	0.55	0.22	0.38	0.24	1.09	0.64
2.5	25	3		1.432	1.124	0.098	0.82	0.76	0.46	1.29	0.95	0.73	0.34	0.49	0.33	1.57	0.73
		4		1.859	1.459	0.097	1.03	0.74	0.59	1.62	0.93	0.92	0.43	0.48	0.40	2.11	0.76
3	30	3	4.5	1.749	1.373	1.117	1.46	0.91	0.68	2.31	1.15	1.09	0.61	0.59	0.51	2.71	0.85
		4		2.276	1.786	0.117	1.84	0.90	0.87	2.92	1.13	1.37	0.77	0.58	0.62	3.63	0.89
3.6	36	3		2.109	1.656	0.141	2.58	1.11	0.99	4.09	1.39	1.61	1.07	0.71	0.76	4.68	1.00
		4		2.765	2.163	0.414	3.29	1.09	1.28	5.22	1.38	2.05	1.37	0.70	0.93	6.25	1.04
		5		3.382	2.645	0.141	3.95	1.08	1.56	6.24	1.36	2.45	1.65	0.70	1.09	7.84	1.07
4	40	3	5	2.359	1.852	0.157	3.59	1.23	1.23	5.69	1.55	2.01	1.49	0.79	0.96	6.41	1.09
		4		3.086	2.422	0.157	4.60	1.22	1.60	7.29	1.54	2.58	1.91	0.79	1.19	8.56	1.13
		5		3.791	2.976	0.156	5.53	1.21	1.96	8.76	1.52	3.10	2.30	0.78	1.39	10.74	1.17

续表

角钢号数	尺寸 (mm)			截面面积 (cm²)	理论重量 (kg/m)	外表面积 (m²/m)	参 考 数 值										
	b	d	r				x—x			x0—x0			y0—y0			x1—x1	z0 (cm)
							I_x (cm⁴)	i_x (cm)	W_x (cm³)	I_{x0} (cm⁴)	i_{x0} (cm)	W_{x0} (cm³)	I_{y0} (cm⁴)	i_{y0} (cm)	W_{y0} (cm³)	I_{x1} (cm⁴)	
4.5	45	3	5.5	2.659	2.088	0.177	5.17	1.40	1.58	8.20	1.76	2.58	2.14	0.89	1.24	9.12	1.22
		4		3.486	2.736	0.177	6.65	1.38	2.05	10.56	1.74	3.32	2.75	0.89	1.54	12.18	1.26
		5		4.292	3.369	0.176	8.04	1.37	2.51	12.74	1.72	4.00	3.33	0.88	1.81	15.25	1.30
		6		5.076	3.985	0.176	9.33	1.36	2.95	14.76	1.70	4.64	3.89	0.88	2.06	18.36	1.33
5	50	3		2.971	2.332	0.197	7.18	1.55	1.96	11.37	1.96	3.22	2.98	1.00	1.57	12.50	1.34
		4		3.897	3.059	0.197	9.26	1.54	2.56	14.70	1.94	4.16	3.82	0.99	1.96	16.69	1.38
		5		4.803	3.770	0.196	11.21	1.53	3.13	17.79	1.92	5.03	4.64	0.98	2.31	20.90	1.42
		6		5.688	4.465	0.196	13.0	1.52	3.68	20.68	1.91	5.85	5.42	0.98	2.63	25.14	1.46
5.6	56	3		3.343	2.624	0.221	10.1	1.75	2.48	16.14	2.20	4.08	2.24	1.13	2.02	17.56	1.48
		4		4.390	3.446	0.220	13.1	1.73	3.24	20.92	2.18	5.28	5.46	1.11	2.52	23.43	1.53
		5		5.415	4.251	0.220	16.0	1.72	3.97	25.42	2.17	6.42	6.61	1.10	2.98	29.33	1.57
		8		8.367	6.568	0.219	23.6	1.68	6.03	37.37	2.11	9.44	9.89	1.09	4.16	47.24	1.68
6.3	63	4	7	4.978	3.907	0.248	19.0	1.96	4.13	30.17	2.46	6.78	7.89	1.26	3.29	33.35	1.70
		5		6.143	4.822	0.248	23.1	1.94	5.08	36.77	2.45	8.25	9.57	1.25	3.90	41.73	1.74
		6		7.288	5.721	0.247	27.1	1.93	6.00	43.03	2.43	9.66	11.20	1.24	4.46	50.14	1.78
		8		9.515	7.469	0.247	34.4	1.90	7.75	54.56	2.40	12.25	14.33	1.23	5.47	67.11	1.85
		10		11.657	9.151	0.246	41.0	1.88	9.39	64.85	2.36	14.56	17.33	1.22	6.36	84.31	1.93
7	70	4	8	5.570	4.372	0.275	26.3	2.18	5.14	41.80	2.74	8.44	10.99	1.40	4.17	45.74	1.86
		5		6.875	5.397	0.275	32.2	2.16	6.32	51.08	2.73	10.32	13.34	1.39	4.95	57.21	1.91
		6		8.160	6.406	0.275	37.7	2.15	7.48	59.93	2.71	12.11	15.61	1.38	5.67	68.73	1.95
		7		9.424	7.398	0.275	43.0	2.14	8.59	68.35	2.69	13.81	17.82	1.38	6.34	80.29	1.99
		8		10.667	8.373	0.274	48.1	2.12	9.68	76.37	2.68	15.43	19.98	1.37	6.98	91.92	2.03

续表

角钢号数	b	d	r	截面面积 (cm²)	理论重量 (kg/m)	外表面积 (m²/m)	I_x (cm⁴)	i_x (cm)	W_x (cm³)	I_{x0} (cm⁴)	i_{x0} (cm)	W_{x0} (cm³)	I_{y0} (cm⁴)	i_{y0} (cm)	W_{y0} (cm³)	I_{x1} (cm⁴)	z_0 (cm)
							$x{-}x$			$x_0{-}x_0$			$y_0{-}y_0$			$x_1{-}x_1$	
7.5	75	5	9	7.412	5.818	0.295	39.97	2.33	7.32	63.30	2.92	11.94	16.63	1.50	5.77	70.56	2.04
		6		8.797	6.905	0.294	46.95	2.13	8.64	74.38	2.90	14.02	19.51	1.49	6.67	84.55	2.07
		7	9	10.160	7.976	0.294	53.57	2.30	9.93	84.96	2.89	16.02	22.18	1.48	7.44	98.71	2.11
		8		11.503	9.030	0.294	59.96	2.28	11.20	95.07	2.88	17.93	24.86	1.47	8.19	112.97	2.15
		10		14.126	11.089	0.293	71.98	2.26	13.64	113.92	2.84	21.48	30.05	1.46	9.56	141.71	2.22
8	89	5		7.912	6.211	0.315	48.79	2.48	8.34	77.33	3.13	13.67	20.05	1.60	6.66	85.36	2.15
		6		9.397	7.376	0.314	57.35	2.47	9.87	90.98	3.11	16.08	23.72	1.59	7.65	102.50	2.19
		7	9	10.860	8.525	0.314	65.58	2.46	11.37	104.07	3.10	18.40	27.09	1.58	8.58	119.70	2.23
		8		12.303	9.658	0.314	73.49	2.44	12.83	116.60	3.08	20.61	30.39	1.57	9.46	136.97	2.27
		10		15.126	11.874	0.313	88.43	2.42	15.64	140.09	3.04	24.76	36.77	1.56	11.08	171.74	2.35
9	90	6		10.637	8.350	0.354	82.77	2.79	12.61	131.26	3.51	20.63	34.28	1.80	9.95	145.87	2.44
		7		12.301	9.656	0.354	94.83	2.78	14.54	150.47	3.50	23.64	39.18	1.78	11.19	170.30	2.48
		8	10	13.944	0.946	0.353	106.47	2.76	16.42	168.97	3.48	26.55	43.97	1.78	12.35	194.80	2.52
		10		17.167	13.476	0.353	128.58	2.74	20.07	203.90	3.45	32.04	53.26	1.76	14.52	244.07	2.59
		12		20.306	15.940	0.352	149.22	2.71	23.57	236.21	3.41	37.12	62.22	1.75	16.49	293.76	2.67
10	100	6		11.932	9.366	0.393	114.95	3.10	15.68	181.98	3.90	25.74	47.92	2.00	12.69	200.07	2.67
		7		13.796	10.830	0.393	131.86	3.09	18.10	208.97	3.89	29.55	54.74	1.99	14.26	233.54	2.71
		8		15.638	12.276	0.393	148.24	3.08	20.47	235.07	3.88	33.24	61.41	1.98	15.75	267.09	2.76
		10	12	19.261	15.120	0.392	179.51	3.05	25.06	248.68	3.84	40.26	74.35	1.96	18.54	334.48	2.84
		12		22.800	17.898	0.391	208.90	3.03	29.48	330.95	3.81	46.80	86.84	1.95	21.08	402.34	2.91
		14		26.256	20.611	0.391	236.53	3.00	33.73	374.06	3.77	52.90	99.00	1.94	23.44	470.75	2.99
		16		29.627	23.257	0.390	262.53	2.98	37.82	414.16	3.74	58.57	110.89	1.94	25.63	539.80	3.06
11	110	7		15.196	1.928	0.433	177.16	3.14	22.05	280.94	4.30	36.12	73.38	2.20	17.51	310.64	2.96
		8		17.238	13.532	0.433	199.46	3.40	24.95	316.49	4.28	40.69	82.42	2.19	19.39	355.20	3.01

续表

角钢号数	b	d	r	截面面积 (cm²)	理论重量 (kg/m)	外表面积 (m²/m)	I_x (cm⁴)	i_x (cm)	W_x (cm³)	I_{x0} (cm⁴)	i_{x0} (cm)	W_{x0} (cm³)	I_{y0} (cm⁴)	i_{y0} (cm)	W_{y0} (cm³)	I_{x1} (cm⁴)	z_0 (cm)
							$x-x$			x_0-x_0			y_0-y_0			x_1-x_1	
11	110	10	12	21.261	16.690	0.432	242.19	3.38	30.60	384.39	4.25	49.42	99.98	2.17	22.91	444.65	3.09
		12		25.200	19.782	0.431	282.55	3.35	36.05	448.17	4.22	57.62	116.93	2.15	26.15	534.60	3.16
		14		29.056	22.809	0.431	320.71	3.32	41.31	508.01	4.18	65.31	133.40	2.14	29.14	625.16	3.24
12.5	125	8	14	19.750	15.504	0.492	297.03	3.88	32.52	470.89	4.88	53.28	123.16	2.50	25.86	521.01	3.37
		10		24.373	19.133	0.491	361.67	3.85	39.97	573.89	4.85	64.93	149.46	2.48	30.62	651.93	3.45
		12		28.912	22.696	0.491	423.16	3.83	47.17	671.44	4.82	75.96	174.88	2.46	35.03	783.42	3.53
		14		33.367	26.193	0.490	481.65	3.80	54.16	763.73	4.78	86.41	199.57	2.45	39.13	915.61	3.61
14	140	8	14	27.373	21.488	0.551	514.65	4.34	50.58	817.27	5.46	82.56	212.04	2.78	39.20	915.11	3.82
		10		32.512	25.522	0.551	603.68	4.31	59.80	958.79	5.43	96.85	248.57	2.76	45.02	1099.28	3.90
		12		37.567	29.490	0.550	688.81	4.28	68.75	1093.56	5.40	110.47	284.06	2.75	50.45	1284.22	3.98
		16		42.539	33.393	0.549	770.24	4.26	77.46	1221.81	5.36	123.42	318.67	2.74	55.55	1470.07	4.06
16	160	10	16	31.502	24.729	0.630	779.53	4.98	66.70	1237.30	6.27	109.36	321.76	3.20	52.76	1365.33	4.31
		12		37.441	29.391	0.630	916.58	4.95	78.98	1455.68	6.24	128.67	377.49	3.18	60.74	1639.57	4.39
		14		43.296	33.987	0.629	1048.36	4.92	90.05	1665.02	6.20	147.17	431.70	3.16	68.24	1914.68	4.47
		16		49.067	38.518	0.629	1175.08	4.89	102.63	1865.57	6.17	164.89	484.59	3.14	75.31	2190.82	4.55
18	180	12	18	42.241	33.159	0.710	1321.35	5.59	100.82	2100.10	7.05	165.00	542.61	3.58	78.41	2332.80	4.89
		14		48.896	38.383	0.709	1514.48	5.56	116.25	2407.42	7.02	189.14	621.53	3.56	88.38	2723.48	4.97
		16		55.467	43.542	0.709	1700.99	5.54	131.13	2703.37	6.98	212.40	698.60	3.55	97.83	3115.29	5.05
		18		61.955	48.634	0.708	1875.12	5.50	145.64	2988.24	6.94	234.78	762.01	3.51	105.14	3502.43	5.13
20	200	14	18	54.642	42.894	0.788	2103.55	6.20	144.07	3343.26	7.82	236.40	863.83	3.98	111.82	3734.10	5.46
		16		62.013	48.680	0.788	2366.15	6.18	163.65	3760.89	7.79	265.93	971.41	3.96	123.96	4270.39	5.54
		18		69.301	54.401	0.787	2620.64	6.15	182.22	4164.54	7.75	294.48	1076.74	3.94	135.52	4808.13	5.62
		20		76.505	60.056	0.787	2867.30	6.12	200.42	4554.55	7.72	322.06	1180.04	3.93	146.55	5347.51	5.69
		24		90.661	71.168	0.785	3338.25	6.07	236.17	5294.97	7.64	374.41	1381.53	3.90	166.65	6457.16	5.87

注 截面图中的 $r_1 = d/3$ 及表中 r 值的数据用于孔型设计，不做交货条件。

附表 2

热轧不等边角钢 （GB 9788—88）

符号意义：B—长边宽度；
d—边厚度；
r—内圆弧半径；
r₁—边端内圆弧半径；
i—惯性半径；
x₀—重心距离；

b—短边宽度；
r—内圆弧半径；
I—惯性矩；
W—截面系数；
y₀—重心距离。

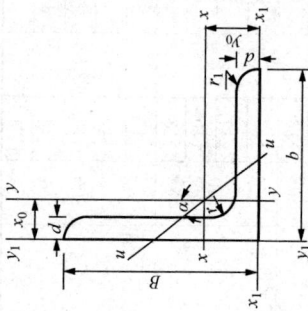

角钢号数	尺寸 (mm)				截面面积 (cm²)	理论重量 (kg/m)	外表面积 (m²/m)	$x-x$			$y-y$			x_1-x_1		y_1-y_1		$u-u$			
	B	b	d	r				I_x (cm⁴)	i_x (cm)	W_x (cm³)	I_y (cm⁴)	i_y (cm)	W_y (cm³)	I_{x1} (cm⁴)	y_0 (cm)	I_{y1} (cm⁴)	x_0 (cm)	I_u (cm⁴)	i_u (cm)	W_u (cm³)	$\tan\alpha$
2.5/1.6	25	16	3	3.5	1.162	0.912	0.08	0.7	0.78	0.43	0.22	0.44	0.19	1.56	0.86	0.43	0.42	0.14	0.34	0.16	0.392
			4		1.499	1.176	0.079	0.88	0.77	0.55	0.27	0.43	0.24	2.09	0.9	0.59	0.46	0.17	0.34	0.2	0.381
3.2/2	32	20	3		1.492	1.171	0.102	1.53	1.01	0.72	0.46	0.55	0.3	3.27	1.08	0.82	0.49	0.28	0.43	0.25	0.382
			4		1.939	1.522	0.101	1.93	1	0.93	0.57	0.54	0.39	4.37	1.12	1.12	0.53	0.35	0.42	0.32	0.374
4/2.5	40	25	3	4	1.89	1.484	0.127	3.08	1.28	1.15	0.93	0.7	0.49	5.39	1.32	1.59	0.59	0.56	0.54	0.4	0.385
			4		2.467	1.936	0.127	3.93	1.26	1.49	1.18	0.69	0.63	8.53	1.37	2.14	0.63	0.71	0.54	0.52	0.381
4.5/2.8	45	28	3	5	2.149	1.687	0.143	4.45	1.44	1.47	1.34	0.79	0.62	9.1	1.47	2.23	0.64	0.8	0.61	0.51	0.383
			4		2.806	2.203	0.143	5.69	1.42	1.91	1.7	0.78	0.8	12.13	1.51	3	0.68	1.02	0.6	0.66	0.38
5/3.2	50	32	3	5.5	2.431	1.908	0.161	6.24	1.6	1.84	2.02	0.91	0.82	12.49	1.6	3.31	0.73	1.2	0.7	0.68	0.404
			4		3.177	2.494	1.16	8.02	1.59	2.39	2.58	0.9	1.06	16.65	1.65	4.45	0.77	1.53	0.69	0.87	0.402

参 考 数 值

续表

角钢号数	尺寸 (mm)				截面面积 (cm²)	理论重量 (kg/m)	外表面积 (m²/m)	参考数值														
	B	b	d	r				x—x			y—y			x1—x1		y1—y1		u—u			
								I_x (cm⁴)	i_x (cm)	W_x (cm³)	I_y (cm⁴)	i_y (cm)	W_y (cm³)	I_{x1} (cm⁴)	y_0 (cm)	I_{y1} (cm⁴)	x_0 (cm)	I_u (cm⁴)	i_u (cm)	W_u (cm³)	$\tan\alpha$
5.6/3.6	56	36	3	6	2.743	2.153	0.181	8.88	1.8	2.32	2.92	1.03	1.05	17.54	1.78	4.7	0.8	1.73	0.79	0.87	0.408
			4		3.59	2.818	0.18	11.45	1.79	3.03	3.76	1.02	1.37	23.39	1.82	6.33	0.85	2.23	0.79	1.13	0.408
			5		4.415	3.466	0.18	13.86	1.77	3.71	4.49	1.01	1.65	29.25	1.87	7.94	0.88	2.67	0.78	1.36	0.404
6.3/4	63	40	4	7	4.058	3.185	0.202	16.49	2.02	3.87	5.23	1.14	1.7	33.3	2.04	8.63	0.92	3.12	0.88	1.4	0.398
			5		4.993	3.92	0.202	20.02	2	4.74	6.31	1.12	2.71	41.63	2.08	10.86	0.95	3.76	0.87	1.71	0.396
			6		5.908	4.638	0.201	23.36	1.96	5.59	7.29	1.11	2.43	49.98	2.12	13.12	0.99	4.34	0.86	1.99	0.393
			7		6.802	5.339	0.201	26.53	1.98	6.4	8.24	1.1	2.78	58.07	2.15	15.47	1.03	4.97	0.86	2.29	0.389
7/4.5	70	45	4	7.5	4.547	3.57	0.226	23.17	2.26	4.86	7.55	1.29	2.17	45.92	2.24	12.26	1.02	4.4	0.98	1.77	0.41
			5		5.609	4.403	0.225	27.95	2.23	5.92	9.13	1.28	2.65	57.1	2.28	15.39	1.06	5.4	0.98	2.19	0.407
			6		6.647	5.218	0.225	32.54	2.21	6.95	10.62	1.26	3.12	68.35	2.32	18.58	1.09	6.35	0.98	2.59	0.404
			7		7.657	6.011	0.225	37.22	2.2	8.03	12.01	1.25	3.57	79.99	2.36	21.84	1.13	7.16	0.97	2.94	0.402
(7.5/5)	75	50	5	8	6.125	4.808	0.245	34.86	2.39	6.83	12.61	1.44	3.3	70	2.4	21.04	1.17	7.41	1.1	2.74	0.435
			6		7.26	5.699	0.245	41.12	2.38	8.12	14.7	1.42	3.88	84.3	2.44	25.37	1.21	8.54	1.08	3.19	0.435
			8		9.467	7.431	0.244	52.39	2.35	10.52	18.53	1.4	4.99	112.5	2.52	34.23	1.29	10.87	1.07	4.1	0.429
			10		11.59	9.098	0.244	62.71	2.33	12.79	21.96	1.38	6.04	140.8	2.6	43.43	1.36	13.1	1.06	4.99	0.423
8.0/5	80	50	5	8	6.375	5.005	0.255	41.96	2.56	7.78	12.82	1.42	3.32	85.21	2.6	21.06	1.14	7.66	1.1	2.74	0.388
			6		7.56	5.935	0.255	49.49	2.56	9.25	14.95	1.41	3.91	102.53	2.65	25.41	1.18	8.85	1.08	3.2	0.387
			7		8.724	6.848	0.255	56.16	2.54	10.58	16.96	1.39	4.48	119.33	2.69	29.82	1.21	10.18	1.08	3.7	0.384
			8		9.867	7.745	0.254	62.83	2.52	11.92	18.85	1.38	5.03	136.41	2.73	34.32	1.25	11.38	1.07	4.16	0.381

续表

| 角钢号数 | 尺寸 (mm) | | | | 截面面积 (cm²) | 理论重量 (kg/m) | 外表面积 (m²/m) | $x-x$ | | | $y-y$ | | | 参考数值 x_1-x_1 | | y_1-y_1 | | $u-u$ | | | $\tan\alpha$ |
	B	b	d	r				I_x (cm⁴)	i_x (cm)	W_x (cm³)	I_y (cm⁴)	i_y (cm)	W_y (cm³)	I_{x1} (cm⁴)	y_0 (cm)	I_{y1} (cm⁴)	x_0 (cm)	I_u (cm⁴)	i_u (cm)	W_u (cm³)	
9/5.6	90	56	5	9	7.212	5.661	0.287	60.45	2.9	9.92	18.32	1.59	4.21	121.32	2.91	29.53	1.25	10.98	1.23	3.49	0.385
			6		8.557	6.717	0.286	71.03	2.88	11.74	21.42	1.58	4.96	145.59	2.95	35.58	1.29	12.9	1.23	4.13	0.384
			7		9.88	7.756	0.286	81.01	2.86	13.49	24.36	1.57	5.7	169.6	3	41.71	1.33	14.67	1.22	4.72	0.382
			8		11.183	8.779	0.286	91.03	2.85	15.27	27.15	1.56	6.41	194.17	3.04	47.93	1.36	16.34	1.21	5.29	0.38
10/6.3	100	63	6	10	9.617	7.55	0.32	99.06	3.21	14.64	30.94	1.79	6.35	199.71	3.24	50.5	1.43	18.42	1.38	5.25	0.394
			7		11.111	8.722	0.32	113.45	3.2	16.88	35.26	1.78	7.29	233	3.28	59.14	1.47	21	1.38	6.2	0.394
			8		12.584	9.878	0.319	127.37	3.18	19.08	39.39	1.77	8.21	266.32	3.32	67.88	1.5	23.5	1.37	6.78	0.391
			10		15.467	12.142	0.319	153.81	3.15	23.32	47.12	1.74	9.98	333.06	3.4	85.73	1.58	28.33	1.35	8.24	0.387
10.0/8	100	80	6	10	10.637	8.35	0.354	107.04	3.17	15.19	61.24	2.4	10.16	199.83	2.95	102.68	1.97	31.65	1.72	8.37	0.627
			7		12.301	9.656	0.354	122.73	3.16	17.52	70.08	2.39	11.71	233.2	3	119.98	2.01	36.17	1.72	9.6	0.626
			8		13.944	10.946	0.353	137.92	3.14	19.81	78.58	2.37	13.21	266.61	3.04	137.37	2.05	40.58	1.71	10.8	0.625
			10		17.167	13.476	0.353	166.87	3.12	24.24	94.65	2.35	16.12	333.63	3.12	172.48	2.13	49.1	1.69	13.12	0.622
11.0/7	110	70	6	10	10.637	8.35	0.354	133.37	3.54	17.85	42.92	2.01	7.9	265.78	3.53	69.08	1.57	25.36	1.54	6.53	0.403
			7		12.301	9.656	0.354	153	3.53	20.6	49.01	2	9.09	310.07	3.57	80.82	1.61	28.95	1.53	7.5	0.402
			8		13.944	10.946	0.353	172.04	3.51	23.3	54.87	1.98	10.25	354.39	3.62	92.7	1.65	32.45	1.53	8.45	0.401
			10		17.167	13.467	0.353	208.39	3.48	28.54	65.88	1.96	12.48	443.13	3.07	116.83	1.72	39.2	1.51	10.29	0.397
12.5/8	125	80	7	11	14.096	11.066	0.403	227.98	4.02	26.86	74.42	2.3	12.01	454.99	4.01	120.32	1.8	43.81	1.76	9.92	0.408
			8		15.989	12.551	0.403	256.77	4.01	30.41	83.49	2.28	13.56	519.99	4.06	137.85	1.84	49.15	1.75	11.18	0.407
			10		19.712	15.474	0.402	312.04	3.98	37.33	100.67	2.26	16.56	650.09	4.14	173.4	1.92	59.45	1.74	13.64	0.404
			12		23.351	18.33	0.402	364.41	3.95	44.01	116.67	2.24	19.43	780.39	4.22	209.67	2	69.35	1.72	16.01	0.4

续表

角钢号数	尺寸 (mm) B	b	d	r	截面面积 (cm²)	理论重量 (kg/m)	外表面积 (m²/m)	I_x (cm⁴)	i_x (cm)	W_x (cm³)	I_y (cm⁴)	i_y (cm)	W_y (cm³)	I_{x1} (cm⁴)	y_0 (cm)	I_{y1} (cm⁴)	x_0 (cm)	I_u (cm⁴)	i_u (cm)	W_u (cm³)	$\tan\alpha$
14.0/9	140	90	8	12	18.038	14.16	0.453	365.64	4.5	38.48	120.69	2.59	17.34	730.53	4.5	195.79	2.04	70.83	1.98	14.31	0.411
			10		22.261	17.475	0.452	445.5	4.47	47.31	140.03	2.56	21.22	931.2	4.58	245.92	2.12	85.82	1.96	17.48	0.409
			12		26.4	20.724	0.451	521.59	4.44	55.87	169.79	2.54	24.95	1096.09	4.66	296.89	2.19	100.21	1.95	20.54	0.406
			14		30.456	23.908	0.451	594.1	4.42	64.18	192.1	2.51	28.54	1279.26	4.74	348.82	2.27	114.13	1.94	23.52	0.403
16.0/10	160	100	10	13	25.315	19.872	0.512	668.69	5.14	62.13	205.03	2.85	26.56	1362.89	5.24	336.59	2.28	121.74	2.19	21.92	0.39
			12		30.054	23.592	0.511	784.91	5.11	73.49	239.06	2.82	31.28	1635.56	5.32	405.94	2.36	142.33	2.17	25.79	0.388
			14		34.709	27.247	0.51	896.3	5.08	84.56	271.2	2.8	35.83	1908.5	5.4	476.42	2.43	162.23	2.16	29.56	0.385
			16		39.281	30.835	0.51	1003.04	5.05	95.33	301.6	2.77	40.24	2181.79	5.48	548.22	2.51	182.57	2.16	33.44	0.382
18.0/11	180	110	10	14	28.373	22.273	0.517	956.25	5.8	78.96	278.11	3.13	32.49	1940.4	5.89	447.22	2.44	166.5	2.42	26.88	0.376
			12		33.712	26.464	0.517	1124.72	5.78	93.53	325.03	3.1	38.32	2328.38	5.98	538.94	2.52	194.87	2.4	31.66	0.374
			14		38.967	30.589	0.51	1286.91	5.75	107.76	369.55	3.08	43.97	2716.6	6.06	631.95	2.59	222.3	2.39	36.32	0.372
			16		44.139	34.649	0.569	1443.06	5.72	121.64	411.85	3.06	49.44	3105.15	6.14	726.46	2.67	248.94	2.38	40.87	0.369
20/12.5	200	125	12	14	37.912	29.761	0.641	1570.9	6.44	116.73	483.16	3.57	49.99	3193.85	6.54	787.74	2.83	285.79	2.74	41.23	0.392
			14		43.867	34.436	0.64	1800.97	6.41	134.65	550.83	3.54	57.44	3726.17	6.62	922.47	2.91	326.58	2.72	47.34	0.39
			16		49.739	39.045	0.639	2023.35	6.38	152.18	615.44	3.52	64.69	4258.86	6.7	1058.86	2.99	366.21	2.71	53.32	0.388
			18		55.526	43.588	0.639	2238.3	6.35	169.33	677.19	3.49	71.74	4792	6.78	1197.13	3.06	404.83	2.7	59.18	0.385

注 1. 括号内型号不推荐使用;
2. 截面图中的 $r_1 = d/3$ 及表中 r 的数据用于孔型设计,不做交货条件。

附 录 型 钢 表

附表 3　热轧槽钢 (GB 707—88)

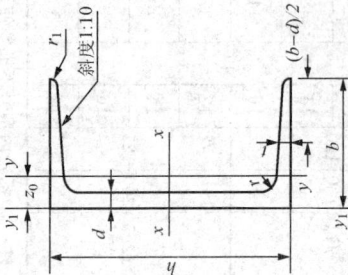

符号意义：h—高度；
b—腿宽度；
d—腰厚度；
t—平均腿厚度；
r—内圆弧半径；
r_1—腿端圆弧半径；
I—惯性矩；
i—惯性半径；
W—截面系数；
z_0—y—y 轴与 y_1—y_1 轴间距。

型号	尺寸 (mm)						截面面积 (cm^2)	理论重量 (kg/m)	参 考 数 值							
									x—x			y—y			y_1—y_1	z_0 (cm)
	h	b	d	t	r	r_1			W_x (cm^3)	I_x (cm^4)	i_x (cm)	W_y (cm^3)	I_y (cm^4)	i_y (cm)	I_{y1} (cm^4)	
5	50	37	4.5	7.0	7.0	3.5	6.928	5.438	10.4	26.0	1.94	3.55	8.3	1.10	20.9	1.35
6.3	63	40	4.8	7.5	7.5	3.8	8.451	6.634	16.1	50.8	2.45	4.50	11.9	1.19	28.4	1.36
8	80	43	5.0	8.0	8.0	4.0	10.248	8.045	25.3	101	3.15	5.79	16.6	1.27	37.4	1.43
10	100	48	5.3	8.5	8.5	4.2	12.748	10.007	39.7	198	3.95	7.80	25.6	1.41	54.9	1.52
12.6	126	53	5.5	9.0	9.0	4.5	15.692	12.318	62.1	391	4.95	10.20	38.0	1.57	77.1	1.59
14a	140	58	6.0	9.5	9.5	4.8	18.516	14.535	80.5	564	5.52	13.00	53.2	1.70	107	1.71
14b	140	60	8.0	9.5	9.5	4.8	21.361	16.733	87.1	609	5.35	14.10	61.1	1.69	121	1.67
16a	160	63	6.5	10.0	10.0	5.0	21.692	17.240	108	866	6.28	16.30	73.3	1.38	144	1.80
16	160	65	8.5	10.0	10.0	5.0	25.162	19.752	117	935	6.10	17.60	83.4	1.82	161	1.75
18a	180	68	7.0	10.5	10.5	5.2	25.669	20.174	141	1270	7.04	20.00	98.6	1.96	190	1.88
18	180	70	9.0	10.5	10.5	5.2	29.299	23.000	152	1370	6.84	21.50	111	1.95	210	1.84

续表

| 型号 | 尺 寸 (mm) | | | | | | 截面面积 (cm²) | 理论重量 (kg/m) | 参 考 数 值 | | | | | | | |
| | h | b | d | t | r | r₁ | | | x—x | | | y—y | | | y₁—y₁ | z₀ (cm) |
									Wₓ (cm³)	Iₓ (cm⁴)	iₓ (cm)	W_y (cm³)	I_y (cm⁴)	i_y (cm)	I_{y1} (cm⁴)	
20a	200	73	7.0	11.0	11.0	5.5	28.837	22.637	178	1780	7.86	24.20	128	2.11	244	2.01
20	200	75	9.0	11.0	11.0	5.5	32.837	25.777	191	1910	7.64	25.90	144	2.09	268	1.95
22a	220	77	7.0	11.5	11.5	5.8	31.846	24.999	218	2390	8.67	28.20	158	2.23	298	2.10
22	220	79	9.0	11.5	11.5	5.8	36.246	28.453	234	2570	8.42	30.10	176	2.21	326	2.03
25a	250	78	7.0	12.0	12.0	6.0	34.917	27.410	270	3370	9.82	30.06	176	2.24	322	2.07
25b	250	80	9.0	12.0	12.0	6.0	39.917	31.335	282	3530	9.41	32.70	196	2.22	353	1.98
25c	250	82	11.0	12.0	12.0	6.0	44.917	35.260	295	3690	9.07	35.90	218	2.21	384	1.92
28a	280	82	7.5	12.5	12.5	6.2	40.034	31.427	340	4760	10.90	35.70	218	2.33	388	2.10
28b	280	84	9.5	12.5	12.5	6.2	45.634	35.823	366	5130	10.60	37.90	242	2.30	428	2.02
28c	280	86	11.5	12.5	12.5	6.2	51.234	40.219	393	5500	10.40	40.30	268	2.29	463	1.95
32a	320	88	8.0	14.0	14.0	7.0	48.513	38.083	475	7600	12.50	46.50	305	2.50	552	2.24
32b	320	90	10.0	14.0	14.0	7.0	54.913	43.107	509	8140	12.20	49.20	336	2.47	593	2.16
32c	320	92	12.0	14.0	14.0	7.0	61.313	48.131	543	8690	11.90	52.60	374	2.47	643	2.09
36a	360	96	9.0	16.0	16.0	8.0	60.910	47.814	660	11900	14.00	63.50	455	2.73	818	2.44
36b	360	98	11.0	16.0	16.0	8.0	68.110	53.466	703	12700	13.60	66.90	497	2.70	880	2.37
36c	360	100	13.0	16.0	16.0	8.0	75.310	59.118	746	13400	13.40	70.00	536	2.67	948	2.34
40a	400	100	10.5	18.0	18.0	9.0	75.068	58.928	879	17600	15.30	78.80	592	2.81	1070	2.49
40b	400	102	12.5	18.0	18.0	9.0	83.068	65.208	932	18600	15.00	82.50	640	2.78	1140	2.44
40c	400	104	14.5	18.0	18.0	9.0	91.068	71.488	986	19700	14.70	86.20	688	2.75	1220	2.42

注　截面图中和表中标注的圆弧半径 r、r_1 的数据用于孔型设计，不做交货条件。

附表 4

热轧工字钢 (GB 706—88)

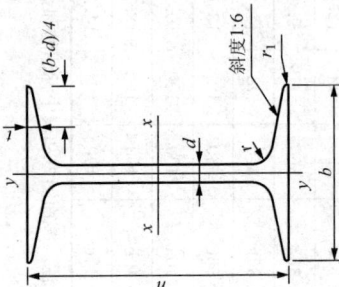

符号意义：h—高度；
b—腿宽度；
d—腰厚度；
t—平均腿厚度；
r—内圆弧半径；
r_1—腿端圆弧半径；
I—惯性矩；
i—惯性半径；
W—截面系数；
S—半截面的静力矩。

型号	尺 寸 (mm)						截面面积 (cm²)	理论重量 (kg/m)	参 考 数 值						
									x—x				y—y		
	h	b	d	t	r	r_1			I_x (cm⁴)	W_x (cm³)	i_x (cm)	$I_x : S_x$	I_y (cm⁴)	W_y (cm³)	i_y (cm)
10	100	68	4.5	7.6	6.5	3.3	14.354	11.261	245	49.0	4.14	8.59	33.0	9.72	1.52
12.6	126	74	5.0	8.4	7.0	3.5	18.118	14.223	488	77.5	5.20	10.80	46.1	12.7	1.61
14	140	80	5.5	9.1	7.5	3.8	21.516	16.890	712	102	5.76	12.00	64.4	16.1	1.73
16	160	88	6.0	9.9	8.0	4.0	26.131	20.513	1130	141	6.58	13.80	93.1	21.2	1.89
18	180	94	6.5	10.7	8.5	4.3	30.756	24.143	1660	185	7.36	15.40	122	26.0	2.00
20a	200	100	7.0	11.4	9.0	4.5	35.578	27.929	2370	237	8.15	17.20	158	31.5	2.12
20b	200	102	9.0	11.4	9.0	4.5	39.578	31.069	2500	250	7.96	16.90	169	33.1	2.06
22a	220	110	7.5	12.3	9.5	4.8	42.128	33.070	3400	309	8.99	18.90	225	40.9	2.31
22b	220	112	9.5	12.3	9.5	4.8	46.528	36.524	3570	325	8.78	18.70	239	42.7	2.27
25a	250	116	8.0	13.0	10.0	5.0	48.541	38.105	5020	402	10.20	21.60	280	48.3	2.40
25b	250	118	10.0	13.0	10.0	5.0	53.541	42.030	5280	423	9.94	21.30	309	52.4	2.40

续表

型号	尺寸 (mm)						截面面积 (cm²)	理论重量 (kg/m)	参 考 数 值						
									x—x				y—y		
	h	b	d	t	r	r₁			I_x (cm⁴)	W_x (cm³)	i_x (cm)	$I_x : S_x$	I_y (cm⁴)	W_y (cm³)	i_y (cm)
28a	280	122	8.5	13.7	10.5	5.3	55.404	43.492	7110	508	11.30	24.60	345	56.6	2.50
28b	280	124	10.5	13.7	10.5	5.3	61.004	47.888	7480	534	11.10	24.20	379	61.2	2.49
32a	320	130	9.5	15.0	11.5	5.8	67.156	52.717	11 100	692	12.80	27.50	460	70.8	2.62
32b	320	132	11.5	15.0	11.5	5.8	73.556	57.741	11 600	726	12.60	27.10	502	76.0	2.61
32c	320	134	13.5	15.0	11.5	5.8	79.956	62.765	12 200	760	12.30	26.80	544	81.2	2.61
36a	360	136	10.0	15.8	12.0	6.0	76.480	60.037	15 800	875	14.40	30.70	552	81.2	2.69
36b	360	138	12.0	15.8	12.0	6.0	83.680	65.689	16 500	919	14.10	30.30	582	84.3	2.64
36c	360	140	14.0	15.8	12.0	6.0	90.880	71.341	17 300	962	13.80	29.90	612	87.4	2.60
40a	400	142	10.5	16.5	12.5	6.3	86.112	67.598	21 700	1090	15.90	34.10	660	93.2	2.77
40b	400	144	12.5	16.5	12.5	6.3	94.112	73.878	22 800	1140	15.60	33.60	692	96.2	2.71
40c	400	146	14.5	16.5	12.5	6.3	102.112	80.158	23 900	1190	15.20	33.20	727	99.6	2.65
45a	450	150	11.5	18.0	13.5	6.8	102.446	80.420	32 200	1430	17.70	38.60	855	114	2.89
45b	450	152	13.5	18.0	13.5	6.8	111.446	87.485	33 800	1500	17.40	38.00	894	118	2.84
45c	450	154	15.5	18.0	13.5	6.8	120.446	94.550	35 300	1570	17.10	37.60	938	122	2.79
50a	500	158	12.0	20.0	14.0	7.0	119.304	93.654	46 500	1860	19.70	42.80	1120	142	3.07
50b	500	160	14.0	20.0	14.0	7.0	129.304	101.504	48 600	1940	19.40	42.40	1170	146	3.01
50c	500	162	16.0	20.0	14.0	7.0	139.304	109.354	50 600	2080	19.00	41.80	1220	151	2.96
56a	560	166	12.5	21.0	14.5	7.3	135.435	106.316	65 600	2340	22.00	47.70	1370	165	3.18
56b	560	168	14.5	21.0	14.5	7.3	146.635	115.108	68 500	2450	21.60	47.20	1490	174	3.16
56c	560	170	16.5	21.0	14.5	7.3	157.835	123.900	71 400	2550	21.30	46.70	1560	183	3.16
63a	630	176	13.0	22.0	15.0	7.5	154.658	121.407	93 900	2980	24.50	54.20	1700	193	3.31
63b	630	178	15.0	22.0	15.0	7.5	167.258	131.298	98 100	3160	24.20	53.50	1810	204	3.29
63c	630	180	17.0	22.0	15.0	7.5	179.858	141.189	102 000	3300	23.80	52.90	1920	214	3.27

注 截面图中和表中标注的圆弧半径 r、r₁ 的数据用于孔型设计，不做交货条件。

参 考 答 案

第 2 章

2 - 1　$F_R=734.5\text{N}$，$\alpha=-81.6°$

2 - 2　(a) $F_A=\dfrac{\sqrt{5}}{2}F$；$F_B=\dfrac{1}{2}F$；(b) $F_A=\dfrac{\sqrt{2}}{2}F$；$F_B=\dfrac{\sqrt{2}}{2}F$

2 - 3　$F_{AB}=\dfrac{F_\text{p}}{2}$（拉）；$F_{BC}=-\dfrac{\sqrt{3}}{2}F_\text{p}$（压）

2 - 4　$F_{AB}=-7.321\text{kN}$（压）；$F_{BC}=-27.32\text{kN}$（压）

2 - 5　$F_1=\dfrac{F}{2}\cot\alpha$

2 - 6　(a) 0；(b) $Fl\sin\alpha$；(c) $-Fa$；(d) $Fl\sin\alpha$

2 - 7　$M_A(\boldsymbol{F})=FR[(\cos\alpha+\cos\beta)\sin\gamma-(\sin\alpha+\sin\beta)\cos\gamma]$

2 - 8　不平衡；平衡

2 - 9　(a) $F_A=F_B=\dfrac{M_\text{e}}{l}$；(b) $F_A=F_B=\dfrac{M_\text{e}}{l}$；(c) $F_A=F_B=\dfrac{M_\text{e}}{l\cos\alpha}$

2 - 10　(a) $F_A=F_B=\dfrac{M_\text{e}}{2a}$；(b) $F_A=F_B=\dfrac{M_\text{e}}{a}$

2 - 11　$F_A=F_B=2.31\text{kN}$

2 - 12　$M_1=3\text{N}\cdot\text{m}$；$F_{AB}=5\text{N}$

2 - 13　$M_2=8\text{kN}\cdot\text{m}$；$F_O=F_B=8\text{kN}$

第 3 章

3 - 1　不平衡，主矢为零，主矩不为零，最后简化为一个合力偶。

3 - 2　(1) 向 A 点简化：主矢 $F'_R=962.2\text{N}$，指向左下方，与 x 轴正向夹角 $\alpha=113.45°$；主矩 $M_A=-551.1\text{N}\cdot\text{m}$；(2) 最后简化为一合力，合力到 A 点的距离为 $d=0.573\text{m}$。

3 - 3　$F_R=2.5\text{kN}$，指向左下方与水平线成 $53.1°$ 角，F_R 作用线与 x 轴交点的坐标为 $x=290\text{mm}$。

3 - 4　(a) $F_{Ax}=26\text{kN}$；$F_{Ay}=33\text{kN}$；$F_B=24\text{kN}$

　　　(b) $F_{Ax}=11.55\text{kN}$；$F_{Ay}=20\text{kN}$；$F_B=23.1\text{kN}$

　　　(c) $F_{Ax}=0$；$F_{Ay}=14\text{kN}$；$F_B=2\text{kN}$

　　　(d) $F_{Ax}=2.12\text{kN}$；$F_{Ay}=0.33\text{kN}$；$F_B=4.23\text{kN}$

　　　(e) $F_A=2.75\text{kN}$；$F_{Bx}=0$，$F_{By}=0.25\text{kN}$

　　　(f) $F_{Ax}=0$；$F_{Ay}=25\text{kN}$；$F_B=-9\text{kN}$

　　　(g) $F_{Ax}=0$；$F_{Ay}=40\text{kN}$；$M_A=60\text{kN}\cdot\text{m}$

　　　(h) $F_{Ax}=0$；$F_{Ay}=15\text{kN}$；$M_A=25\text{kN}\cdot\text{m}$

3 - 5　(a) $F_{Ax}=0$；$F_{Ay}=17\text{kN}$；$M_A=33\text{kN}\cdot\text{m}$；

   (b) $F_{Ax}=-20\text{kN}$；$F_{Ay}=13.33\text{kN}$；$F_C=26.7\text{kN}$

   (c) $F_{Ax}=3\text{kN}$；$F_{Ay}=5\text{kN}$；$F_B=-1\text{kN}$

   (d) $F_{Ax}=-4\text{kN}$；$F_{Ay}=2\text{kN}$；$F_B=6\text{kN}$

3 - 6 (a) $F_{Ax}=0$；$F_{Ay}=6\text{kN}$；$M_A=32\text{kN}\cdot\text{m}$；$F_B=18\text{kN}$；$F_C=6\text{kN}$

     (b) $F_A=-15\text{kN}$；$F_B=40\text{kN}$；$F_C=5\text{kN}$；$F_D=15\text{kN}$

3 - 7 $F_{Ax}=32.89\text{kN}$，$F_{Ay}=-2.32\text{kN}$，$M_A=10.37\text{kN}\cdot\text{m}$；$F_B=45.77\text{kN}$

3 - 8 $F_{Ax}=-F_{Bx}=120\text{kN}$；$F_{Ay}=F_{By}=300\text{kN}$

3 - 9 $F_{Ax}=30\text{kN}$；$F_{Ay}=15\text{kN}$；$F_B=0$；$F_{Cx}=30\text{kN}$，$F_{Cy}=15\text{kN}$；$F_D=15\text{kN}$

3 - 10 $F_{AC}=8\text{kN}(拉)$；$F_{BC}=6.93\text{kN}(压)$

3 - 11 $F_{Ax}=1200\text{N}$；$F_{Ay}=150\text{N}$；$F_B=1050\text{N}$；$F_{BC}=1500\text{N}$（压）

3 - 12 $F_{Ax}=8\text{kN}$；$F_{Ay}=4\text{kN}$；$M_A=-12\text{kN}\cdot\text{m}$；$F_{Dx}=-8\text{kN}$；$F_{Dy}=12\text{kN}$

3 - 13 $F_{Ax}=-230\text{kN}$，$F_{Ay}=-100\text{kN}$；$F_{Bx}=230\text{kN}$，$F_{By}=200\text{kN}$

第 4 章

4 - 1 (1) $F_x=489.9\text{N}$；$F_y=-489.9\text{N}$；$F_z=400\text{N}$；(2) $F_{CA}=692.8\text{N}$，$F_{CD}=400\text{N}$

4 - 2 $\boldsymbol{F}_1$ 在各轴上投影：$F_{1x}=-447\text{N}$；$F_{1y}=0$；$F_{1z}=224\text{N}$

     $\boldsymbol{F}_2$ 在各轴上投影：$F_{2x}=-375\text{N}$；$F_{2y}=-563\text{N}$；$F_{2z}=187\text{N}$

4 - 3 (1) $M_x(\boldsymbol{F})=-15\text{kN}\cdot\text{m}$；$M_y(\boldsymbol{F})=-36\text{kN}\cdot\text{m}$；$M_z(\boldsymbol{F})=30\text{kN}\cdot\text{m}$

4 - 4 $F_{OA}=-1.414\text{kN}(压)$；$F_{OB}=F_{OC}=0.707\text{kN}(拉)$

4 - 5 $F_{NA}=12.3\text{kN}$；$F_{NB}=48.3\text{kN}$；$F_{NC}=69.4\text{kN}$

4 - 6 $F=0.8\text{kN}$；$F_{Ay}=-0.32\text{kN}$，$F_{Az}=-0.48\text{kN}$；$F_{By}=1.12\text{kN}$，$F_{Bz}=-0.32\text{kN}$

4 - 7 $F_{Ax}=-483.3\text{N}$；$F_{Az}=358.2\text{N}$；$F_{Bx}=-62.5\text{N}$；$F_{Bz}=358.3\text{N}$

4 - 8 $F_1=F_5=-F(压)$；$F_3=F(拉)$；$F_2=F_4=F_6=0$

4 - 9 (a) $x_C=187.5\text{mm}$；$y_C=0$；(b) $x_C=-19.05\text{mm}$；$y_C=0$

4 - 10 $x_C=79.7\text{mm}$；$y_C=34.9\text{mm}$

4 - 11 $x=\dfrac{5}{6}a$

4 - 12 $y_C=3.91\text{cm}$

第 5 章

5 - 1 上升时 $F_T=26\text{kN}$；下降时 $F_T=21\text{kN}$

5 - 2 $s=0.456l$

5 - 3 $F=2.367\text{kN}$

5 - 4 $4383\text{N}<F<131\ 48\text{N}$

5 - 5 $F=327\text{N}$

5 - 6 $0.433\text{kN}\leqslant F\leqslant0.866\text{kN}$

5 - 7 能平衡，$F_A=F_B=72.2\text{N}$

5 - 8 $\dfrac{\sin\theta-f_S\cos\theta}{\cos\theta+f_S\sin\theta}F_p\leqslant F\leqslant\dfrac{\sin\theta+f_S\cos\theta}{\cos\theta-f_S\sin\theta}F_p$

5 - 9 $b=0.4a$

5 - 10 $F=20\mathrm{N}$

第 7 章   轴 向 拉 伸 和 压 缩

7 - 1   略

7 - 2 $\sigma_{\max}^{+}=75\mathrm{MPa}$, $\sigma_{\max}^{-}=400\mathrm{MPa}$

7 - 3 $\sigma_{\mathrm{F}}=20\mathrm{MPa}$（—）

7 - 4 $\sigma_{1-1}=5\mathrm{MPa}$; $\sigma_{2-2}=10\mathrm{MPa}$

7 - 5 $\sigma=100\mathrm{MPa}$; $\sigma_0=100\mathrm{MPa}$; $\tau_0=0$; $\sigma_{30}=75\mathrm{MPa}$; $\tau_{30}=43.3\mathrm{MPa}$; $\sigma_{45}=50\mathrm{MPa}$;
$\tau_{45}=50\mathrm{MPa}$; $\sigma_{60}=25\mathrm{MPa}$; $\tau_{60}=43.3\mathrm{MPa}$; $\sigma_{90}=0$; $\tau_{90}=0$

7 - 6 $d\geqslant77\mathrm{mm}$

7 - 7   等边角钢 $4\times40\times4$

7 - 8 $\sigma=90.08\mathrm{MPa}$

7 - 9 $[F]=21.6\mathrm{kN}$

7 - 10 $[F]=33.3\mathrm{kN}$

7 - 11 $[F]=217\mathrm{kN}$, $D_{AC}=78\mathrm{mm}$

7 - 12 $\sigma=300\mathrm{MPa}$, $\Delta c=54.8\mathrm{mm}$, $F=25.8\mathrm{N}$

7 - 13 $W=20\mathrm{kN}$

7 - 14 $A_{\mathrm{I}}=0.576\mathrm{m}^2$, $A_{\mathrm{II}}=0.665\mathrm{m}^2$, $\Delta=2.24\mathrm{mm}$

7 - 15   距离 A 端 2.4m

7 - 16 $F=25\mathrm{kN}$, $\sigma_{铜}=10\mathrm{MPa}$, $\sigma_{钢}=10\mathrm{MPa}$

7 - 17 $\sigma=96\mathrm{MPa}$

第 8 章   扭   转

8 - 1   1-2 段，$T_{1-2}=100\mathrm{N}\cdot\mathrm{m}$; 2-3 段，$T_{2-3}=220\mathrm{N}\cdot\mathrm{m}$; 3-4 段，$T_{3-4}=-50\mathrm{N}\cdot\mathrm{m}$

8 - 2   AB 段，$T_{AB}=-2.387\mathrm{kN}\cdot\mathrm{m}$; DB 段，$T_{DB}=-0.955\mathrm{kN}\cdot\mathrm{m}$

8 - 3 $m=114.3\mathrm{N}\cdot\mathrm{m/m}$

8 - 4 $d_1\geqslant45\mathrm{mm}$, $D\geqslant46\mathrm{mm}$, $d\geqslant23\mathrm{mm}$

8 - 5 $\tau_{\max}=47.7\mathrm{MPa}$, $\varphi_{\max}=0.0179\mathrm{rad}$

8 - 6 $\varphi=\dfrac{ml^2}{2GI_P}$

8 - 7 $l/d=661$

8 - 8 $\tau_{\max}=18.9\mathrm{MPa}$ 满足强度条件

8 - 9 $d\geqslant63\mathrm{mm}$

第 9 章   剪 切 和 连 接 件 的 实 用 计 算

9 - 1 $d\geqslant14.6\mathrm{mm}$

9 - 2 $\tau=66.3\mathrm{MPa}$, $\sigma_{\mathrm{bs}}=102\mathrm{MPa}$, 安全

9 - 3 $F\geqslant177\mathrm{N}$, $\tau=17.6\mathrm{MPa}$

9 - 4 $M_e \leqslant 145 \text{N} \cdot \text{m}$

9 - 5 $d \geqslant 50 \text{mm}$，$b \geqslant 100 \text{mm}$

9 - 6 $\tau = 87.4 \text{MPa}$，$\sigma_{bs} = 185.2 \text{MPa}$，$\sigma_{max} = 122 \text{MPa}$，强度足够

9 - 7 $\tau = 43.3 \text{MPa}$，$\sigma_{bs} = 59.5 \text{MPa}$

9 - 8 $\tau_{max} = 33.3 \text{MPa}$，$l \geqslant 104 \text{mm}$

第 10 章   平面图形的几何性质

10 - 1 $S_y = \dfrac{b}{2}\left(\dfrac{h^2}{4} - z^2\right)$

10 - 2 $I_z = \dfrac{1}{12}bh^3$

10 - 3 $I_y = I_z = \dfrac{\pi}{64}D^4 \ (1 - \alpha^4)$

10 - 4 $I_z = \dfrac{\pi}{128}D^4$，$I_{yC} = \left(\dfrac{\pi}{128} - \dfrac{1}{18\pi}\right)D^4$

10 - 5   (a) $z_C = 101.3 \text{mm}$，$I_{yC} = 0.315 \times 10^8 \text{mm}^4$，$I_z = 2.417 \times 10^8 \text{mm}^4$

          (b) $z_C = 2.85a$，$I_y = 10.5a^4$，$I_z = 2.06a^4$

          (c) $z_C = 141 \text{mm}$，$I_{yC} = 4.45 \times 10^7 \text{mm}$，$I_z = 7.78 \times 10^6 \text{mm}^4$

          (d) $y_C = -26.8 \text{mm}$，$I_{yC} = 1.51 \times 10^8 \text{mm}^4$，$I_{zC} = 0.09 \times 10^8 \text{mm}^4$

第 11 章   弯 曲 内 力

11 - 1

习题号	F_{S1}	M_1	F_{S2}	M_2	F_{S3}	M_3
(a)	0	$-2\text{kN} \cdot \text{m}$	-5kN	$-7\text{kN} \cdot \text{m}$		
(b)	$-qa$	$-qa^2$	$-qa$	$-3qa^2$	$-2qa$	$-4.5qa^2$
(c)	0	$27\text{kN} \cdot \text{m}$				
(d)	6kN	$6\text{kN} \cdot \text{m}$	-3kN	$6\text{kN} \cdot \text{m}$		
(e)	3kN	$6\text{kN} \cdot \text{m}$	3kN	$-3\text{kN} \cdot \text{m}$		
(f)	$-qa/12$	$qa^2/4$				

11 - 2

习题号	最大正剪力	最大负剪力	最大正弯矩	最大负弯矩
(a)	0	·0	0	$3\text{kN} \cdot \text{m}$
(b)	0	1.5kN	$3\text{kN} \cdot \text{m}$	0
(c)	15kN	0	0	$32.5\text{kN} \cdot \text{m}$
(d)	33kN	33kN	$116\text{kN} \cdot \text{m}$	0
(e)	11kN	0	$3\text{kN} \cdot \text{m}$	$10\text{kN} \cdot \text{m}$
(f)	$F/2$	F	0	$Fl/2$
(g)	$qa/6$	qa	0	$qa^2/2$
(h)	5kN	15kN	$7.5\text{kN} \cdot \text{m}$	$15\text{kN} \cdot \text{m}$

11 - 3

习题号	最大正剪力	最大负剪力	最大正弯矩	最大负弯矩
(a)	ql	0	$ql^2/2$	0
(b)	0	0	10kN・m	0
(c)	20kN	0	30kN・m	0
(d)	5kN	0	0	12.5kN・m
(e)	15kN	15kN	20kN・m	0
(f)	0	$M/2a$	$0.5M$	$1.5M$
(g)	1kN	7kN	2.25kN・m	10kN・m
(h)	$2F/3$	$F/3$	$Fa/3$	$Fa/3$
(i)	$F/2$	$F/2$	$Fa/2$	0
(j)	7.5kN	2.5kN	2.8kN・m	0
(k)	$1.5F$	$0.5F$	$0.5Fa$	Fa
(l)	$11qa/6$	$7qa/6$	$49qa^2/72$	qa^2

11 - 4 $a=0.207l$

11 - 5 $x=l/2$

11 - 6

习题号	最大正弯矩	最大负弯矩	习题号	最大正弯矩	最大负弯矩
(a)	54kN・m	0	(b)	0.25kN・m	2kN・m

11 - 7

习题号	最大正剪力	最大负剪力	习题号	最大正剪力	最大负剪力
(a)	5kN	0	(b)	5kN	5kN

11 - 8

习题号	最大正剪力	最大负剪力	最大正弯矩	最大负弯矩
(a)	$2F$	0	Fa	$2Fa$
(b)	$1.5qa$	$1.5qa$	$0.125qa^2$	qa^2

11 - 9

习题号	最大轴力	最大剪力	最大弯矩	习题号	最大轴力	最大剪力	最大弯矩
(a)	F	F	Fa	(c)	qa	qa	$0.5qa^2$
(b)	F	F	Fa				

第 12 弯 曲 应 力

12 - 1 $\sigma_{max}=22.2MPa$

12 - 2 $\sigma_{max}=10.4MPa$，发生在 C 截面的下缘。

12-3 $a=2.12\mathrm{m}$，$q=25\mathrm{kN/m}$

12-4 $a=1.39\mathrm{m}$

12-5 $M=9.36\mathrm{kN \cdot m}$

12-6   实心轴 $\sigma_{max}=159\mathrm{MPa}$，空心轴 $\sigma_{max}=93.6\mathrm{MPa}$，空心截面比实心截面的最大正应力减少了 41%。

12-7 $b=510\mathrm{mm}$

12-8 $\dfrac{h}{b}=1.415$

12-9 $F=44.3\mathrm{kN}$

12-10 $[F]=70.8\mathrm{kN}$

12-11 $W_z=412\mathrm{cm}^3$，选用两个 8 号槽钢

12-12 $\tau_a=\tau_b=\tau_c=0.45\mathrm{MPa}$

12-13 $[F]=3.94\mathrm{kN}$

12-14 $\tau_{max}=0.444\mathrm{MPa}$

12-15   选用 No.20a 工字钢

第13章 弯 曲 变 形

13-1   略

13-2   图 (a) $w_C=-\dfrac{M_e l^2}{16EI}$，$\theta_B=\dfrac{M_e l}{6EI}$

       图 (b) $w_B=-\dfrac{ql^4}{8EI}$，$\theta_B=\dfrac{ql^3}{6EI}$

       图 (c) $w_C=-\dfrac{qa^4}{8EI}$，$w_D=-\dfrac{qa^4}{12EI}$，$\theta_A=-\dfrac{qa^3}{6EI}$，$\theta_B=0$

       图 (d) $w_C=-\dfrac{Fl^3}{6EI}$，$\theta_B=-\dfrac{9Fl^2}{8EI}$

13-3   图 (a) $w_C=-\dfrac{Fa(2a^2+6ab+3b^2)}{6EI}$，$\theta_B=\dfrac{Fa(2b+a)}{2EI}$

       图 (b) $w_B=\dfrac{ql^4}{16EI}$，$\theta_B=\dfrac{ql^3}{12EI}$

       图 (c) $w_C=\dfrac{qa(b^3-a^2b-3a^3)}{24EI}$，$\theta_B=\dfrac{qb(b^2-4a^2)}{6EI}$

       图 (d) $w_B=\dfrac{11Fl^3}{48EI}$，$\theta_C=\dfrac{Fl^2}{4EI}$

13-4   图 (a) $w_C=\dfrac{Fa^3}{3EI}$，$\theta_B=-\dfrac{2Fa^2}{3EI}$

       图 (b) $w_C=-\dfrac{5Fa^3}{6EI}$，$\theta_B=\dfrac{5Fa^2}{6EI}$

13-5   (1) $x=0.152l$ (2) $x=0.167l$

13-6 $w=\dfrac{Fx^3}{3EI}$

13-7 $w_A=-\dfrac{3Fa^3}{2EI}$

13 - 8　$\delta_{HC}=\dfrac{3Fa^3}{4EI}$（←），$\delta_{VC}=\dfrac{Fa^3}{2EI}$（↓）

13 - 9　$\delta_{VC}=8.21$mm（↓）

13 - 10　$d \geqslant 23.9$mm

13 - 11　强度：No.16a；刚度：No.22a；考虑自重：$w_{max}=3.5$mm$\leqslant [\delta]$

13 - 12　略

13 - 13　图（a）$F_B=\dfrac{17}{16}qa$

图（b）$F_B=\dfrac{11}{16}F$

13 - 14　$F_N=\dfrac{3}{8}\dfrac{Al^3}{Al^3+3aI}ql$

13 - 15　$w_B=w_C=\dfrac{2ql^3}{9EI}$

第 14 章　应力状态和强度理论

14 - 1　略

14 - 2　略

14 - 3　图（a）$\sigma_{60°}=-30$MPa，$\tau_{60°}=34.64$MPa，$\tau_{max}=40$MPa

图（b）$\sigma_{45°}=60$MPa，$\tau_{45°}=0$，$\tau_{max}=0$

图（c）$\sigma_{30°}=20$MPa，$\tau_{30°}=34.64$MPa，$\tau_{max}=40$MPa

14 - 4　图（a）$\sigma_{45°}=-25$MPa，$\tau_{45°}=25$MPa

图（b）$\sigma_{30°}=14$MPa，$\tau_{30°}=15$MPa

图（c）$\sigma_{-55°}=2.34$MPa，$\tau_{-55°}=-16.65$MPa

14 - 5　图（a）$\sigma_1=52.17$MPa，$\sigma_3=-42.17$MPa，$\alpha_0=-29°$

图（b）$\sigma_1=71.23$MPa，$\sigma_3=-11.23$MPa，$\alpha_0=-38°$

图（c）$\sigma_1=-6.15$MPa，$\sigma_3=-113.85$MPa，$\alpha_0=-34.1°$

14 - 6　1 点：$\sigma_1=\sigma_2=0$，$\sigma_3=-120$MPa

2 点：$\sigma_1=36$MPa，$\sigma_2=0$，$\sigma_3=-36$MPa

3 点：$\sigma_1=70.3$MPa，$\sigma_2=0$，$\sigma_3=-10.3$MPa

4 点：$\sigma_1=120$MPa，$\sigma_2=\sigma_3=0$

14 - 7　$\sigma_1=80$MPa，$\sigma_2=40$MPa，$\sigma_3=0$

14 - 8　(1) $\sigma_1=150$MPa，$\sigma_2=75$MPa，$\tau_{max}=75$MPa

(2) $\sigma_{\alpha}=131$MPa，$\tau_{\alpha}=-32.5$MPa

14 - 9　图（a）$\sigma_1=60$MPa，$\sigma_2=30$MPa，$\sigma_3=-70$MPa，$\sigma_{max}=60$MPa，$\tau_{max}=65$MPa

图（b）$\sigma_1=50$MPa，$\sigma_2=30$MPa，$\sigma_3=-50$MPa，$\sigma_{max}=50$MPa，$\tau_{max}=50$MPa

14 - 10　$\sigma_1=84.7$MPa，$\sigma_2=20.0$MPa，$\sigma_3=-4.7$MPa

14 - 11　$\sigma_x=80$MPa，$\sigma_y=0$

14 - 12　$\sigma_1=\sigma_2=-29.6$MPa，$\sigma_3=-60$MPa

14 - 13　$\sigma_{r2}=27.8$MPa$< [\sigma_t]$，安全

14 - 14　(a) $\sigma_{r3} = \sqrt{\sigma^2 + 4\tau^2}$，$\sigma_{r4} = \sqrt{\sigma^2 + 3\tau^2}$

　　　　　(b) $\sigma_{r3} = \sigma + \tau$，$\sigma_{r4} = \sqrt{\sigma^2 + 3\tau^2}$

14 - 15　$\sigma_{r3} = 43.3$ MPa

14 - 16　$F = 2$ kN，$M_e = 2$ kN · m，$\sigma_{r4} = 26.9$ MPa

第 15 章　组 合 变 形

15 - 1　(1) $h = 2b \geqslant 71.1$ mm；(2) $d \geqslant 52.2$ mm

15 - 2　$\sigma_{max} = 79.1$ MPa

15 - 3　$\sigma_{max} = 12$ MPa；$\dfrac{w_{max}}{l} = \dfrac{1}{200}$

15 - 4　16 号工字钢

15 - 5　(1) 开槽前 $\sigma^-_{max} = \dfrac{F}{a^2}$（各截面）；开槽后 $\sigma^-_{max} = \dfrac{8F}{3a^2}$（左侧外边缘）

　　　　(2) 均匀分布应力 $\sigma^-_{max} = \dfrac{2F}{a^2}$

15 - 6　$d = 122$ mm

15 - 7　$F = 60$ kN

15 - 8　$F = 788$ N

15 - 9　$d \geqslant 17.28$ mm

15 - 10　$\sigma_1 = 33.5$ MPa，$\sigma_3 = -9.96$ MPa，$\tau_{max} = 21.73$ MPa，$\sigma_{r4} = 39.37$ MPa

第 16 章　压 杆 稳 定

16 - 1　(d)

16 - 2　(1) $F_{cr} = 54.5$ kN；(2) $F_{cr} = 89.1$ kN；(3) $F_{cr} = 459$ kN

16 - 3　$F_{cr} = 400$ kN；$\sigma_{cr} = 665$ MPa

16 - 4　$F_{cr} = \dfrac{\pi^2 EI}{2l^2}$；$F'_{cr} = \dfrac{\sqrt{2}\pi^2 EI}{l^2}$

16 - 5　略

16 - 6　$[F] = 286.4$ kN

16 - 7　$n = 10.6 > n_{st}$，满足稳定性要求。

16 - 8　$n = 3.58$

16 - 9　$F_{max} = 15$ kN

16 - 10　$a = 191$ mm

16 - 11　$w_B = 0.386$ mm

参 考 文 献

［1］哈尔滨工业大学理论力学教研室 . 理论力学（第 6 版）. 北京：高等教育出版社，2003.

［2］重庆建筑大学 . 理论力学（第 3 版）. 北京：高等教育出版社，2000.

［3］刘鸿文 . 材料力学 .（第 4 版）. 北京：高等教育出版社，2004.

［4］孙训芳，方孝淑，关来泰 . 材料力学（第 5 版）. 北京：高等教育出版社，2009.

［5］屈本宁 . 工程力学（第 2 版）. 北京：科学出版社，2008.

［6］单辉祖，谢传锋 . 工程力学（静力学与材料力学）. 北京：高等教育出版社，2004.

［7］孙艳，何署廷 . 工程力学 . 北京：中国电力出版社，2009.

［8］吴亚平，程耀芳，康希良 . 工程力学简明教程 . 北京：化学工业出版社，2005.

［9］景荣春 . 工程力学简明教程 . 北京：清华大学出版社，2007.

［10］陈位官 . 工程力学 . 北京：高等教育出版社，2000.